Andreas Schindler

Neue Konzeption und erstmalige Realisierung eines aktiven Fahrwerks mit Preview-Strategie

Schriftenreihe des

Instituts für Angewandte Informatik / Automatisierungstechnik

am Karlsruher Institut für Technologie

Band 31

Eine Übersicht über alle bisher in dieser Schriftenreihe erschienenen Bände finden Sie am Ende des Buchs.

Neue Konzeption und erstmalige Realisierung eines aktiven Fahrwerks mit Preview-Strategie

von
Andreas Schindler

KIT Scientific Publishing

Dissertation, Universität Karlsruhe (TH)
Fakultät für Maschinenbau
Tag der mündlichen Prüfung: 07. Juli 2009
Referenten: Prof. Dr.-Ing. habil Georg Bretthauer, Prof. Dr.-Ing. Christoph Stiller

Impressum

Karlsruher Institut für Technologie (KIT)
KIT Scientific Publishing
Straße am Forum 2
D-76131 Karlsruhe
www.uvka.de

KIT – Universität des Landes Baden-Württemberg und nationales
Forschungszentrum in der Helmholtz-Gemeinschaft

KIT Scientific Publishing 2009
Print on Demand

ISSN: 1614-5267
ISBN: 978-3-86644-435-5

Vorwort

Geregelte aktive Fahrwerke, wie sie heute in einer Reihe von Fahrzeugen verfügbar sind, haben einen hohen Reifegrad erreicht. Sie ermöglichen die Auflösung des Zielkonflikts der bei passiven Fahrwerken gegensätzlichen Kriterien Fahrsicherheit und Fahrkomfort. Dennoch stoßen selbst aktive Systeme an konzeptionelle Grenzen, da das Fahrwerk erst auf ein Hindernis reagieren kann, wenn das Fahrzeug bereits darüber fährt.

In der Fachliteratur finden sich deshalb schon seit fast vier Jahrzehnten Arbeiten zum Thema „Aktive Fahrwerke mit Preview", in denen die Nutzung der Information über das vorausliegende Straßenprofil zu regelungstechnischen Zwecken beschrieben wird. Theoretische Arbeiten zeigen, daß sich mit Preview ein erheblicher Komfortvorteil bei gleichzeitiger Energieeinsparung realisieren läßt.

Bisher ist es jedoch aus verschiedenen Gründen noch nicht gelungen, diese Konzepte in einem Fahrzeug praxistauglich umzusetzen. Das liegt einerseits an den Restriktionen realer Systeme, wie z.B. limitierte Aktordynamik und Stellwege oder begrenzte Vorausschauweite der Preview-Sensorik. Andererseits sind zur Realisierung im Fahrzeug aufwendige Berechnungen in Echtzeit erforderlich, die eine Implementierung solcher Konzepte bisher schwierig, wenn nicht sogar unmöglich gemacht haben.

Die in den letzten Jahren vermehrt eingesetzten Fahrerassistenzsysteme, wie z.B. Abstandsregel-Tempomat oder Spurhalte-Assistent, verwenden eine Vielzahl von Umgebungssensoren, wie z.B. Lang- und Kurzwellenradar, LIDAR[1] und Videokameras zur Umgebungserfassung. Durch Sensorfusion werden die Informationen der einzelnen Sensorsysteme zusammengeführt und erlauben eine Nutzung für verschiedene Fahrerassistenzsysteme.

Davon kann auch ein aktives Fahrwerk profitieren, indem Informationen über den kommenden Straßenzustand (Straßenhöhenprofil) zur Verfügung gestellt werden.

In dieser Arbeit wird erstmals eine aktive Fahrwerkregelung mit integraler Preview-Strategie vorgestellt, die für den realen Fahrzeugeinsatz und die damit verbundenen Randbedingungen konzipiert ist. Zur Generierung des erforderlichen Straßenhöhenprofils wird ein neues Sensorkonzept mit zwei optischen Vorausschau-Sensoren zur Abtastung des Straßenprofils entwickelt und zusammen mit einem neuen Algorithmus zur Aufbereitung der Rohmeßdaten in Echtzeit dargestellt.

---

[1] LIDAR= **Li**ght **D**etection **a**nd **R**anging

Die Potentiale des Preview-Konzepts werden zuerst in der Simulation ausgelotet, auf einem Echtzeitrechnersystem implementiert und abschließend im realen Fahrzeug verifiziert.

Die Ergebnisse der Arbeit zeigen, daß sich durch die Fahrwerkregelung mit Preview-Vorsteuerung eine erhebliche Verbesserung des Fahrkomforts gegenüber einem aktiven Fahrwerk mit einer aktuell verfügbaren, leistungsfähigen Fahrwerkregelung ohne Vorausschau erzielen läßt.

Danksagung

Ganz herzlich möchte ich mich bei Prof. Dr.-Ing. habil. Georg Bretthauer für die Betreuung der Doktorarbeit bedanken. Stets war ich mir seiner Unterstützung sicher und fand jederzeit ein offenes Ohr, um Probleme und angestrebte Lösungen konstruktiv zu diskutieren.

Weiterhin danke ich Professor Dr.-Ing. Christoph Stiller für die Übernahme des Korreferats. Mit Interesse hat der den Fortschritt der Arbeit verfolgt und so zu deren Gelingen beigetragen.

Die vorliegende Arbeit entstand während meiner Zeit als Doktorand in der Forschung der DaimlerChrysler AG, Abteilung Fahrzeugsystemdynamik GR/EAV.

Mein herzlicher Dank gilt meinem Teamleiter Dr.-Ing. Markus Zimmer, der mich stets aufs Beste unterstützt hat und die Umgebung zum Gelingen dieses Forschungsvorhabens bereitgestellt hat.

Weiterhin möchte ich mich bei meinen Teamkollegen Dipl.-Ing. Klaus Schäfer und Dipl.-Ing. (FH) Peter Klander für die gute Zusammenarbeit und die vielen anregenden Gespräche bedanken.

Mein besonderer Dank gilt meinem Arbeitskollegen und guten Freund Dr.-Ing. Ralph Streiter für die einzigartige Zusammenarbeit, ohne die ein Gelingen dieser Arbeit so nicht möglich gewesen wäre. Kein Problem schien zu schwierig, um nicht eine Lösung dafür zu finden.

Abschließend gilt mein innigster Dank meinen Eltern und meiner Frau Eva Maria, die mir jegliche Hilfe zukommen ließen und mich stets unterstützt haben.

Ingolstadt, im Juli 2009 Andreas Schindler

Das einzige Mittel gegen Aberglauben ist Wissenschaft.

(Henry Thomas Buckle (1821-62))

Inhaltsverzeichnis

Formelzeichen

Symbol:	Bedeutung:	Einheit:
ε_{zStr} :	Fehler der Höhenwerte	$[m]$
Θ_A :	Matrix der Massen(-trägheiten)	$[kg]$,$[kg \cdot m^2]$
γ:	Verspannung	[-]
σ_{LIDAR} :	Streubreite LIDAR	[m]
φ_{Lid} :	Spiegelstellung LIDAR	$[rad]$
ξ_{LIDAR} :	Wahrscheinlichkeitsdichte LIDAR	[-]
Φ_{LIDAR} :	Wahrscheinlichkeitsdichtematrix eines Scans	[-]
$\sum \vec{\xi}_{LIDAR}$:	Summe aller Gewichtungen	[-]
akt :	aktueller Scan	[-]
c :	Lichtgeschwindigkeit	$[\frac{m}{s}]$
c_{Schall} :	Schallausbreitungsgeschwindigkeit	$[\frac{m}{s}]$
d_{Lid} :	Entfernungsmeßwert LIDAR	$[m]$
F_F :	Federkraft	$[N]$
F_{FB} :	Federbeinkraft	$[N]$
F_D :	Dämpferkraft	$[N]$
F_L :	Lenkerkraft	$[N]$
F_Z :	externe Hubkraft	$[N]$
H :	Matrix der Hebelverhältnisse	[-]
$hist$:	vergangene Scans	[-]
i_v, i_h :	Ventilströme vorne, hinten	$[A]$
i_{komp} :	Ventilströme Kompensation	$[A]$
i_{pre} :	Ventilströme Preview	$[A]$

i_{rer} :	Ventilströme Regler	$[A]$
J_N :	rotatorische Trägheit des Aufbaus um die Nickachse	$[kg \cdot m^2]$
J_W :	rotatorische Trägheit des Aufbaus um die Wankachse	$[kg \cdot m^2]$
K_{BS} :	Koeffizientenmatrix für beschleunigungsproportionalen Anteil im Zähler des Reglers	[-]
K_D :	Dämpfungsmatrix	$[\frac{N \cdot s}{m}]$
K_D^* :	Substitutionsmatrix für Dämpfungsanteil	$[\frac{N \cdot s}{m}]$
$k_{D,v}, k_{D,h}$:	Dämpfungskonstante vorne, hinten	$[\frac{N \cdot s}{m}]$
K_F :	Matrix der Federsteifigkeiten	$[\frac{N}{m}]$
$K_F^\#$:	Substitutionsmatrix für Federsteifigkeitsanteil	$[\frac{N}{m}]$
K_F^* :	Substitutionsmatrix für Federsteifigkeitsanteil	$[\frac{N}{m}]$
$k_{F,v}, k_{F,h}$:	Federkonstante vorne, hinten	$[\frac{N}{m}]$
K_{FR} :	Matrix der Reifenfedersteifigkeiten	$[\frac{N}{m}]$
$k_{FR,v}, k_{FR,h}$:	Reifenfederkonstante vorne, hinten	$[\frac{N}{m}]$
K_I :	Koeffizientenmatrix für wegproportionalen Anteil im Zähler des Reglers	[-]
$korr$:	Korrekturterm	[-]
K_{PL} :	Matrix der Plungerverstärkungsfaktoren	$[\frac{m}{A \cdot s}]$
$k_{PL,v}, k_{PL,h}$:	Plungerverstärkungsfaktoren vorne, hinten	$[\frac{m}{A \cdot s}]$
L_A :	Matrix geometrischer Bindungen	$[m]$
L_{FB} :	Abstandsmatrix Federbeine zu Schwerpunkt	$[m]$
L_L :	Abstandsmatrix Querlenker zu Schwerpunkt	$[m]$
L_R :	Abstandsmatrix Räder zu Schwerpunkt	$[m]$
l_v, l_h :	longitudinaler Abstand Vorder-/Hinterrad zum Schwerpunkt	$[m]$
l_{FB} :	lateraler Abstand Federbein zu Schwerpunkt	$[m]$
l_L :	lateraler Abstand Querlenkeranbindung zu Schwerpunkt	$[m]$
l_R :	lateraler Abstand Räder zu Schwerpunkt	$[m]$

M_N :	externes Nickmoment	$[Nm]$
M_R :	Matrix der Radmassen	$[kg]$
M_W :	externes Wankmoment	$[Nm]$
m_A :	Aufbaumasse	$[kg]$
$m_{R,v}, m_{R,h}$:	Radmasse vorne, hinten	$[kg]$
N_{GRK} :	Nennerpolynom des geschlossenen Regelkreises	[-]
N_{reg} :	Nennerpolynom des Reglers	[-]
n :	Nickkoordinate Aufbau im Schwerpunkt	$[rad]$
n_{Lid} :	Neigung LIDAR-Strahl Nicken	$[rad]$
$n_{off,Lid}$:	Nickwinkeloffset LIDAR-Strahl	$[rad]$
n_{rel} :	rel. Nickwinkel Aufbau/Räder	$[rad]$
Pkt :	einzelner LIDAR-Meßpunkt	[-]
R :	Relevanz	[-]
rad :	radbezogen	[-]
$regres$:	Regression	[-]
SP :	Schwerpunkt des Fahrzeugs	[-]
T_{GA} :	Transformationsmatrix der Aufbaumodi	$[m]$
T_G^* :	Matrix der geometrischen Bindungen Federbein Aufbau	$[m]$
T_G^*E :	Matrix der geometrischen Bindungen linear erweitert	$[m]$
$T_{G,FB}$:	geometrische Beziehungen Federbein zu Aufbau	$[m]$
$T_{G,L}$:	geometrische Beziehungen Querlenker zu Aufbau	$[m]$
T_K :	Koeffizientenmatrix Nenner Regler	[-]
u :	Plungerstellweg	$[m]$
u_v, u_h :	Plungerstellweg vorne, hinten	$[m]$
$\dot{V}$:	Ölvolumenstrom	$[\frac{m^3}{s}]$

w :	Wankkoordinate Aufbau im Schwerpunkt	$[rad]$
$\vec{w}$:	Straßenanregung	$[m]$
w_{rel} :	relativer Wankwinkel Aufbau/Räder	$[rad]$
w_v, w_h :	Straßenhöhe vertikal vorne, hinten	$[m]$
Δx_{Raster} :	quantisierter Abstand des Rasters	$[m]$
$x_{Sp,Lid}$:	Längsabstand Fahrzeug-Schwerpunkt zum LIDAR	$[m]$
x_{Str} :	horizontale Entfernung LIDAR-Sensor zu Straßenmeßpunkt	$[m]$
$x_{Str,Speicher}$:	Abzisse des Straßenspeichers	$[m]$
$y_{Sp,Lid}$:	Querabstand Fahrzeug-Schwerpunkt zum LIDAR	$[m]$
Z_{GRK} :	Zählerpolynom des geschlossenen Regelkreises	[-]
z_A :	Hubkoordinate Aufbau im Schwerpunkt	$[m]$
$z_{A,v}, z_{A,h}$:	Aufbaukoordinate vertikal vorne, hinten	$[m]$
z_{FB} :	Federbeinweg	$[m]$
z_{Lid} :	LIDAR-Höhe vertikal über der Fahrbahn	$[m]$
$z_{off,Lid}$:	Huboffset LIDAR-Strahl	$[m]$
z_R :	Radkoordinate vertikal	$[m]$
$z_{R,v}, z_{R,h}$:	Radkoordinate vertikal vorne, hinten	$[m]$
z_{rel} :	relative Hubkoodinate Aufbau/Räder	$[m]$
$z_{rel\_AR,v}, z_{rel\_AR,h}$:	Relativweg zwischen Aufbau und Rad vorne, hinten	$[m]$
$z_{rel,AW}$:	Relativweg Aufbau Straße	$[m]$
$z_{rel,RW}$:	Relativweg Rad Straße	$[m]$
z_{Str} :	vertikale Straßenhöhe in der Entfernung x_{Str}	$[m]$
$z_{Str,Speicher}$:	Höhenwerte im Straßenspeicher	$[m]$

Abkürzungen

ABS	: **A**nti-**B**lockier-**S**ystem
ABC	: **A**ctive **B**ody **C**ontrol
ACC	: **A**daptive **C**ruise **C**ontrol
ESP	: **E**lektronisches **S**tabilitäts-**P**rogramm
FAS	: **F**ahrer**a**ssistenz**s**ystem
FMCW	: **F**requency **M**odulated **C**ontinuous **W**ave
GFZ	: **G**esamt**f**ahr**z**eug
HFZ	: **H**alb**f**ahr**z**eug
IPS	: **I**ntegrale **P**review-**S**trategie
LIDAR	: **Li**ght **D**etection **a**nd **R**anging or **L**aser **I**maging **D**etection **a**nd **R**anging
LQR	: **L**inear **Q**uadratic **R**egulator
MPC	: **M**odel **P**redictive **C**ontrol
PID	: **P**roportional-**I**ntegral-**D**ifferential-Anteil
PLZ	: **P**uls-**L**auf**z**eit-Verfahren
PMD	: **P**hotonic **M**ixer **D**evice
RADAR	: **Ra**diowave **D**etection **a**nd **R**anging
SVD	: **S**chnell **V**erstellbare **D**ämpfung
RMS	: **R**oot **M**ean **S**quare
TOF	: **T**ime **o**f **F**light Principle
VFZ	: **V**iertel**f**ahr**z**eug

1. Einleitung

1.1. Einordnung der Arbeit

Seit der Erfindung des Automobils beschäftigen sich die Konstrukteure damit, den Fahrzeugen ein gleichfalls sicheres und komfortables Fahrverhalten anzuerziehen. Insbesondere die Abstimmung von Federung und Dämpfung hat dabei einen maßgebenden Einfluß auf Fahrkomfort und Fahrsicherheit.

Daß die Abstimmung eines Fahrwerks, sprich die Festlegung der richtigen Parameter für die einzelnen Komponenten, eine höchst anspruchsvolle Aufgabe ist, war auch schon zur Anfangszeit des Automobils bekannt, wie folgendes Zitat aus „Der neuzeitliche Maschinenbau" von 1928 [Han28] beweist:

> *Das Fahren im Automobil soll eine Annehmlichkeit, ein Vergnügen sein und keine Strapaze. In jeder Form sind deshalb Rücksichten auf diese Forderung zu nehmen. Dazu gehört auch die Frage der Abfederung. Wird sie durch den Konstrukteur nicht glücklich gelöst, so kann die Maschinenanlage noch so vorteilhaft sein, es wird das Fahrzeug sich nicht der erforderlichen Beliebtheit erfreuen. Das weiß der Konstrukteur, und deshalb gibt er sich außerordentlich große Mühe, mit den verschiedenen Mitteln auf den verschiedensten Wegen, die ihm zur Verfügung stehen, die Frage der Abfederung zu lösen. So wird auch ein oftmaliges Ändern der Federausbildung, besonders bei Neukonstruktionen, erforderlich und verständlich.*

Seither wurde zur Verbesserung von Fahrkomfort und Fahrsicherheit zum einen versucht, die Funktion der mechanischen und hydraulischen Komponenten des Fahrwerks, wie Federn, Dämpfer und Lager weiter zu verbessern, zum anderen wurden die Auslegungs- und Abstimmungsprozesse immer systematischer und ausgereifter.

Trotz der Fortschritte befindet sich der Fahrwerkentwickler bei der Fahrwerkabstimmung auch heute noch in einem Zielkonflikt, den richtigen Kompromiß zwischen Fahrkomfort und Fahrsicherheit zu finden.

Für ein komfortables Fahrverhalten ist der Beschleunigungseintrag auf den Fahrzeugaufbau und damit auf die Fahrzeuginsassen möglichst gering zu halten. Das kann am besten durch eine möglichst gute Entkoppelung des Aufbaus von der Straße, also durch die Verwendung möglichst weicher Federn und Dämpfer erreicht werden (siehe Fahrwerksauslegung „Limousine" in Abb. 1.1).

Im Gegensatz dazu ist zur Realisierung eines sicheren Fahrverhaltens eine möglichst harte Feder- und Dämpferabstimmung wünschenswert, damit Aufbaubewegung und Radlastschwankung so gering wie möglich gehalten werden können (siehe Fahrwerksauslegung „Sportwagen“ in Abb. 1.1).

Da Aufbau und Räder jedoch als schwingungsfähiges System miteinander gekoppelt sind, ist eine unabhängige Beeinflussung von Rad- und Aufbaudynamik nicht möglich. Es handelt sich hier um ein paretooptimales[1] Problem. Ab einem bestimmten Optimalitätsgrad ist bei passiven Fahrwerken keine gleichzeitige Verbesserung beider Kriterien (Fahrkomfort und Fahrsicherheit) mehr möglich. Dies zeigt die Pareto-Grenzkurve für passive Federungssysteme in Abb. 1.1, die nicht überschritten werden kann. Soll z.B. die Fahrsicherheit weiter erhöht werden, leidet zwangsläufig der Fahrkomfort darunter.

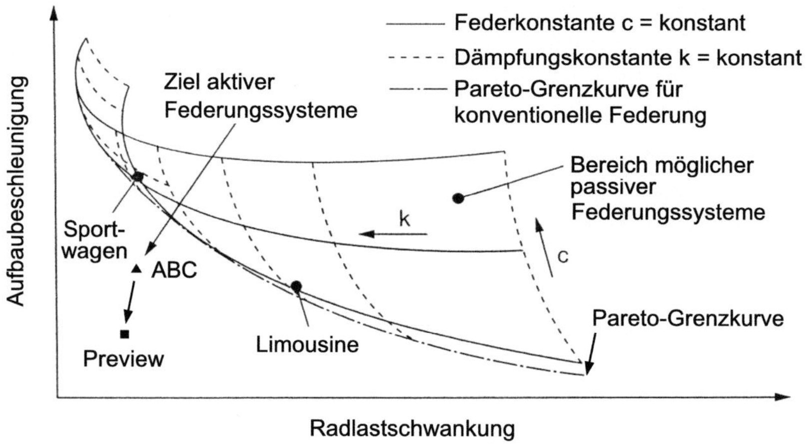

Abb. 1.1.: Konfliktdiagramm Fahrsicherheit/Fahrkomfort (modifiziert nach Quelle [PSS03])

Seit der Einführung aktiver mechatronischer Federungssysteme kann dieser Zielkonflikt abgemildert werden. Durch das Zusammenwirken von Aktorik, Sensorik und Regelung ermöglichen sie die dynamische Anpassung der Federung an den jeweiligen Fahrzeug- und Straßenzustand.

Als Beispiel für solche Federungssysteme sei das aktive hydraulische Fahrwerk „Active Body Control“ (ABC) genannt, das sich seit 1999 in Fahrzeugen der Mercedes S-Klasse im Serieneinsatz befindet. Mit ABC ist eine Verbesserung des Fahrkomforts ohne Verschlechterung der Fahrsicherheit möglich (siehe Fahrwerksauslegung „ABC“ in Abb. 1.1).

[1] Pareto-Optimalität: Es kann keine Verbesserung in einem Kriterium erreicht werden, ohne daß sich ein anderes Kriterium verschlechtert.

Die mit aktiven Fahrwerken möglichen Komfort- und Sicherheitspotentiale sind durch deren hohen Reifegrad heutzutage jedoch weitgehend ausgeschöpft.

Trotz immer leistungsfähiger werdender aktiver Fahrwerkkomponenten, Sensorik und Digitalrechner befinden sich sämtliche aktive Fahrwerke noch immer in einem Dilemma: Sie können erst dann reagieren, wenn eine Fahrbahnstörung bereits auf das Fahrzeug einwirkt.

Die Funktion der Regelung beschränkt sich also darauf, die eingeleiteten Störungen möglichst schnell abklingen zu lassen. Da der Regelung des aktiven Fahrwerks im Vorfeld nicht bekannt ist, welcher Art die vorausliegenden Fahrbahnanregungen sind, muß immer eine Kompromißeinstellung gewählt werden, die für das gesamte Anregungskollektiv eine akzeptable Lösung bietet. Dadurch können die theoretisch möglichen Potentiale hinsichtlich Fahrkomfort und Fahrsicherheit in der Praxis nicht ausgereizt werden.

Im Gegensatz zum reaktiven Verhalten konventioneller passiver und aktiver Fahrwerke steht das Verhalten des Menschen. Durch die menschliche Fähigkeit, die Umgebung wahrzunehmen, kann sich der Mensch schon frühzeitig auf die vorausliegende Geländekontur einstellen und **proaktiv**, d.h. schon vor dem Eintreffen des Hindernisses, agieren.

Als Beispiel sei das menschliche Verhalten beim Erklimmen einer Stufe genannt:

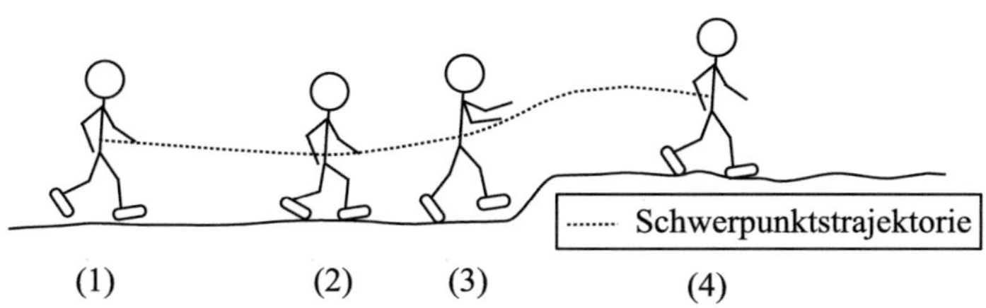

Abb. 1.2.: Proaktives Verhalten des Menschen beim Erklimmen einer Stufe

Bereits vor der Stufe wird der Körperschwerpunkt abgesenkt (1)→(2) und der Körper gleich darauf nach oben in die richtige Bewegungsrichtung beschleunigt (2)→(3). Dieses „Schwung holen" erfolgt schon, bevor die Stufe betreten wird (4).

Durch ein solches proaktives Verhalten wird das Erklimmen der Stufe erleichtert, und die auf den Körper einwirkenden Erschütterungen werden drastisch verringert. Die kognitiven Fähigkeiten des Menschen ermöglichen so ein genau auf die jeweilige Situation angepaßtes Verhalten mit hoher Energieeffizienz und geringer Belastung für den Körper.

Seit mehr als 40 Jahren[2] werden schon Versuche unternommen, die Idee eines vorausschauenden Verhaltens auf das technische System „Fahrwerk" zu übertragen. Ziel ist das „sehende Fahrwerk" – nämlich ein proaktives Fahrwerk mit Vorausschau oder englisch „Preview". So

[2]Erste Veröffentlichungen datieren bereits aus dem Jahre 1966 [She66].

existiert eine Vielzahl von Publikationen zum Thema „Preview“ mit vielversprechenden theoretischen Ergebnissen.

Warum wurde bis heute noch kein vorausschauendes Fahrwerk in einem realen Fahrzeug mit Erfolg umgesetzt?

In der Vergangenheit verhinderte die mangelnde Verfügbarkeit leistungsfähiger Technik die Umsetzung von Preview. So existierten keine geeigneten Preview-Sensoren, die Analog- bzw. Digitalrechner waren nicht leistungsfähig genug, und fahrzeugtaugliche Bauteile für aktive Fahrwerke waren nicht vorhanden.

Dieses Manko besteht heutzutage nicht mehr. Mit der zunehmenden Verbreitung von Assistenzsystemen im Fahrzeug stehen derzeit eine Vielzahl von Sensorsystemen zur Umfelderfassung zur Verfügung [KS04]. Weiterhin gehören leistungsfähige Echtzeitrechnersysteme heute zum Stand der Technik. Aktive Fahrwerke sind seit Jahren im Serieneinsatz und haben ihre Robustheit bewiesen.

Anders sieht es bei der Algorithmik für aktive Fahrwerke mit Preview aus. Schon seit mehr als 40 Jahren werden Regleransätze für aktive Fahrwerke mit Preview veröffentlicht (siehe Abschnitt 1.2.4). Jedoch berücksichtigt kein einziger Ansatz die Randbedingungen im realen Fahrzeug in ausreichendem Maße, so daß bis heute kein fahrzeugtaugliches Preview-Konzept existiert.

Des weiteren bleibt die Frage nach der Generierung des Preview-Straßensignals unbeantwortet. So wird das Straßensignal meist als ideal und gegeben angenommen. Die Messung mit realer Sensorik und die Aufbereitung der Rohdaten wird in keiner Arbeit zufriedenstellend behandelt.

Ziel der Arbeit ist die Entwicklung eines neuen, fahrzeugtauglichen Preview-Konzepts. Es besteht aus drei Teilen:

- ein neues Sensorkonzept zur Messung des vorausliegenden Straßenhöhenprofils
- ein neuer Algorithmus zur Generierung des Preview-Straßensignals aus den Sensorrohdaten
- ein neuer Regelungs- und Steuerungsansatz, die sogenannte „Integrale Preview-Strategie (IPS)“.

Sowohl der neue Straßenaufbereitungs-Algorithmus als auch die neue Integrale Preview-Strategie berücksichtigen sämtliche Randbedingungen für den Einsatz im realen Fahrzeug und sind uneingeschränkt im Straßenverkehr einsetzbar.

Das Ergebnis der Arbeit ist **erstmals** ein straßentaugliches Fahrzeug mit aktivem Fahrwerk mit Preview, das gegenüber aktiven Fahrwerken ohne Preview ein völlig neues Fahrverhalten besitzt und eine drastische Komfortsteigerung erzielt.

1.2. Darstellung des Entwicklungsstandes

1.2.1. Terminologie „Aktives Fahrwerk“

Aktive Fahrwerke gehören heute zur Standardausstattung in Fahrzeugen der Ober- und Luxusklasse und finden zunehmend Verbreitung in den unteren Fahrzeugklassen.

Im Gegensatz zu passiven Fahrwerken erlauben sie die dynamische Anpassung der Federungs- und Dämpfungscharakteristik und können so flexibel auf Parameterschwankungen, wie z.B. unterschiedliche Zuladung, Geschwindigkeit oder variierende Umgebungsbedingungen, wie Straßenbeschaffenheit oder Witterungseinflüsse, reagieren.

Das erste in einem Pkw in Großserie produzierte aktive Fahrwerk wurde 1955 auf dem Pariser Autosalon im Citroën DS der Öffentlichkeit vorgestellt. Der Citroën DS besitzt ein hydropneumatisches Fahrwerk mit Hochdruckhydraulikversorgung, das ein gleichbleibendes Fahrzeugniveau unabhängig vom Beladungszustand gewährleistet und somit zu einem weitgehend beladungsunabhängigen Fahrverhalten führt.

Der Schritt hin zu heutigen aktiven Fahrwerken mit schnell arbeitender Regelung und Aktorik wurde erst mit dem Fortschritt auf dem Gebiet der Digitalrechner und Sensorik möglich.

Im Jahre 1978 patentierte Daimler-Benz ein vollaktives[3] hydraulisches Fahrwerk, das 1990 im Mercedes-Benz Gruppe C Hochleistungssportwagen C112 erstmals zum Einsatz kam. Ziel des aktiven Fahrwerks war es, den Aufbau ruhig und in gleichbleibendem Abstand zur Straße zu halten, um ein bestmögliches aerodynamisches Verhalten des Fahrzeugs bei maximalem Kraftschlußpotential zu erreichen. Die Regelung ermittelte den Bewegungszustand von Aufbau und Rädern durch Beschleunigungs- und Wegsensoren und steuerte als Aktorik einen hydraulischen Stellzylinder an jedem Rad an.

Auch Lotus zählt zu den Pionieren auf dem Gebiet aktiver Fahrwerke. So erprobte Lotus im Jahre 1984 ein aktives Fahrwerk in einem Formel 1 Rennwagen mit dem Ziel, die Radlastschwankungen möglichst gering zu halten. Damit sollte die Kurvengeschwindigkeit erhöht und der Reifenverschleiß reduziert werden[4].

Heutzutage existiert eine Vielzahl unterschiedlicher aktiver Fahrwerksysteme wie Verstelldämpfung, Luftfeder mit Niveauregulierung, Hydropneumatik oder Wankstabilisierung. Die Systeme unterscheiden sich in der Frequenzbandbreite der Regelung, der Art und Leistungsfähigkeit der Aktorik und den zu beeinflussenden Freiheitsgraden des Fahrzeugs. In den unteren Fahrzeugklassen bis hin zur Mittelklasse finden sich aktive Fahrwerke hauptsächlich in Form von Verstelldämpfungssystemen.

[3] Vollaktive Systeme erlauben das aktive Stellen von Kräften durch eine ständig bereitstehende Energieversorgung (z.B. ein Hydraulikzylinder mit Hydraulikversorgung).

[4] Damals zeigte sich aber, daß die Reifen den theoretischen Vorteil nicht umsetzen konnten und sich der zusätzliche Energiebedarf der Hydraulikpumpe negativ auf die Gesamtschnelligkeit des Rennwagens auswirkte.

Sowohl in den Fahrzeugen der Ober- und Luxusklasse als auch in den SUVs[5] haben sich in den letzten Jahren Luftfederungssysteme mit Verstelldämpfung durchgesetzt, zunehmend auch in Kombination mit Systemen zur Wankstabilisierung.

Citroën stattet seine Fahrzeuge der Mittel- und Oberklasse mit einem aktiven hydropneumatischen Fahrwerk mit Verstelldämpfung aus.

Das aufwendigste und leistungsfähigste aktive Fahrwerk auf dem Markt stellt zur Zeit das hydraulische Fahrwerk Active Body Control von Mercedes-Benz dar (siehe Abschnitt 1.2.2). Es ging erstmals 1999 unter der Bezeichnung **Active Body Control (ABC)** im Coupé der Mercedes-Benz S-Klasse in Serie (siehe Abb. 1.3).

Abb. 1.3.: Hydraulikkomponenten des aktiven Fahrwerks Active Body Control (ABC), (Quelle:[PSS03])

Zur Verbesserung des Fahrverhaltens aktiver Fahrwerke im Gegensatz zu passiven Fahrwerken lassen sich folgende übergeordnete, teils gegenläufige, Regelziele definieren. Sie sind bestimmend für die Struktur des Reglers.

Regelziele aktiver Fahrwerke

- **Fahrkomfort:**

  Maximaler Fahrkomfort bedeutet aus der Sicht von Fahrer und Fahrgästen einen möglichst geringen Eintrag von mechanischen und akustischen Schwingungen im für den Menschen wahrnehmbaren Frequenzbereich. Bei den mechanischen Schwingungen ist für das Komfortempfinden des Menschen die Aufbaubeschleunigung maßgebend. Es ist

[5] engl. **S**ports **U**tility **V**ehicles: Geländegängige Fahrzeuge, die aber vornehmlich für den Einsatz auf befestigten Straßen konzipiert sind.

deshalb anzustreben, die Aufbaubeschleunigung in den Aufbaufreiheitsgraden Huben, Nicken und Wanken möglichst gering zu halten.

- **Fahrsicherheit:**
  Hingegen ist für eine Verbesserung der Fahrsicherheit ein Eingriff in die Raddynamik nötig. Die Begründung liegt darin, daß sich mit zunehmender Radschwingung die Radlasten, sprich die Reifenaufstandskräfte, ändern. Je stärker diese schwanken, desto weniger Kräfte können zwischen Fahrzeug und Fahrbahn übertragen werden. Das Fahrzeug verliert den Kontakt zur Straße.

- **Horizontierung:**
  Die Horizontierung des Fahrzeugs sorgt für einen begrenzten Nick- und Wankwinkel des Fahrzeugs bei Fahrbahnstörungen und bei längs- und querdynamischen Fahrmanövern. Dafür ist eine Abstützung der auftretenden Nick- und Wankmomente erforderlich. Eine gute Horizontierung sorgt für eine verbesserte Fahrerreaktion, da sich der Horizont zwischen Fahrzeug und Fahrbahn weniger ändert. Ein perfekt horizontierendes Fahrzeug ist dennoch nicht wünschenswert, da dem Fahrer rechtzeitig das Erreichen des Grenzbereichs des Fahrzeugs signalisiert werden soll.

- **Niveauregulierung:**
  Die Niveauregulierung garantiert die Einhaltung einer gleichbleibenden Fahrzeughöhe unabhängig vom Beladungszustand und bewirkt damit, daß der Federweg des Fahrzeugs erhalten bleibt.

- **Energieverbrauch:**
  Der Energieverbrauch des Fahrwerks durch Regeleingriffe ist so gering wie möglich zu halten, um den Kraftstoffverbrauch nicht unnötig zu erhöhen.

Die Erfüllung der oben genannten Regelziele ist abhängig von der Struktur des aktiven Fahrwerksystems und der Leistungsfähigkeit des Regelungsalgorithmus. Einfache Systeme beschränken sich auf eine Niveauregulierungsfunktion. Aufwendigere teil- oder vollaktive Fahrwerke ermöglichen eine gleichzeitige Verbesserung von Fahrkomfort und Fahrsicherheit zusammen mit einer Horizontierung des Fahrzeugaufbaus. Je nach Ausprägung der Regelung (Frequenzband des Regeleingriffs) ist damit ein nicht zu vernachlässigender Energieverbrauch verbunden.

1.2.2. Terminologie „Active Body Control (ABC)“

Das aktive Fahrwerksystem Active Body Control (ABC)[6] ist ein volltragendes, teilaktives, hydraulisches Federungssystem, das eine vollständige Kontrolle der Aufbaubewegung ermöglicht.

[6]Eine umfassende Erklärung vom ABC findet sich in Pyper [PSS03].

Dadurch kann ein Fahrverhalten realisiert werden, das gleichzeitig den Fahrkomfort einer Limousine mit dem Handling eines Sportwagens verbindet.

Bei ABC handelt es sich um ein komplexes mechatronisches System. Es besteht aus einem Digitalrechner, auf dem die Fahrwerkregelung läuft, Sensorik zur Messung des Fahrzustandes und Fahrwerkbauteilen mit einem Hochdruck-Hydrauliksystem (siehe Abb. 1.4).

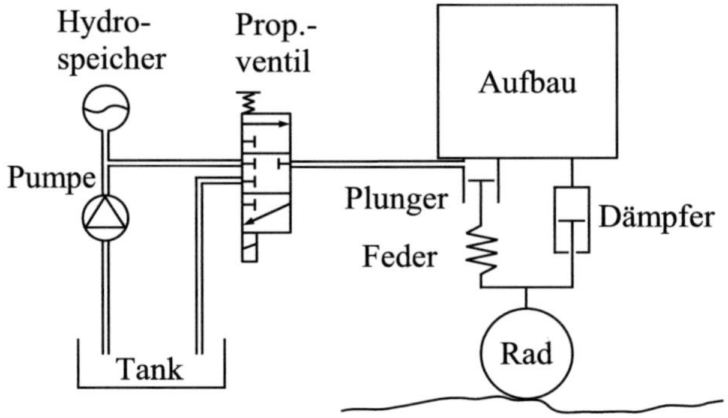

Abb. 1.4.: Schematik des aktiven Fahrwerks „Active Body Control“

Das ABC-Federbein besteht, ähnlich wie bei einem konventionellen passiven Fahrwerk, aus einer Schraubenfeder in Parallelschaltung zu einem Dämpfer (siehe Abb. 1.4). Zusätzlich zur Feder ist jedoch als Aktor ein einseitig wirkender Hydraulikzylinder (Plunger) in Reihe geschaltet. Durch die Verschiebung des Plungers kann die Feder zusätzlich belastet oder entlastet werden. Damit können aktiv Zusatzkräfte gestellt werden. Die Versorgung des Hydraulikzylinders erfolgt über ein Hochdruckhydrauliksystem mit motorseitig angetriebener Hydraulikpumpe und Proportionalventilen.

Zur Messung aller für die Regelung erforderlicher Signale verwendet ABC eine Reihe von Sensoren, beispielsweise Beschleunigungssensoren zur Bestimmung der Aufbaubeschleunigung in Vertikal-, Längs- und Querrichtung, Wegsensoren zur Bestimmung der Relativwege zwischen Aufbau und Rädern und Drucksensoren zur Bestimmung der Drücke im Hydrauliksystem.

Die Regelung reduziert die Aufbauschwingungen bei sämtlichen Fahrmanövern, horizontiert das Fahrzeug weitgehend bei längs- und querdynamischen Manövern und stellt ein vom Beladungszustand unabhängiges Fahrverhalten sicher. Aus energetischen Gründen (Kraftstoffverbrauch) ist die Bandbreite des Regeleingriffs nach oben hin auf ca. 5 Hz begrenzt. Es wird primär die Aufbaudynamik beeinflußt. Die Bedämpfung der höherfrequenten Radschwingungen erfolgt daher durch einen konventionellen Stoßdämpfer.

ABC ist als einziges System auf dem Markt in der Lage, Aufbau und Räder des Fahrzeugs selbständig und schnell in eine bestimmte Position zu bringen oder in einen bestimmten Bewegungszustand zu versetzen, wie beispielsweise ein schnelles Anheben des Aufbaus **vor** einem Fahrbahnhindernis. Deshalb ist ABC als Basissystem zur Realisierung eines aktiven Fahrwerks mit Vorausschau prädestiniert.

1.2.3. Terminologie „Preview“

Was bedeutet eigentlich der Begriff „Preview“ in Bezug auf aktive Fahrwerke?

Um die in der Arbeit verwendeten Termini technici verständlich zu machen, werden die verschiedenen in der Literatur verwendeten Begriffe zum Thema „Preview“ erläutert.

Das englische Wort „Preview“ läßt sich am besten mit dem Wort „Vorausschau“ ins Deutsche übersetzen und bedeutet, daß einem System eine Vorabinformation in Bezug auf den aktuellen Systemzustand zur Verfügung steht. Ein solcher zeitlicher Vorsprung der Information kann nutzbringend zur frühzeitigen Beeinflussung des Systemzustands verwendet werden. Am Beispiel eines aktiven Fahrwerks bedeutet das, daß die Information über das kommende Straßenhöhenprofil schon früher zur Verfügung steht als bei konventionellen Fahrwerken und dem Fahrwerk so mehr Vorbereitungszeit gegeben wird, auf die Straßenanregung zu reagieren oder sogar schon vorher zu agieren (pro-aktives Verhalten).

Balzer [Bal81] liefert ein schönes Beispiel für die Wirkungsweise von Preview:

> *Consider steering a car along a length of familiar winding road. Estimate the maximum speed at which a driver could comfortably proceed. Now assume that the car´s windscreen has been painted black and that the car´s position relative to the centre or edge of the roadway can only be determined from the view of a side window. At what maximum speed could the driver comfortably proceed?*

Abbildung 1.5 zeigt schematisch den Unterschied zwischen einem Fahrwerk ohne und mit Preview-Information. In dem Wort „Aktion“ statt „Reaktion“ wird auch der Charakter von Preview deutlich. Durch die Vorabinformation handelt es sich bei Preview nicht um eine Regelung, sondern um eine Vorsteuerung, also um einen dynamischen Eingriff in einer offenen Wirkungskette. Im folgenden soll also von einer Regelung für ein aktives Fahrwerk mit „Preview-Vorsteuerung“ gesprochen werden.

Abhängig vom Zeitpunkt, zu dem die Preview-Information zur Verfügung steht, und dem Vorausschaubereich, lassen sich verschiedene Arten von Preview unterscheiden:

Internes, Null- bzw. Zero- oder Wheelbase-Preview

Die Straßeninformation, die das Vorderrad beim Überfahren liefert, wird zur Beeinflussung des Hinterradzustands verwendet. Die Preview-Länge entspricht dem Fahrzeugradstand. Es wird kein zusätzlicher Sensor zur Abtastung der Straße vor dem Fahrzeug benötigt.

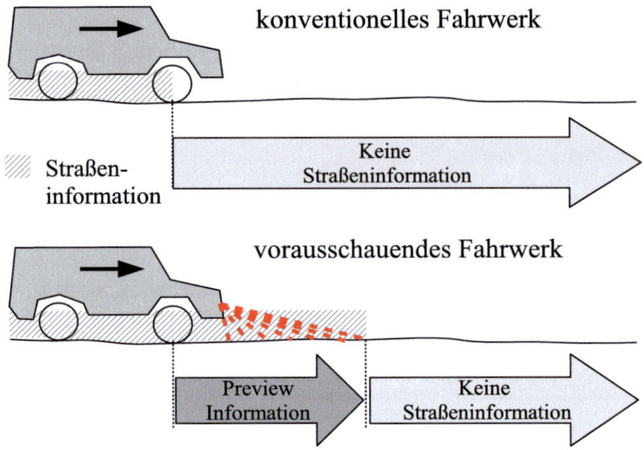

Abb. 1.5.: Konventionelles und vorausschauendes Fahrwerk

Externes oder Look-Ahead-Preview

Zur Messung des Straßenhöhenprofils werden Sensoren verwendet, die die Straße vor den Vorderrädern in Fahrtrichtung abtasten. Die Vorausschaulänge ist vom Sensortyp abhängig. Es werden zwei Look-Ahead-Preview-Typen unterschieden:

- Preview mit begrenzter Vorausschaulänge oder Finite-Preview:
  Es liegen nur in einem begrenzten Bereich Informationen über das zukünftige Straßenhöhenprofil vor. Da die Preview-Sensorreichweite in der Realität immer endlich ist, handelt es sich bei der Umsetzung von Preview in einem realen Fahrzeug immer um „Finite"-Preview.

- Preview mit unbegrenzter Vorausschaulänge oder Infinite-Preview:
  Akademischer Ansatz: Es liegt unbegrenzte Information über das zukünftige Straßenhöhenprofil vor. Ein solcher Fall tritt in der Realität nie auf und dient nur zur Ermittlung des optimalen Preview-Stellsignals in theoretischen Untersuchungen.

1.2.4. Literaturübersicht

Daß der Gedanke einer Regelung mit Preview-Vorsteuerung die Fachwelt schon lange beschäftigt, zeigt die Veröffentlichung „Three Models of Preview Control" von **Sheridan** [She66] aus dem Jahre 1966. Dort stellt der Autor zum ersten Mal das Grundkonzept für Preview mit endlicher und unendlicher Vorausschau am Beispiel Mensch vor.

Die erste theoretische Untersuchung zur Anwendung einer Preview-Vorsteuerung auf eine

Fahrzeugfederung veröffentlicht **Bender** im Jahre 1968 [Ben68]. Für ein Viertelfahrzeugmodell mit einem Freiheitsgrad synthetisiert er mittels eines *Wiener-Filters*[7] die optimale Übertragungsfunktion für Preview mit endlicher und unendlicher Vorausschauzeit des vorausliegenden Straßenhöhenprofils. Anschließend vergleicht Bender den Ansatz mit einem optimalen Vorsteueransatz mit Zero-Preview. Als Optimalitätskriterien werden die Beschleunigung der Aufbaumasse und der Relativwegbedarf zwischen Aufbau und Straße verwendet. Leider ist der von Bender vorgestellte Preview-Ansatz physikalisch nicht realisierbar[8].

Daher versucht Bender einen alternativen, physikalisch realisierbaren Modellansatz. Das Viertelfahrzeugmodell besteht aus einer Aufbaumasse, die von einer linearen Feder getragen wird, und deren Bewegung durch einen aufbaugeschwindigkeits-proportionalen Dämpfer[9] gedämpft wird.

Fazit: Die Arbeit von Bender liefert eine erste Grundabschätzung, welche Potentiale von einer Preview-Vorsteuerung zu erwarten sind. Benders Untersuchungen zeigen, daß sich mit einem Look-Ahead-Preview-Ansatz eine viel größere Komfortsteigerung erreichen läßt als mit einem Zero-Preview-Ansatz. Die getroffenen Annahmen bzgl. Federwegen, Aktorträgheit usw. sind jedoch stark vereinfacht und daher noch weit von einer technischen Realisierung entfernt.

Beginnend mit dem Jahre 1973 veröffentlicht **Tomizuka** eine Reihe von Arbeiten zum Thema Preview Control [Tom73], [Tom75], [TW75], basierend auf einem Optimalregleransatz[10]. Gegenüber [Ben68] bringen die Arbeiten jedoch keine grundsätzlich neuen Erkenntnisse.

Mit dem Hintergrund der fortschreitenden Entwicklung bei Digitalrechnern formuliert Tomizuka schließlich den kontinuierlichen Ansatz Benders in einen diskreten Optimalregler-Ansatz mit endlicher Vorausschau um [Tom76]. Zur Speicherung und Weiterverarbeitung der Preview-Information schlägt Tomizuka erstmals ein diskretes Schieberegister mit Gewichtungsfaktoren vor und umgeht so die Problematik, daß die Übertragungsfunktion physikalisch nicht realisierbar ist (siehe [Ben68]).

Fazit: Durch die Einführung eines diskreten Schieberegisters zeigt Tomizuka eine elegante Möglichkeit auf, die Verschiebung des Straßenprofils mathematisch auszudrücken. Versuche

[7] Wiener-Filter: Optimal-Filter-Ansatz, der es erlaubt, durch die Minimierung eines quadratischen Gütefunktionals Nutzsignale anhand statistischer Eigenschaften von Störsignalen zu trennen.

[8] Eine rationale Übertragungsfunktion heißt (physikalisch) realisierbar, falls der Grad des Nennerpolynoms größer oder gleich dem Grad des Zählerpolynoms ist (Verzögerungsfreie Differentiatoren existieren insbesondere für hohe Frequenzen physikalisch nicht.).

[9] Bender stellt hier, ohne es explizit zu erwähnen, das Prinzip der sog. *Sky-Hook*-Dämpfung vor! Das Prinzip der *Sky-Hook*-Dämpfung basiert darauf, daß der Dämpfer in Abhängigkeit der Aufbaugeschwindigkeit geregelt wird [Bau99].

[10] Optimalregler-Theorie (engl. Optimal Control): Die Berechnung der Reglerparameter eines Zustandsreglers findet durch Minimierung eines quadratischen Gütefunktionals statt.

von Langlois [LA95], den Ansatz von Tomizuka in einem Fahrzeug zu implementieren, scheitern jedoch, da die Federwegbegrenzung nicht ausreichend berücksichtigt wird, und der Regler nicht geschwindigkeitsadaptiv ist. Nicht behandelt wird die Messung des Straßenhöhenprofils. So geht Tomizuka vom Vorliegen einer idealen Straßeninformation aus und stellt am Ende seiner Veröffentlichung berechtigterweise die Frage: „How to obtain preview information?“

1980 greifen **Thompson**, **David** und **Pearce** [TDP80] die Gedanken von Tomizuka auf, erweitern jedoch das in bisherigen Arbeiten verwendete Viertelfahrzeugmodell um eine Radmasse. Damit sind sie in der Lage, die für die Beurteilung der Fahrsicherheit wichtige Größe der Radlastschwankung im Gütefunktional des diskreten, linearen Optimalregler-Ansatzes zu berücksichtigen. Zusätzlich ergänzen Thompson, David und Pearce ihren Ansatz so, daß er geschwindigkeitsadaptiv wird.

Der verwendete Optimalregler-Ansatz erfordert jedoch die Verfügbarkeit sämtlicher Zustandsgrößen des Aufbaus. Da in der Praxis nicht alle Zustände direkt gemessen werden können, schlagen die Autoren beispielsweise zur Schätzung der Aufbaugeschwindigkeit die Integration der Aufbaubeschleunigung vor.

Thompson, David und Pearce untersuchen unterschiedliche Vorausschaulängen und bestätigen tendenziell die von Bender [Ben68] gemachten Aussagen.

Fazit: In der Arbeit von Thompson, David und Pearce wird das grundsätzliche Problem der linearen Optimalregler-Theorie deutlich: Zur Umsetzung des damit verbundenen Zustandsreglers ist die vollständige Information aller Zustandsgrößen erforderlich. Da in der Praxis nicht alle Zustandsgrößen gemessen werden können, müssen nicht vorhandene Größen aufwendig über Beobachter geschätzt werden. Daß eine solche Vorgehensweise nicht zufriedenstellend funktioniert, zeigen die vielen Arbeiten, in denen versucht wurde, die theoretisch möglichen Potentiale der Optimalregler-Theorie im Fahrzeug umzusetzen ([Wil86], [Hui94], [LA95], usw.). Deshalb sind Optimalregler für einen Einsatz im Fahrzeug ungeeignet.

Ab 1985 versucht **Frühauf** die Anwendung der linearen Optimalregler-Theorie auf ein Gesamtfahrzeugmodell [Frü85],[FKL86]. Er trifft dabei auf das zentrale Problem der Zustandsregelung, daß nicht alle Systemzustände bekannt sind, und muß sich zur Schätzung der nicht messbaren Größen mit einem *Kalman-Bucy*-Filter[11] behelfen. Der Versuch, eine geschlossene Lösung für die zeitverschobenen Anregungsprozesse zwischen Vorder- und Hinterrad (Wheelbase-Preview) und für Look-Ahead-Preview anzugeben, führt zu einer nicht realisierbaren Funktion.

Um trotzdem die Methoden der linearen Systemtheorie anwenden zu können, versucht Früh-

[11] siehe [KB61]

auf, die Totzeit zwischen Vorder- und Hinterrad durch ein lineares *Padé-Übertragungsglied* [12] zu approximieren. Eine solche Vorgehensweise erhöht jedoch die Systemordnung und bringt eine zusätzliche unerwünschte Eigendynamik ins System. Deshalb ist sie für eine Umsetzung im Fahrzeug ebenfalls ungeeignet. Die Interpretation der Resultate von Frühaufs Arbeit gestaltet sich aufgrund mangelnder Information über die Vorausschauweite als schwierig.

Fazit: Frühauf versucht einen Preview-Ansatz für ein Gesamtfahrzeugmodell zu entwickeln, scheitert aber an den bereits aus früheren Arbeiten bekannten Problemen der Realisierbarkeit rationaler Übertragungsfunktionen und fehlender Zustandsinformation für den Optimalregleransatz. In Frühaufs Arbeit wird ein typisches Problem der Optimalregler-Theorie deutlich: Die gezielte Einstellung der Gewichtungsfaktoren des Gütefunktionals ist schwer möglich. Ein guter Kompromiß für alle Fahrzustände kann daher nur durch Ausprobieren erreicht werden.

Williams vergleicht in seiner 1986 erschienenen Veröffentlichung „Active Suspensions Classical or Optimal“ [Wil86] einen Optimalregleransatz mit internem Preview mit einem klassischen Sky-Hook-Ansatz für ein aktives Bahnfahrwerk. Zur Zustandsgrößenschätzung des Optimalreglers verwendet er, ähnlich wie Frühauf, ein Kalman-Bucy-Filter und berichtet - interessanterweise - gleichfalls über zunehmende Komplexität bei der Realisierung des Zustandsregleransatzes.

Fazit: Williams Arbeit bestätigt die Probleme bei der Umsetzung von Optimalregleransätzen in praxi. So zeigt ein ingenieurmäßiger Sky-Hook-Regleransatz bessere Resultate als der theoretisch leistungsfähigere Optimalregleransatz.

Ab 1987 veröffentlicht **Foag** eine Reihe von Arbeiten, die das Ziel einer ingenieurmäßigen Realisierung eines aktiven geregelten Fahrwerks mit Preview-Vorsteuerung im Fokus haben [FG87],[Foa88],[Foa89]. Er geht darin erstmals auf wesentliche Fragestellungen wie Aufwand und Nutzen der Generierung des Straßensignals, harmonische Aufgabenteilung zwischen Regelung und Preview-Vorsteuerung und Adaption des Preview-Konzeptes auf verschiedene Fahrzustände (z.B. wechselnde Fahrgeschwindigkeit oder unterschiedliche Straßenanregungen) ein.

Foag führt seine Untersuchungen an einem Einspurmodell durch. Als Aktoren verwendet er hydraulische Stellzylinder an jedem Rad in Parallelschaltung zu konventionellen Federn und Dämpfern. Um der extrem hohen Aktorsteifigkeit und dem damit verbundenen Komfortproblem bei hochfrequenter Anregung zu begegnen, schaltet Foag zum einen eine Feder mit Tiefpaßwirkung in Serie zum Stellzylinder, zum anderen wird der Zylinder durch die Regelung künstlich „weich“ gemacht. Als Preview-Konzept entwickelt der Autor eine kaskadierte Regelstruktur,

[12] Unter *Padé-Approximation* wird die Approximation eines Totzeitglieds durch eine nichtlineare, rationale Übertragungsfunktion verstanden (siehe [Vaj00]).

bestehend aus einer dezentral unterlagerten Stellgliedregelung, einer überlagerten Aufbauregelung und einem separaten Preview-Vorsteueranteil. Die Struktur der dezentral unterlagerten Stellgliedregelung besteht aus einem PD-Anteil und einem zusätzlichen langsam wirkenden integralen Niveauregulierungsanteil und dient zur Emulation eines passiven „weichen“ Verhaltens der Hydraulikstellzylinder an den einzelnen Rädern. Der überlagerte Regelkreis beeinflußt die entkoppelten Freiheitsgrade Huben und Nicken des Aufbaus durch Rückführung von Aufbaugeschwindigkeiten und -beschleunigungen. Beim überlagerten Aufbauregelkreis verzichtet Foag bewußt auf hohe Stellenergie erfordernde Eingriffe im Radeigenfrequenzbereich und überläßt solche lieber einer Preview-Vorsteuerung [Foa89]:

> *Die sich manifestierende Erkenntnis, die Raddynamik entweder sich selbst oder einer Previewsteuerung zu überlassen, hätte der Entwicklung aktiver Federungen vielleicht manchen Irrweg erspart.*

Die Übertragungsfunktion für die Preview-Vorsteuerung berechnet Foag aus einem Streckenmodell, das um die Raddynamik reduziert ist (Kompensationsansatz).

Fazit: Durch den systematischen Ansatz und die weitgehende Berücksichtigung der Randbedingungen realer Systeme ist die Arbeit Foags früheren Veröffentlichungen überlegen. Der Autor greift erstmals die wichtige Fragestellung der Straßensignalgewinnung auf und sucht nach dafür geeigneten Sensorprinzipien. Foag geht jedoch nicht auf die physikalische Realisierung des Vorausschausensors und die Umsetzung im Fahrzeug ein.

Foag zeigt, daß sich durch den gewählten Ansatz beim Einspurmodell der Konflikt des aktiven Systems zwischen Leistungsfähigkeit und Stellaufwand mit Preview entschärfen läßt. Im Gegensatz zu aktiven Fahrwerken ohne Preview sinkt die Radlastschwankung bei dem verwendeten Look-Ahead-Preview-Ansatz um ein Drittel. Gleichzeitig verdoppelt sich der Passagierkomfort. Das ist mit einem leicht erhöhten Federwegbedarf und größeren Ölvolumenströmen verbunden. Da der Preview-Eingriff aber früher und langsamer erfolgen kann, sinken die erforderlichen Hydraulikdrücke auf weniger als die Hälfte; die Stelleistung insgesamt reduziert sich damit auf gut die Hälfte.

Jedoch ist das gewählte Fahrwerkkonzept Foags mit parallel zu Feder und Dämpfer geschaltetem Hydraulikzylinder praktisch nicht realisierbar. Umsetzungen in Versuchsfahrzeugen haben gezeigt, daß das aktive künstliche „Weichmachen“ von per se steifen Hydraulikzylindern aufgrund von Störungen, Aktorträgheit und Reibung in praxi nicht funktioniert. Zusätzlich kommt hinzu, daß eine Anwendung des Konzepts auf ein Gesamtfahrzeug zu einem nicht realisierbaren Regleransatz führen würde.

In den folgenden Jahren bis zum heutigen Tage folgt eine fast schon unüberschaubare Anzahl[13] von Veröffentlichungen mit Preview-Konzepten für aktive und semiaktive Fahrwerke unter Anwendung der linearen Optimalreglertheorie mit quadratischem Gütefunktional auf Viertel-, Halb- und Gesamtfahrzeugmodelle.

Fazit: Die Arbeiten bringen keine maßgeblichen Neuerungen und verwenden vor allem Optimalregleransätze, die im Fahrzeug nicht anwendbar sind.

Diese Tatsache muß auch **Langlois** erkennen, der in [LAH92] versucht, Thompsons Optimalregler-Ansatz in einem realen Off-Road-Fahrzeug mit Ultraschall-Preview-Sensoren umzusetzen. Er scheitert unter anderem an der Nichtlinearität des realen Systems und verwendet anschließend gezwungenermaßen einen handgestrickten Regleransatz, der bei Überfahren einer 5 cm hohen Schwelle gegenüber dem passiven System nur einen Komfortgewinn von 15 % und gegenüber dem aktiven System ohne Preview nur einen Komfortgewinn von 4 % bringt.

Fazit: Der von Langlois proklamierte geringe Komfortgewinn läßt an der Effektivität seines Preview-Ansatzes zweifeln. Grund dafür ist auch die geringe Vorausschauweite der vorgeschlagenen Ultraschallsensoren. Langlois kommt zum gleichen Ergebnis wie frühere Untersuchungen, daß ein nennenswerter Komfortgewinn nur mit Look-Ahead-Preview zu erreichen ist.

Seit Beginn der 90er Jahre finden sich einige Arbeiten aus der japanischen Automobilindustrie zu der vorliegenden Thematik. **Morita** und **Tanaka** [MKTK92] versuchen beispielsweise, eine Preview-Vorsteuerung mit einem semiaktiven Fahrwerk mit kontinuierlich verstellbaren Dämpfern und zwei Ultraschall-Preview-Sensoren mit 0.7-1.3 m Reichweite zu implementieren. Jedoch ist es schwierig, aus den in der Veröffentlichung vorgestellten kargen Informationen den Umsetzungsgrad und die Leistungsfähigkeit des Konzepts zu beurteilen.

Die erste Arbeit, die konkret über Umsetzungsmöglichkeiten eines Preview-Konzepts in einem realen Fahrzeug berichtet, wird 1992 von **Nagiri et al.** veröffentlicht [NDSnH92]. Ähnlich wie [Foa89] wählen die Autoren einen ingenieurmäßigen Ansatz bestehend aus einer Aufbauregelung mit Skyhook-Anteil und einem Preview-Kompensationsansatz.

Simulationsuntersuchungen anhand eines vertikalen Einspurmodells mit vier Freiheitsgraden zeigen, daß mit dem gewählten Preview-Ansatz eine Komfortverbesserung von einem Drittel im Frequenzbereich zwischen 1 und 8 Hz zu erwarten ist. Auf technische Details der verwendeten Previewsensoren, der Echtzeithardware und des aktiven hydropneumatischen Fahrwerks wird in der Arbeit nicht weiter eingegangen, so daß unklar bleibt, inwiefern die prognostizierten Ergebnisse wirklich im Fahrzeug umgesetzt wurden.

[13] siehe [LWS88],[AHC91],[CAH92],[Hac92],[LWS92],[HY93],[HFVK93],[HFHK93],[SP94],[FK95],[SN96], [RP98] oder [MAZH04]

Fazit: Die Arbeit von Nagiri et al. verspricht eine mögliche Komfortverbesserung durch Preview, wie sie im Rahmen bisheriger Veröffentlichungen schon prognostiziert wurde. Es werden jedoch keine verwertbaren Ergebnisse aus Fahrzeugmessungen veröffentlicht, so daß die Aussagekraft der Arbeit gering bleibt.

1993 untersucht **Winkler** [Win93] das Potential teilaktiver Federungen mit und ohne Preview. Als Sensor wird ein mm-Wellensensor mit einer Reichweite von 800 mm vorgeschlagen. Aus Simulationsuntersuchungen verspricht sich Winkler von seinem Preview-Ansatz mit Vorausschausensor eine Komfortverbesserung von 50% gegenüber dem passiven System. Im Fahrzeug versucht Winkler anschließend einen Wheelbase-Preview-Ansatz umzusetzen. Bei Versuchsfahrten zeigt sich jedoch, daß der gewählte Ansatz für den Fahrzeugeinsatz nicht robust genug ist. Aufgrund numerischer Instabilitäten ist der Algorithmus im Fahrzeug nicht lauffähig.

Fazit: Winklers Wheelbase-Konzept ist nicht umsetzbar, da sich der Ansatz im Fahrzeug als instabil erweist.

In der Literatur finden sich auch einige Veröffentlichungen zur Anwendung der *Fuzzy-Logik*-Theorie[14] [Bed91],[MN93],[YT94],[LYH98],[Sha05].

Fazit: Die Fuzzy-Logik eignet sich gut zur Abbildung von Nichtlinearitäten bei Federungssystemen. Eine systematische Parametrierung des Fuzzy-Reglers ist aber nicht möglich, da noch keine geschlossene Theorie zur Robustheit und Sensitivität solcher Regelungen existiert. Fuzzy-Regler weisen im Gegensatz zu klassischen Regelungskonzepten eine viel größere Anzahl an Parametern auf, die zielgerichtet eingestellt werden müssen. Bisher veröffentlichte Ansätze sind theoretischer Natur und berücksichtigen in ungenügendem Maße die Randbedingungen im Fahrzeug. Daher sind sie für eine Umsetzung im Fahrzeug unbrauchbar.

Gehen bisherige Arbeiten von einem Stellglied an jedem Rad aus, so untersucht **Huisman** 1994 [Hui94] mittels eines Halbfahrzeugmodells einen Wheelbase-Preview-Ansatz mit nur einer geregelten Achse. Die LKW-Zugmaschine besitzt eine passive Vorderachse und eine aktive Hinterachse mit kontinuierlich verstellbarem Dämpfer. Für den verwendeten Optimal-Regleransatz erforderliche, aber nicht vorhandene Zustandsgrößen schätzt Huisman mit einem *Luenberger*[15]-Beobachter. Zur Parametrierung des Beobachters wird ein Kalman-Filter verwendet.

[14]Die sog. *Fuzzy-Logik (englisch=ungenau, verschwommen, unscharf)* ist eine Theorie zur Verallgemeinerung der *Boolschen Logik* und beinhaltet nicht nur die Wahrheitswerte WAHR oder FALSCH, sondern auch unscharfe Zwischenzustände. Damit kann sie zur Darstellung menschlichen Verhaltens verwendet werden.

[15]Für den deterministischen Fall ohne stochastisches Rauschen wird für zeitinvariante Systeme mit konstanten Parametern zur Schätzung nicht bekannter Systemzustände der *Luenberger*-Beobachter verwendet. Die Idee des *Luenberger*-Beobachters beruht auf einer Parallelschaltung von Beobachter und Regelstreckenmodell.

Fazit: Durch den verwendeten Optimalregler-Ansatz mit Beobachter stößt Huisman auf schon bekannte Probleme bei der Schätzung fehlender Zustandsgrößen (Sensordrift, Phasenverzug, usw.). Fehler, die sich durch die Schätzung im zeitlichen Verlauf ergeben, bewirken bereits eine beträchtliche Verschlechterung des Regelergebnisses. Damit manifestiert sich die Erkenntnis, daß Optimalregler für den Fahrzeugeinsatz ungeeignet sind.

Im Jahre 1995 versucht **Langlois** [LA95], einen Preview-Ansatz für ein Gesamtfahrzeugmodell mit zehn Freiheitsgraden zu entwickeln. Dafür untersucht er zunächst aus der Literatur bekannte Optimalregler-Ansätze für Viertelfahrzeugmodelle von Tomizuka (Discrete Optimal Finite Preview, [Tom76]) und Thompson (Discretized Continuous Controller, LQR, [TDP80]). Anschließend entwickelt er einen eigenes Regelkonzept für ein Gesamtfahrzeugmodell. Der Ansatz von Langlois besteht aus einer Schaltstrategie, bei der mittels eines Gewichtungsfaktors zwischen zwei Regelstrategien, nämlich einer Kompensationsstrategie für kleine Hindernisse und einer Führungsstrategie zur Begrenzung des Federwegbedarfs bei großen Hindernissen, umgeschaltet werden kann.

Fazit: Langlois' Simulationsergebnisse zeigen, daß sein Regleransatz bei niedrigen Fahrbahnanregungen eine Komfortverbesserung gegenüber den vorgestellen Algorithmen von Tomizuka und Thompson bewirkt. Bei großen Fahrbahnanregungen, wie sie beispielsweise im Gelände auftreten können, erhöht sich die gemittelte vertikale Aufbaubeschleunigung jedoch gegenüber dem passivem Fahrzeug um 29 %.

Wird in den meisten Arbeiten von einer idealen Aktorik ohne Bandbegrenzung ausgegangen, so beleuchten **Pilbeam** und **Sharp** [PS96], wie schon in [SP94], die Frage des Komfortverbesserungspotentials aktiver Fahrwerke mit Preview-Vorsteuerung in Abhängigkeit von der Bandbreite des Systems und dem damit verbundenen Energieverbrauch. Systeme mit höherer Bandbreite (bis 10 Hz) erfordern durch ihren schnelleren Eingriff eine kürzere Preview-Zeit, verbrauchen aber mehr Energie. Langsamere Systeme (bis 3 Hz) können systembedingt nicht im Radeigenfrequenzbereich eingreifen, ermöglichen aber bei geringerem Energieverbrauch ein vergleichbares Komfortverbesserungspotential bei größerer Vorausschauzeit. Zu qualitativ ähnlichen Ergebnissen kommt auch die Veröffentlichung von **El-Demerdash** und **Crolla** [EDC96].

Fazit: Die Arbeiten bestätigen frühere Ergebnisse, daß sich mit einem Look-Ahead-Preview-Ansatz durch frühzeitiges, niederfrequentes Eingreifen eine große Komfortverbesserung bei moderatem Energieverbrauch erzielen läßt.

Dabei wird jedoch die Differenz zwischen Regelstrecke und Regelstreckenmodell auf das Modell zurückgeführt, um den Beobachter flexibel auf Störungen und eigene Ungenauigkeiten reagieren zu lassen.

Basierend auf einem Optimal Control Ansatz untersuchen **Soliman** und **Crolla** [SC96] 1996 die Leistungsfähigkeit eines semiaktiven Fahrwerks mit Preview, basierend auf verstellbaren Dämpfern, und vergleichen es mit einem vollaktiven Fahrwerk.

Fazit: Die Autoren kommen zum Schluß, daß die Leistungsfähigkeit eines semiaktiven Fahrwerks mit Preview vergleichbar mit dem eines vollaktiven Fahrwerks ohne Preview ist. Hierbei ist jedoch anzumerken, daß die Fähigkeit vollaktiver Fahrwerke, aktiv Energie in das Fahrwerk einzubringen (z.B. zur Horizontierung des Fahrzeugs bei Kurvenfahrt), bei semiaktiven Fahrwerken konzeptbedingt nicht vorhanden ist. Deshalb wird der Aufwand für Preview erst lohnend beim Einsatz in einem vollaktiven Fahrwerk mit Look-Ahead-Preview-Strategie.

Aufbauend auf der Arbeit von **Streiter** [Str96] leitet **Neubeck** [Neu96] analytisch eine Regelstrategie für ein aktives Fahrwerk mit Wheelbase-Preview am Einspurmodell her. Zur Approximation der Totzeit zwischen Vorder- und Hinterrad verwendet er eine Padé-Übertragungsfunktion. Jedoch führt das zu einer Übertragungsfunktion für den geschlossenen Regelkreis, die physikalisch nicht realisierbar ist. Diesem Dilemma begegnet Neubeck durch Modellreduktion und Hinzufügen eines zusätzlichen Tiefpaßfilters, so daß eine realisierbare Funktion entsteht.

Fazit: Durch das von Neubeck vorgestellte analytische Preview-Konzept werden die Aufbaubeschleunigungsanteile in der Simulation im Vergleich zu einem konventionellen aktiven Fahrwerk um ein Drittel reduziert. Der Algorithmus von Neubeck wurde jedoch anhand eines Einspurmodells entwickelt. Eine Erweiterung des Algorithmus auf ein Gesamtfahrzeugmodell würde aber wegen der zusätzlichen Freiheitsgrade des Gesamtfahrzeugmodells zu einer physikalisch nicht realisierbaren Übertragungsfunktion führen, da die Zählerordnung der Übertragungsfunktion größer als deren Nennerordnung wäre.

Bisherige Arbeiten, die einen Optimal Control Regelansatz verwenden, kämpfen mit der Problematik inadäquater Berücksichtigung der Federweganschläge in einem quadratischen Gütefunktional. Langlois [LA95] berichtet, daß es immer wieder zu Federweganschlägen kommt, bzw. die Limitierungen des Federwegs nicht eingehalten werden. Dem entgegnet **van der Aa** [AMV97] mit einer Optimierung nach dem *Sequential Quadratic Programming* (SQR)-Ansatz für eine semiaktive Federung mit Preview. Beim SQR-Algorithmus werden die Reglerparameter in einer Iterationsschleife solange optimiert, bis alle Begrenzungen eingehalten werden.

Fazit: Der Ansatz van der Aas, Limitierungen des realen Systems zu berücksichtigen ist richtig und wünschenswert. Die vorgeschlagene Vorgehensweise ist jedoch sehr rechenintensiv, so daß an der Echtzeitfähigkeit des Ansatzes gezweifelt werden darf.

Seit 1999 finden sich wieder einige Veröffentlichungen von **Thompson** zum Thema Preview Control. Der Autor hält weiterhin am Optimalregler-Ansatz fest, der sicherlich für grundsätzliche Konzeptuntersuchungen geeignet ist, aber im Fahrzeug nicht anwendbar ist. In [TP98] schlägt er zur Bestimmung der erforderlichen Zustandsgrößen die Verwendung von Kraftmeßdosen anstatt von Aufbaubeschleunigungssensoren vor. Laut Thompson existieren derartige Beschleunigungssensoren nur als teure Laborausstattung und nicht als Seriensensorik für Kraftfahrzeuge. Eine solche Vorstellung ist jedoch aus heutiger Sicht überholt. In [TP01b], [TP01a], [TD03] und [TP03] stellen **Thompson et al.** eine alternative analytische Formulierung, basierend auf Matrizenalgebra zur Berechnung des quadratischen Gütefunktionals und der RMS[16]-Werte für einen Optimalregler-Ansatz für Viertel- und Halbfahrzeugmodelle vor.

Fazit: Die Berechnungen Thompsons sind äußerst aufwendig und ändern zudem nichts an der Tatsache, daß die Ansätze im Fahrzeug nicht realisierbar sind, da nicht alle erforderlichen Zustandsgrößen gemessen werden können und die Schätzung fehlender Größen durch Beobachterstrukturen eine starke Einbuße der Regelgüte mit sich bringt.

1999 setzen **Muijderman, Huisman et al.** die von Huisman [HFVK93], [Hui94] 1993 begonnenen Arbeiten fort und versuchen erneut die Realisierung eines semiaktiven Fahrwerks mit Wheelbase-Preview auf Basis eines schaltbaren Dämpfers an der Hinterachse einer LKW-Zugmaschine. Die Umsetzung des schon früher vorgestellten Optimal Control Ansatzes scheitert jedoch wiederum an der Nichtlinearität des realen Systems (Federweganschläge) und am enormen Rechenzeitbedarf des Optimal Control Konzepts. Trotz der Verwendung schneller und teurer Echtzeitrechnersysteme gelingt es nicht, den theoretisch leistungsfähigen Regleransatz in praxi zum Laufen zu bringen.

Gleichfalls für das Modell einer LKW-Zugmaschine mit semiaktivem Dämpfer an der Hinterachse und Wheelbase-Preview untersuchen **Kitching et al.** [KCC99] mittels eines Ein-Dämpfer *Hardware in the Loop* (HIL)-Prüfstands die Leistungsfähigkeit verschiedener Regelkonzepte (Sky-Hook, Optimal Control und einem Korrelationsansatz). Die Ergebnisse der HIL-Versuche zeigen interessanterweise, daß der Sky-Hook-Ansatz eine vergleichbare Komfortverbesserung wie der Optimal Control-Ansatz bringt und das unter der Verwendung von weit weniger Zustandsgrößen. Im Vergleich zu einem passiven Fahrwerk läßt sich an der Hinterachse eine durchschnittliche Komfortverbesserung von 15% beim quadratischen Mittelwert der vertikalen Aufbaubeschleunigung erzielen.

Fazit: Die Arbeiten von Muijderman, Huisman et al. und Kitching et al. zeigen erneut, daß sich die Vorteile des theoretisch leistungsfähigeren Optimalregler-Konzepts in der Praxis nicht

[16]Der quadratische Mittelwert wird im Englischen mit RMS (Root Mean Square) bezeichnet.

umsetzen lassen, und ein vergleichsweise einfaches alternatives „Sky-Hook"-Reglerkonzept robuster ist und vergleichbare Ergebnisse bringt. Die geringe Komfortverbesserung von nur 15 % in der Arbeit von Kitching et al. läßt den betriebenen Aufwand für nicht gerechtfertigt erscheinen und zeigt, daß sich ein Einachs-Preview-Konzept nicht lohnt.

Die einzige Arbeit bis zum heutigen Tage, in der konkret über die Implementierung eines Look-Ahead-Preview-Ansatzes mit vorausschauender Sensorik in einem realen Fahrzeug berichtet wird, stammt aus dem Jahre 2001 [Don01]. **Donahue** verwendet als Basisfahrzeug seiner Diplomarbeit einen Militär-Geländewagen (HMMWV[17]), der mit einem aktiven Fahrwerk ausgerüstet ist. Die Federbeine bestehen aus Schraubenfedern, zu denen Hydraulikzylinder parallel geschaltet sind.

Donahues Regelkonzept basiert auf einer kaskadierten Reglerstruktur mit unterlagerter Kraft- oder Lageregelung der Hydraulikzylinder und einem überlagerten Aufbauregelkreis. Für die überlagerte Aufbauregelung werden ein Regler mit Sky-Hook-Ansatz, ein Optimal-Regler und ein modellbasierter Prädiktivregler, engl. „Model-Predictive Control" [18] (MPC) untersucht.

Im Gegensatz zu sämtlichen vorangegangenen Arbeiten, die von einem bereits verfügbaren, aufbereiteten Straßensignal ausgehen, beschäftigt sich Donahue erstmals intensiv mit der Generierung eines Preview-Straßensignals aus realen Sensorrohdaten für eine Look-Ahead-Preview-Strategie. Dafür verwendet er zur Messung des Straßenhöhenprofils sowohl Laser- als auch Radarsensorik. Die Speicherung der um die Aufbaubewegung (Huben, Nicken und Wanken) korrigierten Rohmeßdaten erfolgt über ein Schieberegister, dessen Werte zyklisch aktualisiert werden. Dabei hat Donahue mit der Unzulänglichkeit der realen Sensorik als auch der adäquaten Verarbeitung im Digitalrechner zu kämpfen und bemerkt hierzu:

> *Experiments have shown that the problem is more complicated than simply accounting for the road height under the wheel.*

So gelingt es Donahue nicht, sowohl sein Preview-Konzept als auch die Straßenaufbereitung synchron zum Laufen zu bringen. Eine als Notlösung versuchte Recorderlösung führt beim Zuschalten von Preview zu einer erheblichen Verschlechterung der Fahrkomforts.

Fazit: Donahues Arbeit ist die Veröffentlichung mit dem bisher größten Praxisbezug. In seiner Diplomarbeit zeigen sich exemplarisch die Probleme, die mit der Umsetzung von Preview in einem Fahrzeug verbunden sind.

[17]HMMWV: High Mobility Multipurpose Wheeled Vehicle

[18]Model Predictive Control wird zur Regelung großer Mehrgrößensysteme mit Zwangsbedingungen verwendet. Die Idee besteht darin, die Einhaltung aller Zwangsbedingungen durch Online-Optimierung eines Gütekriteriums sicherzustellen. Durch ein Referenzmodell der Regelstrecke kann das zukünftige Systemverhalten mit in die Betrachtungen einbezogen werden. Anhand dessen können die Stellgrößen zur Einhaltung der Solltrajektorie bestimmt werden. Dieser Ansatz ist jedoch mit beträchtlichem Rechenaufwand verbunden.

So gelingt es Donahue nicht, ein funktionsfähiges Konzept zur Generierung des Straßenhöhenprofils aufzustellen. Obwohl sein Ansatz mit einem Schieberegister in die richtige Richtung zeigt, scheitert er an Laufzeitproblemen und mangelnder Synchronisation mit der Regelung.

Weiterhin berichtet Donahue über Probleme bei der Umsetzung der angedachten Reglerkonzepte. Dies ist zum einen in der kaskadierten Reglerstruktur begründet, die keine konsistente, systematische Einstellung der Reglerparameter des unterlagerten und überlagerten Regelkreises möglich macht[19]. Zum anderen liegt es an den verwendeten Regleransätzen für die überlagerte Aufbauregelung. Besonders der MPC-Ansatz, der für die Aufgabenstellung „Preview“ angemessen scheint, kann im Fahrzeug aufgrund der erforderlichen Rechenzeit nicht umgesetzt werden.

Den vielversprechenden modellbasierten Prädiktivregler-Ansatz versuchen deshalb auch **Cho et al.** auf ein Halbfahrzeugmodell mit Preview-Vorsteuerung anzuwenden [CRS05]. Der MPC-Ansatz erlaubt es im Gegensatz zur Optimalregler-Theorie, physikalische Begrenzungen explizit zu berücksichtigen [Lin06],[CB99]. Durch Verwendung der Preview-Information und einer Prädiktion des Systemzustands ist es möglich, schon im Voraus die richtige Reglertrajektorie zu berechnen. Simulationsuntersuchungen bei Überfahrt einer Fahrbahnschwelle zeigen für den MPC-Ansatz einen stark reduzierten Energieverbrauch und geringeren Federwegbedarf im Vergleich zu einem Sky-Hook-Regler. Inwieweit sich solche Vorteile auf eine Verbesserung des Fahrkomforts auswirken, geht aus der Veröffentlichung nur unzureichend hervor.

Fazit: Festzustellen bleibt, daß der MPC-Ansatz gegenüber einem Optimalregler-Ansatz mit quadratischem Gütefunktional einen Fortschritt darstellt. Allerdings steigt der Rechenaufwand durch modellgestützte Prädiktion und Optimierung durch ein Gütefunktional zusätzlich. Das ist der Grund, daß bis heute noch keine funktionierende Implementierung für ein aktives Fahrwerk mit Preview gelungen ist.

Diskussion und Fazit

Warum existiert bis zum heutigen Tage noch kein Fahrzeug mit vorausschauendem Fahrwerk? Die Gründe dafür sind vielfältig. Obwohl in den letzten 40 Jahren Lösungen zu Teilaspekten von Preview gefunden wurden, wurde bis heute kein geschlossenes, fahrzeugtaugliches Preview-Konzept vorgestellt, das alle Belange für einen Einsatz im Fahrzeug berücksichtigt und die durch Simulationsrechnungen belegten, zu erwartenden Potentiale umsetzt. Zugleich bleibt die Frage nach der Straßensignal-Generierung bis heute unbeantwortet.

[19]Dies ist aber kein spezielles Problem von Preview, sondern tritt auch bei aktiven Fahrwerken ohne Preview auf (siehe [Str96]).

Im folgenden Abschnitt werden die Ergebnisse der Literaturauswertung diskutiert und zusammengefaßt. Für die Teilgebiete der veröffentlichten Preview-Konzepte ergibt sich folgendes Fazit:

- **Preview-Typ:**
  Abhängig von der Vorausschauweite und der Wahl der Preview-Sensorik werden in der Literatur verschiedene Preview-Typen von Wheelbase- bis Look-Ahead-Preview untersucht. Aus bisherigen Potentialabschätzungen in der Simulation und durch Optimierung geht eindeutig hervor, daß ein Look-Ahead-Preview-Ansatz am leistungsfähigsten ist und einem Wheelbase-Preview-Ansatz weit überlegen ist.

  Mit Wheelbase-Preview-Ansätzen kann nur eine geringe Komfortverbesserung erreicht werden. Das liegt an der kurzen Zeitspanne zwischen der Messung der Störung an den Vorderrädern und der Ansteuerung der Hinterräder. Zusätzlich kann keine Vorkonditionierung der Vorderräder erfolgen, die einen besonders großen Komfortgewinn versprechen würde (z.B. bei Überfahrt einer Schwelle).

  Festzuhalten bleibt also, daß es nur mit einem Look-Ahead-Preview-Ansatz möglich ist, die theoretisch dargestellten Potentiale von Preview in praxi angemessen umzusetzen.

- **Preview-Sensorik:**
  Die Frage nach einem Sensorkonzept zur Messung des Straßenhöhenprofils wird in bisherigen Arbeiten nicht oder nur unzureichend behandelt. Die meisten Arbeiten beschäftigen sich allein mit der Entwicklung eines Regelalgorithmus und setzen das Straßensignal als bekannt voraus.

  Nur in wenigen Veröffentlichungen wird nach realen Sensorkonzepten gesucht. Dabei handelt es sich meist um Sensoren mit kurzer Reichweite von weniger als 2 m, wie beispielsweise Ultraschallsensoren. Einzig Donahue [Don01] verwendet Laser- und Radar-Sensorik mit größerer Reichweite. Er kann aber kein robustes Konzept aufstellen, welches die Verarbeitung der Sensorinformation in Echtzeit ermöglicht.

  Um die vollen Potentiale von Preview nutzbar zu machen, ist jedoch eine weit vorausschauende Messung des Straßenhöhenprofils vor dem Fahrzeug erforderlich.

  Für eine solche Meßaufgabe wurde bis heute kein tragfähiges Konzept vorgestellt. Die Art der Preview-Sensoren hat jedoch einen eminenten Einfluß auf die Struktur des Preview-Konzepts. Erst mit dem Wissen, in welcher Qualität die Straßenhöheninformation zur Verfügung steht, kann ein Preview-Konzept festgelegt werden.

  Festzuhalten bleibt, daß der Aspekt der Straßensignalgewinnung bisher vernachlässigt wurde und in seiner Komplexität immer noch weit unterschätzt wird. Für eine Realisierung von Preview muß deshalb sorgfältig und systematisch nach einem funktionierenden

Look-Ahead-Preview-Sensorkonzept gesucht werden. Bisher existiert jedoch noch kein solches Sensorkonzept.

- **Algorithmus zur Generierung des Straßenhöhenprofils:**
  Die gemessenen Straßenrohdaten besitzen eine zu geringe Qualität, um direkt als Eingangssignal für die Preview-Vorsteuerung verwendet werden zu können. Daher ist ein Algorithmus zur Aufbereitung der Meßdaten erforderlich. Die Genauigkeitsanforderungen an das Straßenhöhenprofil hängen vom gewählten Preview-Konzept ab (siehe Abschnitt 2.1).

  Der Algorithmus muß die Umrechnung der Rohdaten vom Sensor- ins Fahrzeugkoordinatensystem, die Berücksichtigung von Meßungenauigkeiten und die Berechnung und Verschiebung des Straßensignals abhängig von der Fahrgeschwindigkeit gewährleisten. Aus dem Algorithmus resultiert ein aufbereitetes Straßensignal in ausreichender Genauigkeit, das dem Preview-Algorithmus gleichzeitig die Information über die Güte und die Streuung des Signals zur Verfügung stellt.

  Bisher existiert noch kein Algorithmus, der alle Anforderungen berücksichtigt.

  In den vom Autor ausgewerteten Literaturquellen finden sich ausschließlich Vorschläge zur Modellierung der Zeitverschiebung zwischen Straßenmessung und Vorderrad bzw. Vorder- und Hinterrad. Ansätze, die Verschiebung durch eine lineare Übertragungsfunktion mit Padé-Approximation der Parameter zu formulieren, waren aufgrund der Eigendynamik der Funktion nicht erfolgversprechend. Einen wichtigen Hinweis, wie das Problem der Verschiebung des Straßenhöhenprofils abhängig von der Fahrgeschwindigkeit gelöst werden kann, liefern [Tom76] und [TDP80] mit der Idee eines diskreten Schieberegisters.

- **Preview-Algorithmus:**
  Bis heute existiert kein robuster, fahrzeugtauglicher Preview-Algorithmus, der die Potentiale von Preview im Fahrzeug erlebbar macht. Die Ursachen dafür sind in den verwendeten Regelungs- bzw. Steuerungsansätzen zu suchen.

  Durch die vorausschauende Messung des Straßenprofils liegt die Information über das Straßensignal mit eventuell enthaltenen Störanteilen bereits vor, bevor diese auf das Fahrzeug einwirken.

  Diese Tatsache führt bei der Verwendung konventioneller Regleransätze, die auf der linearen Systemtheorie kontinuierlicher Systeme basieren, zu Systemen, die physikalisch nicht realisierbar sind[20].

  Versuche, die Totzeit zwischen der Messung der Straße und dem Stelleingriff durch ein lineares Padé-Totzeitglied zu approximieren, führen zu Übertragungsfunktionen mit Zäh-

[20] Die Ordnung des Zählerpolynoms ist höher als die Ordnung des Nennerpolynoms.

lernullstellen in der rechten Halbebene und sind somit robustheitsgefährdend für den geschlossenen Regelkreis. Das ist der Grund, warum ein solcher Ansatz bei der Umsetzung nicht die erwünschten Ergebnisse bringt und abzulehnen ist.

In der Literatur finden sich deshalb häufig reine (ideale) Preview-Steuerkonzepte, die ohne Regelung auskommen und als Eingangsgröße allein das Straßenhöhenprofil verwenden. Sie sind jedoch in der Praxis nicht umsetzbar, da sie in nicht ausreichendem Maße die realen Umgebungsbedingungen, wie Meßfehler[21] berücksichtigen.

Die meisten bisher vorgestellten Preview-Konzepte beruhen auf Optimalregler-Ansätzen und erlauben anhand eines quadratischen Gütefunktionals eine einfache analytische Berechnung der Reglerkoeffizienten für den damit verbundenen Zustandsregler[22]. Für einen solchen Ansatz ist jedoch die volle Zustandsinformation des Systems erforderlich. Da das im Fahrzeug aufgrund der verfügbaren Sensorik nicht der Fall ist, müssen fehlende Zustandsgrößen durch Beobachter geschätzt werden. Durch den linearen Zustandsregler ist es auch nicht möglich, Nichtlinearitäten zu berücksichtigen.

Das führt in der Summe dazu, daß sich Optimalregler-Ansätze im Fahrzeug nicht realisieren lassen außer mit drastischen Leistungseinbußen gegenüber der Simulation (siehe [Wil86])[23].

Einige Arbeiten beschäftigen sich mit dem Ansatz der modellbasierten Prädiktivregelung (MPC) für Preview (z.B. [Don01]). Durch Kenntnis der zukünftigen Anregung und das Modellwissen über die Regelstrecke kann das zukünftige Stellsignal durch Online-Optimierung berechnet werden. Dabei sind MPC-Ansätze in der Lage, die Randbedingungen realer Systeme, wie z.B. Limitierungen, zu berücksichtigen.

Insbesondere neuere Ausprägungen modellprädiktiver Regelungen mit Berücksichtigung stochastischer Unsicherheiten und Nichtlinearitäten (sog. stochastische nichtlineare modell-prädiktive Regelungen (SNMPC), [Wei09]) bieten strukturelle Eigenschaften, die eine Anwendung auf ein vorausschauendes Fahrwerk sinnvoll erscheinen lassen. Dabei muß jedoch gewährleistet sein, daß die Rechnerleistung ausreichend ist, um eine echtzeitfähige Anwendung im Fahrwerk realisieren zu können.

Es muß also ein Preview-Konzept entwickelt werden, bei dem die Vorteile von Steuerung und Regelung gleichermaßen zum Tragen kommen. Sämtliche Umgebungsbedingungen im Fahrzeug angefangen von der Meßtechnik bis hin zur Umsetzung auf einem Rechnersystem müssen im Ansatz berücksichtigt werden.

[21] So führen z.B. rauschbehaftete Eingangsgrößen der Steuerung zu einer falschen Reaktion der Steuerung, die nicht korrigiert werden kann, da keine Rückmeldung über das tatsächliche Systemverhalten vorliegt.

[22] Optimalregler mit quadratischem Gütefunktional werden in der Literatur auch als „Riccati"-Regler bezeichnet.

[23] Diese Tatsache ist nicht neu. Die gleichen Effekte treten auch bei der Anwendung in aktiven Fahrwerken ohne Preview auf.

- **Fahrwerkkonzept:**

  Auch wenn die Art und die Anordnung der Fahrwerkaktoren in Konzeptuntersuchungen zu Preview oft als ideal angenommen wird, spielt die Eigenschaft des realen Systems eine entscheidende Rolle bei der Entwicklung und Umsetzung eines Regelungskonzepts.

  Oft werden die Aktoren in den Arbeiten als ideale Kraftstellglieder oder reibungs- und verzögerungsfreie Stellelemente vorausgesetzt. Das ermöglicht zwar eine Maximalabschätzung der Potentiale von Preview, läßt aber oft keine wirkliche Aussage über die Praxistauglichkeit des Preview-Konzepts zu.

  Je nach Anordnung der Fahrwerkbauteile ergeben sich volltragende oder teiltragende Fahrwerke. Oft wird ein Ansatz gewählt, in dem ein Hydraulikzylinder parallel zu einer die Aufbaulast tragenden Stahlfeder geschaltet ist. Fahrzeuge, die mit einer solchen Anordnung aufgebaut wurden, sind auf schlechten Straßen nicht fahrbar, da es nicht gelingt, den per se steifen Hydraulikzylinder schnell und angemessen einzuziehen, wenn das Fahrwerk künstlich „weich“ gemacht werden soll.

  Werden beispielsweise verstellbare Stoßdämpfer als Aktoren verwendet, so ist damit nur ein 2-Quadrantenbetrieb möglich. Das bedeutet, daß das Fahrzeug nicht selbstständig angehoben oder abgesenkt werden kann. Solche Konzepte scheiden für eine Look-Ahead-Preview-Strategie bereits von vornherein aus.

  Für eine Umsetzung einer Look-Ahead-Preview-Strategie sind volltragende, teilaktive Fahrwerkkonzepte, wie beispielsweise ABC oder ein aktives hydropneumatisches Fahrwerk am besten geeignet.

- **Modelltechnik:**

  Die meisten Arbeiten verwenden Viertelfahrzeugmodelle zur Entwicklung des Preview-Konzepts. Seltener finden sich Halb- oder Gesamtfahrzeugmodelle. Die Aussagekraft von Viertelfahrzeugmodellen ist jedoch durch die Tatsache begrenzt, daß die Aufbaubewegung im Gegensatz zum Gesamtfahrzeug nur teilweise abgebildet werden kann.

  Ob ein Preview-Konzept im Fahrzeug anwendbar ist, läßt sich nur am Gesamtfahrzeugmodell nachweisen, da dort die Überbestimmtheit des Fahrzeugs (4 Räder mit 3 Aufbaufreiheitsgraden) abgebildet wird.

  Oftmals sind die Aktoren in der Literatur als ideale Stellglieder modelliert. Eine solche Art der Modellierung mag für eine Konzeptbestimmung tauglich sein. Um aber die Leistungsfähigkeit eines Preview-Ansatzes mit einer im Vergleich zum Fahrzeug hohen Modellgüte abbilden zu können, müssen Stellwegbeschränkungen, Durchflußbegrenzungen, Reibung usw. berücksichtigt werden.

- **Echtzeitfähigkeit:**
  Sämtliche Algorithmen eines Preview-Ansatzes, sei es der Preview-Algorithmus oder der Algorithmus zur Generierung des Straßensignals, müssen numerisch robust und mit hoher Effizienz berechenbar sein. Daß die Handhabbarkeit des Preview-Ansatzes für die Umsetzung im Fahrzeug eine große Rolle spielt, zeigen Berichte, in denen die Umsetzung an der mangelnden Echtzeitfähigkeit scheitert [HFVK93], [Hui94]. Deshalb kommt diesem Aspekt eine größere Bedeutung zu als oftmals angenommen.

1.3. Ziele und Aufgaben

Das Ziel der vorliegenden Arbeit besteht darin, ein ganzheitliches Konzept für ein aktives Fahrwerk mit Preview-Strategie zu entwickeln und in einem Fahrzeug zu implementieren sowie anhand von realen Testfahrten zu evaluieren.

Dazu sind folgende Teilziele erforderlich:

1. Entwicklung eines neuen Sensorkonzepts zur Messung des Straßenhöhenprofils. Hierfür sind zunächst die Güteanforderungen an das Preview-Straßensignal zu spezifizieren. Darauf basierend ist ein geeigneter Sensortyp auszuwählen und die optimale Einbauposition für die Sensorik im Fahrzeug festzulegen.

2. Ableitung eines neuen Algorithmus zur Generierung des Straßenhöhenprofils. Dazu muß eine Methode geschaffen werden, die aus Sensorrohdaten ein Straßenhöhenprofil rekonstruiert, das die Güteanforderung an das Preview-Straßensignal erfüllt und im realen Fahrzeug einsetzbar ist.

3. Herleitung der neuen „Integralen Preview-Strategie (IPS)“. Dafür ist ein neues ganzheitliches Regelungskonzept für ein aktives Fahrwerk mit Preview zu entwickeln, das eine möglichst große Steigerung des Fahrkomforts bewirkt und sämtliche Randbedingungen für den Einsatz auf öffentlichen Straßen berücksichtigt.

4. Aufbau und experimentelle Erprobung der neuen Integralen Preview-Strategie. Hierfür ist zum einen das neue Preview-Sensorkonzept ins Fahrzeug zu integrieren. Zum anderen sind die neu entwickelten Algorithmen zur Generierung des Straßenhöhenprofils und die Algorithmen der neuen „Integralen Preview-Strategie (IPS)“ im Versuchsfahrzeug zu implementieren. Die Leistungsfähigkeit des gesamten Preview-Konzepts ist durch Erprobung im Versuchsfahrzeug zu evaluieren.

Zum Erreichen der vorgestellten Teilziele wird in Kapitel 2 zunächst ein neues Sensorkonzept zur Messung des Straßenhöhenprofils entwickelt. Dabei wird auf die Frage der Sensorgenauigkeit, der Auswahl eines passenden Sensortyps und die Frage der Einbauposition der Preview-Sensorik eingegangen.

Im nächsten Schritt wird in Kapitel 3 ein neuer Algorithmus zur Generierung des Straßenhöhenprofils abgeleitet, der aus den Sensorrohdaten mehrerer aufeinanderfolgender Scans ein Straßenhöhenprofil für ein aktives Fahrwerk mit Preview rekonstruiert.

Als Basis für die Entwicklung der neuen Integralen Preview-Strategie werden in Kapitel 4 sowohl ein Halb- als auch ein Gesamtfahrzeugmodell hergeleitet. Darauf aufbauend wird in Kapitel 5 die neue Integrale Preview-Strategie (IPS) entwickelt und anhand von Simulationsuntersuchungen validiert.

Kapitel 6 zeigt die Umsetzung der Integralen Preview-Strategie im Fahrzeug. Anhand von Fahrzeugmessungen auf öffentlichen Straßen wird die Leistungsfähigkeit der IPS evaluiert und der Komfortgewinn quantifiziert. Den Abschluß der Arbeit bildet Kapitel 7 mit einer Zusammenfassung und einem Ausblick.

2. Neues Sensorkonzept zur Messung des Straßenhöhenprofils

How to obtain preview information?

Diese zentrale Frage stellten sich schon die Autoren der ersten Veröffentlichungen über Preview [Tom76]. Zur damaligen Zeit existierten noch keine fahrzeugtauglichen Sensoren für die Messung des Straßenhöhenprofils.

Heutzutage findet sich durch die zunehmende Verbreitung von Fahrer-Assistenzsystemen eine steigende Anzahl von Umfeldsensoren in den Fahrzeugen, z.B. Ultraschall-, RADAR[1]-, LIDAR[2]- oder Video-Sensoren.

Bisher werden die Meßdaten der Umfeldsensoren aber ausschließlich zur Erkennung von anderen Verkehrsteilnehmern, Fahrbahnmarkierungen oder Verkehrszeichen verwendet. Die zwangsläufig mitgemessenen Straßenunebenheiten, sowie die Fehler durch die Aufbaubewegung des Fahrzeugs, stellen für Assistenzsysteme nur Störsignale dar. Die Fahrzeugbewegungen relativ zur Straße (z.B. Nicken bei einem Bremsvorgang) müssen deshalb aufwendig geschätzt und bei der Auswertung der Sensorsignale mit berücksichtigt werden.

Für aktive Fahrwerke stellen aber genau solche Fahrbahn-Störsignale Nutzsignale dar! Daher bietet es sich an, die Umfeldsensorik der Assistenzsysteme für vorausschauende aktive Fahrwerke zu nutzen. Umgekehrt können aktive Fahrwerke durch eine Aufbauberuhigung und die Messung des Aufbauzustandes zu einer höheren Funktionssicherheit von Assistenzsystemen beitragen.

Im folgenden werden gängige Umfeldsensoren auf die Eignung als Preview-Sensor untersucht und ein Sensor ausgewählt. Mit jenem wird anschließend ein neues Sensorkonzept für Look-Ahead-Preview entwickelt.

2.1. Anforderungen an die Preview-Sensorik

Da die Qualität der gemessenen Straßensignale maßgeblich den Typus der Preview-Strategie bestimmt, werden im folgenden Abschnitt zuerst die Anforderungen an die Vorausschau-Sensorik definiert. Darauf basierend werden bestehende Umfeldsensoren hinsichtlich ihrer Eignung als Preview-Sensor untersucht und ein Sensorsystem für die Realisierung im Fahrzeug ausgewählt.

[1]**Ra**diowave **D**etection **a**nd **R**anging

[2]**Li**ght **D**etection **a**nd **R**anging

2.1.1. Vorausschauweite und Meßbereich

Wie der Name „Vorausschau“ bzw. „Preview“ schon besagt, kann ein vorausschauendes Fahrwerk nur funktionieren, wenn die Sensorik zur Messung der Straße eine ausreichend weite Prognose über den zukünftigen Straßenhöhenverlauf liefert. Eine große Vorausschauweite ist daher die Grundvoraussetzung für ein proaktiv agierendes Fahrwerk mit einer Look-Ahead-Preview-Strategie.

Die erforderliche longitudinale Reichweite der Sensoren wird durch folgende Anforderungen festgelegt:

- Zeit zur Vorkonditionierung des Fahrzeugs
- Latenzzeiten des Systems wie Signallaufzeit, Rechenzeit und Aktorträgheit.

Wie kann der Zeitbedarf abgeschätzt werden? Angenommen, das Fahrzeug bewegt sich auf ein Fahrbahnhindernis, z.B. eine Bodenwelle zu und sollte für eine komfortoptimale Überfahrt so hoch wie möglich angehoben werden. Wie lange benötigt das Fahrzeug dazu bei einer gegebenen Preview-Strategie?

Zur Abschätzung wurden zwei Strategien, nämlich „Anheben“ und „Absenken und Anheben“ in der Simulation untersucht. Dafür wurde ein Gesamtfahrzeugmodell des Versuchsfahrzeugs (siehe Kapitel 6) verwendet. Das Fahrzeug ist mit dem aktiven Fahrwerk Active Body Control (siehe 1.2.2) ausgestattet. Die Modellparameter wurden anhand von Fahrzeugmessungen identifiziert.

Abb. 2.1 zeigt den Zeitbedarf zum Erreichen der maximalen Fahrzeuganhebung im Freiheitsgrad „Huben“ bei Ausnutzung der vollen, bei ABC zur Verfügung stehenden Aktorstellgeschwindigkeit. Für die Strategie „Anheben“ bzw. „Plunger ausfahren“ wird bis zum Erreichen der maximalen Hubhöhe von ca. 13 cm über Fahrzeugnullniveau eine Vorausschauzeit von 0,4 s benötigt. Für die Strategie „Absenken und Anheben“ bzw. „Plunger einziehen und ausfahren“ benötigt das Fahrzeug eine Zeit von ca. 0,66 s, um die maximale Hubhöhe von gut 20 cm zu erreichen. Im Gegensatz zum Zeitbedarf für die Vorkonditionierung des Fahrzeugs ist der Zeitbedarf für Signallaufzeit und Rechenzeit vernachlässigbar. Er beträgt nur wenige Millisekunden.

Aus Abb. 2.2 läßt sich die erforderliche Vorausschauweite des Sensors zur Durchführung der Preview-Strategien „Anheben“ (untere gestrichelte Linie) und „Absenken und Anheben“ (obere gestrichelte Linie) in Abhängigkeit von der Fahrgeschwindigkeit bestimmen. Preview soll in einem möglichst großen Geschwindigkeitsbereich funktionieren. Zur Durchführung der Strategie „Anheben“ ist bei der Richtgeschwindigkeit auf Autobahnen von 130 km/h laut Abb. 2.2 eine Vorausschauweite von 15 m erforderlich. Bei dieser Vorausschauweite kann die Strategie „Absenken und Anheben“ noch bis zu einer Geschwindigkeit von 80 km/h also bei langsamer Landstraßenfahrt oder auf städtischen Ausfallstraßen angewendet werden.

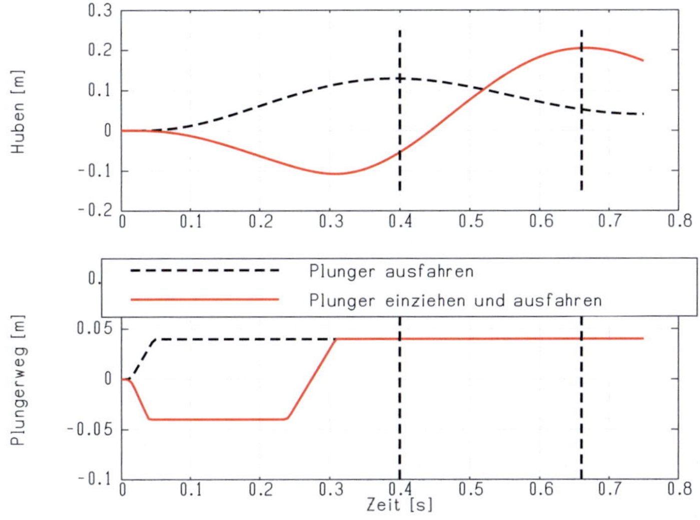

Abb. 2.1.: Zeitdauer zum Anheben des Fahrzeugs

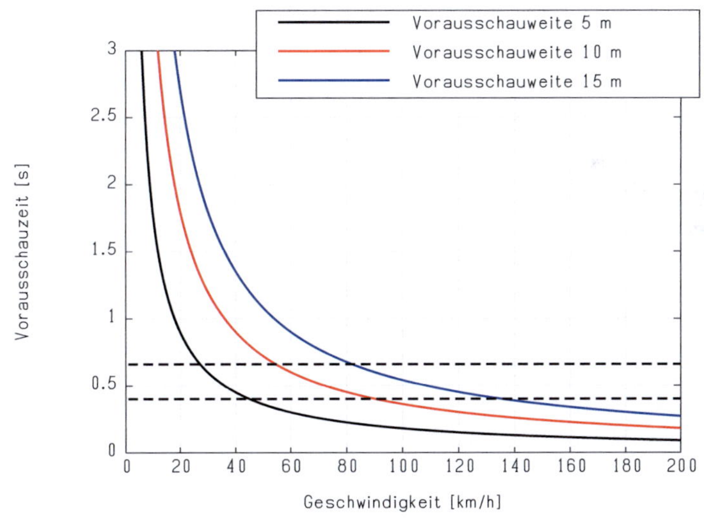

Abb. 2.2.: Preview-Vorausschauzeit in Abhängigkeit von Fahrgeschwindigkeit und Vorausschaulänge

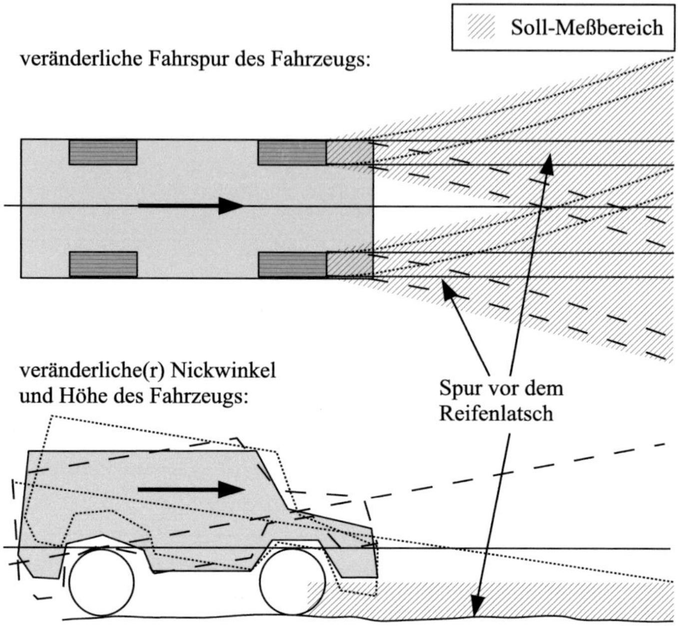

Abb. 2.3.: Soll-Meßbereich der Straßenmessung

Eine kürzere Vorausschauweite bedeutet eine starke Einschränkung des Geschwindigkeitsbereichs. Für eine weit vorausschauende („Look-Ahead“) Preview-Strategie ist in einem auf öffentlichen Straßen möglichen Geschwindigkeitsbereich eine Vorausschaulänge des Preview-Sensors von mindestens 15 m zu fordern.

Gleichzeitig muß der Preview-Sensor in der Lage sein, für jede zukünftige Fahr-Trajektorie ein valides Straßensignal zu liefern. Das bedeutet, daß je nach Kurs des Fahrzeugs (z.B. bei Kurvenfahrt) die Stellen der Fahrbahn, über die die Vorder- und Hinterräder rollen könnten, vermessen werden.

Abbildung 2.3 zeigt exemplarisch den Soll-Meßbereich, den die Preview-Sensorik abdecken muß, um unter sämtlichen Fahrzuständen ein brauchbares Preview-Signal liefern zu können. In Abb. 2.4 ist der erforderliche seitliche Meßwinkel des Preview-Sensors über der Fahrgeschwindigkeit bei einer Kurvenfahrt mit einer Querbeschleunigung von 9 m/s^2 aufgetragen. Zusätzlich ist der Aufbau des Fahrzeugs während der Fahrt ständig in Bewegung. Dadurch verändert sich auch die Lage des Sensors in Relation zur Fahrbahn (siehe Abb. 2.3 unten). Die Preview-Sensorik muß robust mit diesem Sachverhalt umgehen können und auch unter diesen Bedingungen ein valides Straßenhöhensignal liefern können.

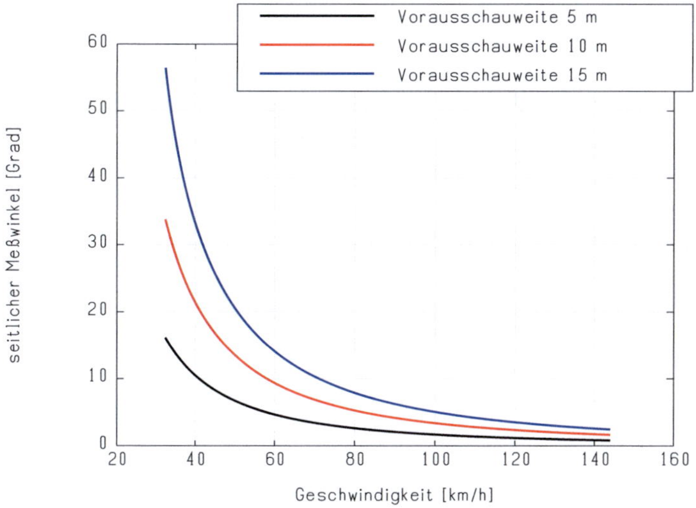

Abb. 2.4.: Seitlicher Soll-Meßwinkel des Preview-Sensors bei Kurvenfahrt mit einer Querbeschleunigung von 9 m/s^2

2.1.2. Genauigkeit

Wie genau muß ein Preview-Sensor arbeiten? Eine solche Frage läßt sich nicht pauschal beantworten.

Die erforderliche Genauigkeit ist stark abhängig von der verwendeten Preview-Strategie. Gleichzeitig muß bei der Festlegung der Genauigkeitsanforderungen zwischen stationärer und dynamischer Genauigkeit unterschieden werden. Auch wenn ein Sensorsystem die Anforderungen an die stationäre Genauigkeit nicht erfüllt, kann durch den Einsatz statistischer Verfahren eine ausreichende dynamische Genauigkeit erzielt werden.

Letztendlich muß das Sensorsystem in der Lage sein, Fahrbahnanregungen zu detektieren, die über der Wahrnehmungsschwelle des Menschen liegen. Erfahrungen aus der Fahrwerkentwicklung zeigen, daß schon kleine Fahrbahnunebenheiten im Millimeterbereich einen spürbaren Einfluß auf den Fahrkomfort besitzen. Dies sind beispielsweise Fahrbahnmarkierungen, die sich nur wenige Millimeter aus der Fahrbahnoberfläche herausheben (siehe Abb. 2.5).

Abb. 2.6 zeigt die vertikalen Sitzbeschleunigungen aus der Gesamtfahrzeugsimulation bei einer Anregung mit vertikalen Fahrbahnkanten von 2 mm Höhe. Eine solche Anregung ist für den Fahrer subjektiv gerade noch als Sitzbeschleunigung wahrnehmbar[3]. Um auch bei solch kleinen Fahrbahnstörungen eine Komfortverbesserung durch ein vorausschauendes Fahrwerk erziehlen

[3]Die Schwingungsanregung des Lenkrads und die akustische Störung sind hier bewußt **nicht** berücksichtigt!

Abb. 2.5.: Gestreifte Fahrbahnmarkierung

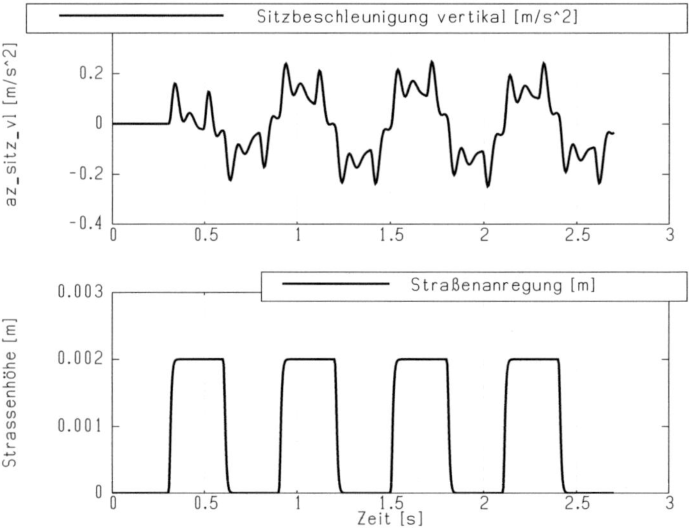

Abb. 2.6.: Vertikale Sitzbeschleunigung bei Fahrt mit 60 km/h über positive und negative Fahrbahnkanten mit 2 mm Höhe, ermittelt durch Gesamtfahrzeugsimulation

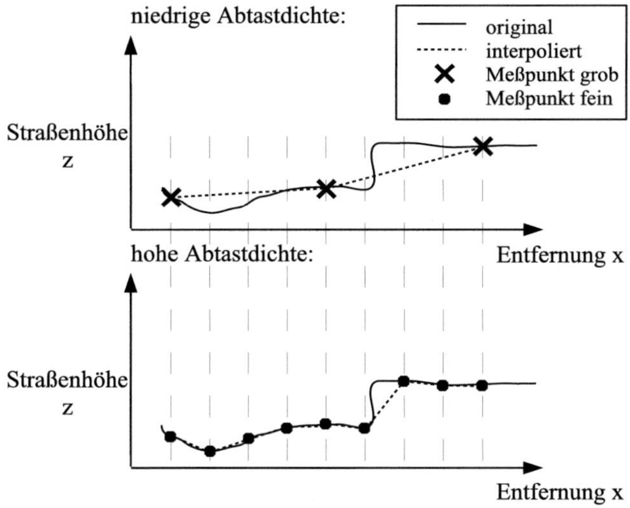

Abb. 2.7.: Auswirkungen der Abtastdichte auf das Straßensignal

zu können, sollte die Genauigkeit des Sensors zur Bestimmung des vertikalen Straßenprofils höher als 2 mm liegen.

Die Anforderungen bezüglich der Messung von Entfernungen sind also bei Preview ungleich höher als z.B. für ein Assistenzsystem zur Längsführung eines Fahrzeugs (z.B. Abstandsregeltempomat), bei dem in der Regel eine Genauigkeit im Zentimeterbereich oder darüber ausreicht. Zusätzlich kommt als Meßbedingung erschwerend hinzu, daß die Messung des Fahrbahnhöhenprofils unter einem schrägen Winkel[4] erfolgt.

2.1.3. Abtastrate

Fährt ein Fahrzeug auf der Straße, wirken das Straßenprofil und damit verbundene Straßenunebenheiten als kontinuierliches Anregungssignal auf das Fahrwerk ein. Demzufolge muß ein aktives Fahrwerk in der Lage sein, sich kontinuierlich dem Straßenhöhenverlauf anzupassen.

Für ein aktives Fahrwerk mit Preview bedeutet das, daß die Abtastrate des Preview-Sensors so hoch zu sein hat, daß dem vorausschauenden Fahrwerk ein quasi-kontinuierliches Straßenhöhenprofil zur Verfügung gestellt werden kann. Je nach Taktrate der Preview-Steuerung auf dem Digitalrechner ergibt sich daher eine maximale Rasterung, sprich der maximale Abstand der Straßenmeßpunkte. Im Gegensatz zur Verwendung als Umfeldsensor eines Assistenzsystems werden an den Sensor viel höhere Anforderungen an die Schnelligkeit der Abtastung gestellt.

[4]Bei Assistenzsystemen werden i.d. R. senkrechte Hindernisse, z.B. vorausfahrende Fahrzeuge gemessen.

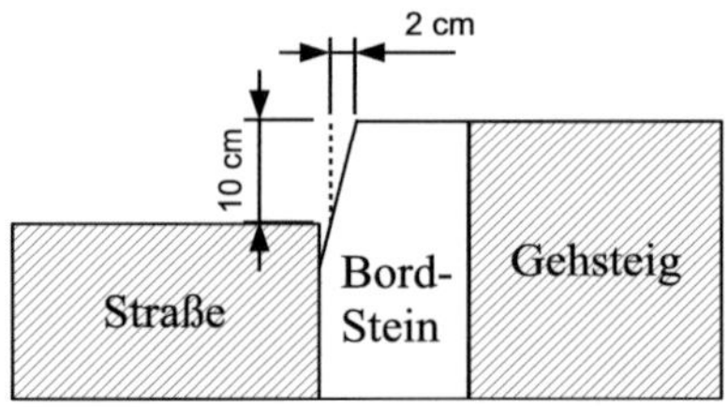

Abb. 2.8.: Hochbordstein nach EU 1340 und DIN 483

Abbildung 2.7 zeigt die Auswirkungen auf das gemessene Straßenprofil bei grober und feiner Abtastung. Wie im oberen Graph der Abbildung zu sehen, können hochfrequente Fahrbahnanregungen, wie z.B. eine Kante, bei zu grober Abtastdichte nicht abgebildet werden.

Der Preview-Sensor muß in der Lage sein, sprungförmige Hindernisse wie den in Abb. 2.8 skizzierten Hochbordstein nach EU 1340 und DIN 483 abzubilden. Dafür muß der Preview-Sensor die Straße mit einer Rasterbreite von 2 cm abtasten.

In Abb. 2.9 sind die erforderlichen Abtastraten des Preview-Sensors über der Fahrgeschwindigkeit dargestellt. So muß die Straße bei einer erforderlichen Rasterbreite von 2 cm mit ca. 1,4 kHz abgetastet werden, um einen Bordstein bei einer Geschwindigkeit von 100 km/h noch ausreichend genau detektieren zu können.

2.1.4. Funktionssicherheit

Das Sensorsystem muß eine ausreichende Robustheit gegenüber externen Störungen besitzen. So muß das Straßensignal unter sämtlichen Umweltbedingungen und Straßenzuständen zur Verfügung stehen (extreme Temperaturen, schneebedeckte Fahrbahn usw.).

Die Höheninformation allein genügt aber nicht für eine Beschreibung des Straßensignals, sondern muß mit einer Information über die Güte und Streuung des Meßwertes einhergehen.

Diese statistische Information erlaubt es der Preview-Strategie, ein Verhalten in Abhängigkeit von der Güte und Streuung der Meßdaten zu wählen. Liegen unsichere Daten vor, kann die Preview-Strategie ein defensiveres Vorgehen wählen. Im Extremfall kann so Preview sogar abgeschaltet werden und das Fahrwerk nur als geregeltes Fahrwerk betrieben werden.

2.1.5. Abmessungen und Gewicht des Systems

Für die Integration ins Fahrzeug sollte der Vorausschausensor möglichst kompakt und leicht sein. Dabei sind die Anforderungen an ein Sensor-System für den Serieneinsatz ungleich höher als für einen Sensor, der nur zur Demonstration der Funktion „Preview“ verwendet wird.

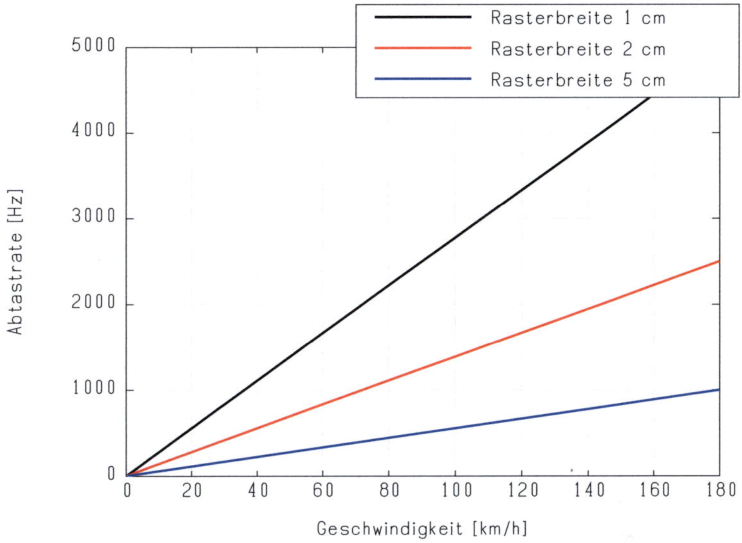

Abb. 2.9.: Abtastrate in Abhängigkeit von der Fahrgeschwindigkeit

2.2. Auswahl des Preview-Meßprinzips

Im folgenden werden gängige und zukünftige Umfeldsensoren mit unterschiedlichen Meßprinzipien hinsichtlich ihrer Eignung als Preview-Sensor untersucht, und ein geeigneter Sensortyp zur Umsetzung im Fahrzeug ausgewählt.

2.2.1. Ultraschallsensoren

Ultraschallsensoren erzeugen mit Hilfe eines Piezo-Elements eine Ultraschallwelle, die sich nach den physikalischen Gesetzen in der Atmosphäre ausbreitet. Dasselbe Piezo-Element kann den Schall erkennen und messen, der von einem Objekt reflektiert wird. Es arbeitet daher abwechselnd als Sender und Empfänger (Transceiver).

Das Meßprinzip von Ultraschallsensoren basiert auf der Laufzeitmessung[5] des Ultraschalls im Medium Luft. Die Ultraschallsignale werden dazu in definierten „Paketen" ausgesendet. Der Transceiver verarbeitet mit Hilfe einer Auswerteelektronik den Zeitraum vom Aussenden eines Schall-Pakets bis zum Eintreffen der Reflektion von einem Meßobjekt.

[5]Pulslaufzeitprinzip (PLZ): engl. **T**ime **of** **F**light principle (TOF)

Abb. 2.10.: Ultraschall-Sensor (Quelle: Robert Bosch GmbH)

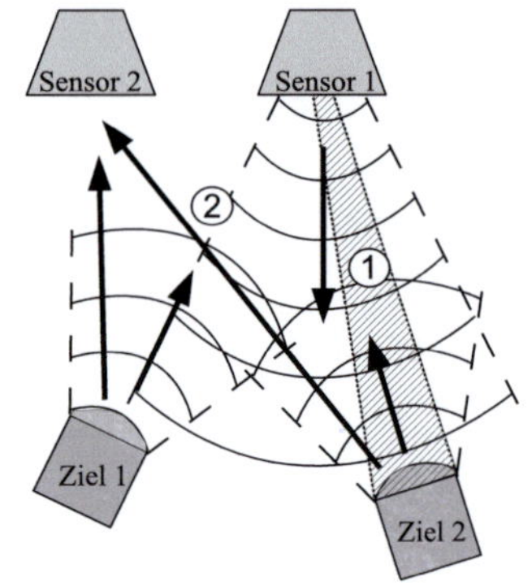

Abb. 2.11.: Wirkungsweise von Ultraschall-Sensoren

Durch die Kenntnis der Schallausbreitungsgeschwindigkeit in Luft c_{Schall} läßt sich zusammen mit der Laufzeit t der Abstand d eines Hindernisses bestimmen:

$$d = c_{Schall} \cdot \frac{t}{2}$$

Als Ergebnis der Auswertung wird üblicherweise über einen Analogausgang ein abstandsproportionales Signal ausgegeben. Die Genauigkeit der Messung und die maximale Tastweite bewegen sich in einem Toleranzbereich, der im wesentlichen vom Zustand des Trägermediums Luft und der Rauigkeit des erkannten Objekts abhängt.

In heutigen Fahrzeugen finden Ultraschall-Sensoren als Einparkhilfe Einsatz (siehe Abb. 2.10) oder werden z.B. in der Industrie bei der Automatisierung von Produktionsabläufen verwendet. Die Reichweiten industriell verwendeter Ultraschallsensoren betragen wenige Millimeter bis zu 5-6 Meter [SNT08],[SIC05],[Sit08]. Gängige, im PKW als Einparkhilfe verwendete, Ultraschall-Sensoren besitzen eine Reichweite von bis zu 2,5 Meter [Kno04].

Durch die Art der Messung bleiben Ultraschallsensoren weitgehend unbeeindruckt von Fremdstoffen in der Luft wie Nebel, Dampf und Schmutz.

Die Ausbreitung des Schalls erfolgt in einem dreidimensionalen Schallkegel, der sich mit zunehmender Entfernung aufweitet und keine genaue Lokalisierung des Hindernisortes bei nur einem Sensor erlaubt. Prinzipiell gilt: Je höher die Sensorreichweite sein soll, desto niedriger ist die Ultraschallfrequenz und desto weiter der Meßkegel. Der typische Öffnungswinkel von Ultraschallsensoren beträgt 10-20 Grad [SNT08].

Die Keulenform ist abhängig vom Zielobjekt bzw. dessen Schall-Reflexionseigenschaften. Kleinere oder schlechter reflektierende Objekte ergeben eine kleinere Keule (schmaler und kürzer), und größere bzw. nicht senkrecht zur Mittelachse liegende Objekte können die Keule aufweiten. Abbildung 2.11 veranschaulicht diesen Effekt. Das empfangene Echo gibt zwar Informationen über die Entfernung der Gegenstände zum Sender, aber nicht über die Winkelrichtung, in der sie sich befinden (siehe Ziffer 1 in Abb. 2.11).

Beispielsweise detektiert ein handelsüblicher Ultraschallsensor mit einer Reichweite von 6 Metern eine in 5 Meter Abstand senkrecht zum Sensor stehende Platte mit Kantenmaß 50 cm in einem lateralen Meßbereich von 2,4 Metern (Quelle: [SIC05], Seite 17). Da es sich bei der realen Straße zwar um ein schräges Meßobjekt handelt, dieses aber rauh ist und somit breit zurückstreut, ist eine ähnlich große laterale und longitudinale Aufweitung des Meßbereichs zu erwarten, die eine genaue Winkel- und somit Positionsbestimmung des Meßortes für Preview erschwert.

Um auch eine laterale Lokalisierung des Hindernisses zu ermöglichen, werden Sensor-Arrays mit mehreren seitlich versetzt angebrachten Sensoren verwendet. So bestehen heutige Einparkhilfen in Fahrzeugen in der Regel aus vier Sensoren im vorderen und vier Sensoren im hinteren Stoßfänger. Dabei ist jedoch zu berücksichtigen, daß die Sensoren des Sensorarrays einen Mindestabstand zum nächsten Sensor haben, um sich nicht gegenseitig zu stören (sog. „Cross-Talk“, siehe Ziffer 2 in Abb. 2.11).

Ultraschallsensoren sind systembedingt und aus physikalischen Gründen (Schallgeschwindigkeit in Luft bei 20° C: 343 $\frac{m}{s}$) relativ langsam. Die maximale Schaltfrequenz gängiger Sensoren liegt zwischen 2-3 bis zu 30 Hz je nach Typ. Bei Sensoren mit einer Reichweite von mehr als 6 Metern liegt die Schaltfrequenz bei handelsüblichen Modellen bei ca. 2 Hz [SIC05]. Dies ist für die Straßenabtastung für ein vorausschauendes Fahrwerk zu langsam.

Die Genauigkeit gängiger Ultraschallsensoren in der Entfernungsmessung liegt meist bei $\pm$ 2 Prozent der Grenztastweite [SIC05]. Dies bedeutet bei einer Sensorreichweite von 6 m eine Genauigkeit von $\pm$ 12 cm. Diese Genauigkeit genügt nicht den Anforderungen an ein Fahrwerk mit Preview.

Heiße oder sehr kalte Objekte (Temperaturunterschied zur Umgebung von > 60 °C) führen zu starken Turbulenzen in der, das Meßobjekt umgebenden, Luft, wodurch die Schallausbreitung gestört wird [Sit08].

Bei zu großen Winkelabweichungen aus der Senkrechten zur Strahlachse wird nicht mehr genügend Signal in Empfängerrichtung reflektiert. Größere oder rauhe Objekte (Rauhtiefe über 1,6 mm) können bei einigen Geräten jedoch um ca. $\pm$ 60 ° gekippt werden [Sit08].

Durch den Einsatz sehr hochfrequenter Ultraschallsensoren sind Störungen durch fremde Schallquellen praktisch ausgeschlossen. Die Ausnahme bilden gleichartige Geräte in der näheren Umgebung. Starke Luftströmungen[6] (> 20 $\frac{m}{s}$) können die Abtastsicherheit ungünstig beeinflussen [Sit08].

[6]Dies wäre z.B. der Fahrtwind bei schnellerer Fahrt.

Vorteile:

+ kostengünstig
+ robust gegenüber Nebel, Dampf und Schmutz

Nachteile:

- langsam
- geringe Reichweite
- bei Reichweite von mehreren Metern bei der Entfernungsmessung zu ungenau
- keine ausreichend genaue Lokalisierung eines Meßobjektes in lateraler und vertikaler Richtung möglich

Fazit: Ultraschall-Sensoren sind zwar robust in der Anwendung, erfüllen aber in einigen Kriterien die Anforderungen an einen Preview-Sensor nicht. Das liegt zum einen an der zu geringen Reichweite und an der geringen Abtastrate, die durch die langsame Laufzeit von Schall in Luft begrenzt wird. Zum anderen erlauben Ultraschall-Sensoren keine ausreichend genaue Lokalisierung eines Meßobjektes in lateraler und vertikaler Richtung.

2.2.2. Videosensoren

Videosensoren werden in den letzten Jahren immer häufiger zur Realisierung von Assistenz-Funktionen eingesetzt, sei es als Einparkhilfe oder z.B. als Spurhalte-Assistent (siehe Abb. 2.12). Es existieren sowohl Systeme mit einer (monokular) als auch mit zwei Kameras (stereo). In der Regel arbeiten die Kameras passiv, d.h. es wird keine aktive Beleuchtung der Szene seitens des Kamerasystems vorgenommen.

Eine Ausnahme bilden Nachtsichtsysteme („Night-View“), bei denen die Straße durch aktive Infrarotscheinwerfer beleuchtet wird oder deflektrometrische Meßverfahren. Bei letzteren werden reflektierende Meßobjekte mit strukturiertem Licht beleuchtet, die Reflexionen durch eine Kamera registriert und Verzerrungen der Lichtprojektion auf der Oberfläche der Meßobjekte zur Generierung eines 3D-Entfernungsbildes verwendet [Hor07].

Kamerasysteme erfassen die Umwelt durch die Messung einfallender Strahlung von aktiven Strahlungsquellen und allen nicht vollständig absorbierenden Objekten bildweise und werten die Helligkeits- und/oder Farbinformation des Bildes aus.

Bei der Verwendung monochromatischer Kameras enthalten die aufgezeichneten Bildfolgen als einzige explizite Information zeitlich aufeinander folgende zweidimensionale Strukturen von Grauwerten. Alle Aussagen, die über diesen Informationsgehalt hinausgehen, lassen sich nur schätzen.

Der optische Fluss ist die beobachtbare Verschiebung von Grauwertstrukturen in zeitlich aufeinander folgenden Bildern. Die Berechnung des optischen Flusses stützt sich auf die Annahme, dass Grauwertstrukturen entlang ihrer Bewegungstrajektorien über der Zeit erhalten bleiben.

Abb. 2.12.: Monokularer Videosensor (Quelle: Hella KGaA)

Ein direkter Rückschluss von der wahrgenommenen Bewegung auf die Entfernung beobachteter Bildpunkte ist nicht möglich [Cec07].

Binokulare Kamerasysteme (sog. „Stereo"-Kameras) sind aus zwei Bildsensoren aufgebaut, die aus unterschiedlichen Blickwinkeln auf die Szene schauen. Die Kameras werden so angeordnet, dass eine hohe Überdeckung beider Bildinhalte erreicht wird. Dazu werden die optischen Achsen der Sensoren annähernd parallel ausgerichtet und der Abstand der Kameras wird signifikant kleiner gewählt als die Distanz beobachteter Objekte.

Von den bisher vorgestellten Verfahren zur optischen Entfernungsschätzung erlauben nur die binokularen Kamerasysteme eine tatsächliche Vermessung des 3D-Umfelds vor dem eigenen Fahrzeug [Cec07]. Die Qualität der geschätzten Entfernungen ist dabei maßgeblich durch die Unsicherheiten bei der Stereo-Korrespondenzanalyse bestimmt [Dan07]. In natürlichen Bildfolgen limitiert das Messprinzip die Entfernungsschätzung damit auf signifikante Diskontinuitäten in der Grauwertstruktur [Cec07].

Egal, ob es sich um ein Mono- oder Stereo-Kamerasystem handelt, sind Kamerasysteme zur Bestimmung eines dreidimensionalen Bildes oder einer Entfernungsinformation auf die Auswertung von Helligkeitskontrasten zwischen zwei Kamerabildern angewiesen.

Zur Erkennung des Straßenhöhenprofils ist es also Grundvoraussetzung, daß die Straße in Abhängigkeit vom vertikalen Höhenverlauf einen Kontrastunterschied aufweist. Das ist in der Realität jedoch nicht immer in ausreichendem Maße der Fall, so daß eine für ein vorausschauendes Fahrwerk ausreichend genaue (siehe Abschnitt 2.1) Rekonstruktion des Straßenhöhenverlaufs möglich wäre. Eine unterschiedliche Helligkeit des Fahrbahnbelags, der Schattenwurf durch Fahrzeuge und andere Objekte oder ungünstige Lichtverhältnisse erlauben keine zuverlässige Bestimmung des Straßenhöhenverlaufs durch Videosensoren.

Vorteile:

+ große Reichweite
+ hohe Bildauflösung

Nachteile:

– Straße liefert nicht immer einen ausreichenden Kontrastunterschied zur Bestimmung des Straßenhöhenprofils

Fazit: Video-Sensoren eignen sich gut zur Erkennung von Fahrzeugumfeldsituationen wie stehenden und bewegten Objekten (Fahrzeuge, Verkehrsschilder) oder Fahrbahnmarkierungen. Weiterhin existieren Kameras, die eine hohe Bildaufzeichnungsgeschwindigkeit, eine hohe Auflösung und eine große Reichweite bei guter Sicht besitzen.

Für eine robuste Bestimmung der Straßenhöhe im Millimeterbereich, wie sie für ein aktives Fahrwerk mit Preview erforderlich ist, sind die Kontrastverhältnisse von Straßenoberflächen jedoch nicht immer gut genug und unterliegen zu großen Störeinflüssen. Deshalb sind Video-Sensoren als Preview-Sensoren ungeeignet.

2.2.3. Photonic Mixer Device (PMD)-Sensoren

Eine neue Klasse von 3D-Videosensoren stellen sogenannte Photo-Misch-Detektoren (PMD, engl.: **P**hotonic **M**ixer **D**evice) dar [ZMB+04]. PMD-Sensoren arbeiten nach dem Lichtlaufzeit-Meßprinzip und liefern zusätzlich zu konventionellen Helligkeits-Informationen das Amplitudenbild einer aktiven IR-Beleuchtung und die Abstandsinformation zu betrachtender Objekte in jedem Pixel des Kamerabildes [Sa07].

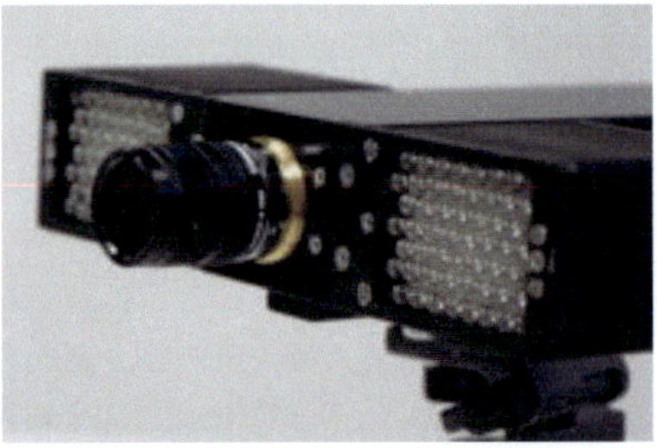

Abb. 2.13.: PMD-Sensor (Quelle: PMDTechnologies)

Dafür wird die Szene gleichmäßig mit intensitätsmoduliertem, inkohärentem Infrarotlicht ausgeleuchtet (siehe Abb. 2.13). Die Modulationsfrequenz liegt zwischen 10 und 20 kHz. Über eine Pulslaufzeitmessung wird die Entfernungsinformation der Szene für jedes Bild-Pixel gewonnen. Durch eine elektronische Rauschunterdrückung von Streulicht in jedem Pixel sind PMD-Kameras unempfindlich gegenüber Sonnenlicht oder jedweder künstlichen Lichtquelle außer der eigenen Beleuchtungseinheit [RH06]. Die derzeit leistungsfähigsten PMD-Sensoren besitzen eine Auflösung von 204 × 204 3D-Pixeln und erreichen Wiederholraten von bis zu 25 Hz [PMD09a]. Gängige Sensoren besitzen Öffnungswinkel von 40 bzw. 30-40 Grad in vertikaler bzw. horizontaler Richtung und sind auf Entfernungsmessungen mit Reichweiten von bis zu 10 Metern ausgelegt [PMD09a], [PMD09b],[ifm09]. Die Tiefengenauigkeit der Sensoren in einer Meßentfernung von z.B. fünf Metern liegt im Bereich von mehreren Zentimetern ([Eig07],[ifm09]: ± 31 mm).

Vorteile:

+ gleichzeitige Darstellung von Bild- und Entfernungsdaten
+ gleichzeitige Messung eines großen lateralen und vertikalen Winkelbereichs

Nachteile:

– Auflösung, Genauigkeit und Abtastrate derzeit zu gering

Fazit: PMD-Sensoren befinden sich gegenwärtig noch in der Entwicklungsphase und haben noch keine Anwendung im Fahrzeug gefunden. In den nächsten Jahren wird jedoch mit einer ersten automotive-tauglichen PMD-Kamera gerechnet [ZMB+04]. Im Gegensatz zu Video-Sensoren erlauben PMD-Sensoren die gleichzeitige Bestimmung von Video- und Entfernungsbild und sind damit grundsätzlich als Preview-Sensoren geeignet.

Gegenwärtig reichen jedoch die Auflösung, die Genauigkeit und die Abtastrate der angebotenen PMD-Sensorik noch nicht für einen Einsatz als Preview-Sensor aus. In Zukunft stellen PMD-Sensoren jedoch die Technik der Wahl dar als gemeinsam genutzter Sensor für Assistenzsysteme und das vorausschauende Fahrwerk.

2.2.4. RADAR-Sensoren

RADAR ist das Akronym für „**Ra**diowave **D**etection **a**nd **R**anging“ und steht für ein Meßprinzip, bei dem elektromagnetische Wellen in einem Frequenzbereich zwischen 100 kHz und 300 GHz ausgesendet und die Echos detektiert werden.

Durch die Pulslaufzeitmessung sind RADAR-Sensoren in der Lage, den Abstand zwischen Sensor und Zielobjekt zu messen. Wird hingegen die Frequenzverschiebung zwischen ausgesandtem und reflektiertem Signal ausgewertet, so können RADAR-Sensoren mittels des Doppler-Effekts die Relativgeschwindigkeit zwischen Sensor und Ziel bestimmen.

RADAR-Systeme werden seit über 60 Jahren in der Luftfahrt verwendet - einen Weg ins Automobil fanden sie aber erst im Jahre 2000 durch die Einführung des dynamischen Abstandsregeltempomaten (siehe Abb. 2.14).

Abb. 2.14.: RADAR-Sensor (Quelle: Robert Bosch GmbH)

Bei Abstandsregeltempomaten kommen sog. Long Range Radars (LRR) zum Einsatz. Beim LRR-Radar wird der Radarstrahl in mehreren schmalen Keulen ausgesendet um den Raum vor dem Fahrzeug und seitlich des Fahrzeugs zu überwachen. LRR-Sensoren erfassen stationäre und sich bewegende Objekte und geben Aufschluss über Entfernung und Relativgeschwindigkeit.

Aktuelle LRR-Systeme für Abstandsregeltempomate besitzen Reichweiten von 0,5 bis 250 m und Öffnungswinkel von bis zu 30 Grad in horizontaler und $\pm$ 5 Grad in vertikaler Richtung [Kno08], [Sa07]. Die Entfernungsmeßgenauigkeit gängiger LRR-Systeme liegt im 10-Zentimeterbereich [IND09].

Eine andere Klasse von Radar-Systemen stellen sogenannte Nachbereichs-Radars oder Short Range Radar (SRR)-Systeme dar. Das Nahbereichsradar erfasst stationäre Objekte im Nahbereich und sendet im Frequenzbereich von 24 GHz oder 77 GHz. Im Gegensatz zum Fernbereichsradar hat das Nahbereichsradar einen wesentlich breiteren Abstrahlwinkel. Dieser liegt in horizontaler Richtung üblicherweise bei $\pm$ 60 Grad und in der vertikalen Abstrahlcharakteristik bei etwa $\pm$ 10 Grad [ITW09]. Die Fähigkeit, Objekte zu erkennen, die sich in einem Winkel zur Fahrtrichtung befinden, hängt von der Richtcharakteristik der Radarantennen ab.

Der abgetastete Entfernungsbereich gängiger Nahbereich-Radarsensoren liegt zwischen 50 cm und etwa 50 m [ITW09]. In der Literatur finden sich Angaben zu gängigen SRR-Sensoren, die von einer Entfernungsmeßgenauigkeit von einigen Zentimetern ausgehen ([Mor00]: $\pm$ 5 cm). Somit kann das SRR-Radar zur Warnung vor Hindernissen und für Kollisionswarnungen eingesetzt werden, ebenso bei Stop-and-Go-Fahrweise. Darüber hinaus dient es als Einparkassistent und zur Anzeige von Fahrbahn- und Spurwechseln.

RADAR-Systeme sind zwar in der Lage, longitudinale Entfernung und Geschwindigkeit gut zu bestimmen. Durch die Aufweitung des Meßfächers ist die Bestimmung der lateralen Position des Meßobjekts jedoch relativ ungenau [LW06]. Der Effekt ist analog zu dem von Ultraschallsensoren (siehe Abb. 2.11).

Vorteile:

+ genaue Bestimmung von longitudinaler Entfernung und Relativgeschwindigkeit
+ robust gegenüber Wetterbedingungen
+ bewährte Technik

Nachteile:

– zu ungenaue Bestimmung der lateralen Position

Fazit: RADAR-Sensoren beweisen als Sensoren für Assistenzsysteme, wie beispielsweise dem dynamischen Abstandsregeltempomat, seit vielen Jahren ihre Robustheit und Praxistauglichkeit. Sie besitzen eine hohe Reichweite und sind weitgehend unempfindlich gegenüber schlechten Wetterverhältnissen (z.B. Nebel) oder Verschmutzung.

Durch die Aufweitung des Radarkegels oder -fächers ist jedoch die Bestimmung der Winkelrichtung des Meßpunktes für Preview nicht genau genug möglich, so daß bei einem Einsatz als Preview-Sensor keine Aussage möglich ist, ob ein gemessener Punkt in der Spur des Fahrzeugs liegt oder nicht. Daher sind RADAR-Sensoren als Preview-Sensoren ungeeignet.

2.2.5. LIDAR-Sensoren

Als „LIDAR“-Sensoren[7] wird eine Klasse von Sensoren bezeichnet, die zur Entfernungsmessung Lichtwellen verwenden (siehe Abb. 2.15). LIDAR-Sensoren messen die Entfernung eines Objekts mittels des Pulslaufzeitverfahrens. Dafür wird ein Laserpuls in Form eines gebündelten Strahls ausgesendet und die Laufzeit zwischen Aussenden und Empfang des Echos gemessen. Da sich der Laserpuls mit Lichtgeschwindigkeit ausbreitet, kann so die Entfernung bestimmt werden. Der Laserstrahl läßt sich durch optische Systeme stark bündeln, so daß nicht nur die Entfernung, sondern auch die genaue laterale und vertikale Position des Ziels in Relation zum Sensor bestimmt werden kann.

Abb. 2.15.: Gängige LIDAR-Sensoren (Quelle: Hella KGaA, DENSO GmbH, IBEO GmbH, SICK AG)

[7]**L**ight **D**etection **a**nd **R**anging

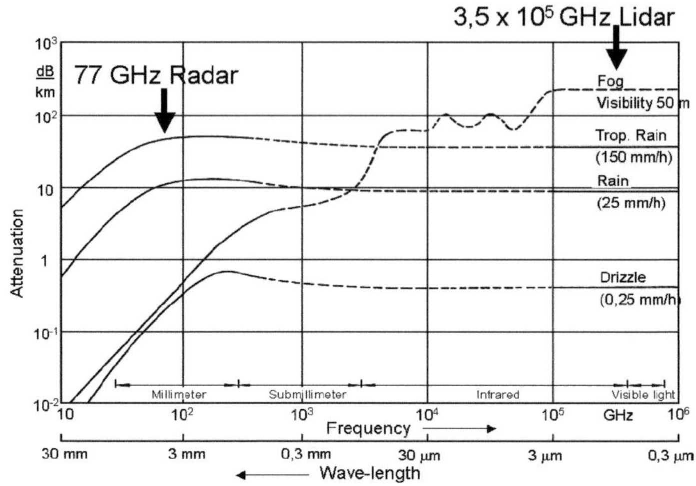

Abb. 2.16.: Physikalische Dämpfungseigenschaften elektromagnetischer Wellen [Neu03]

Um dem Nachteil, daß mit dem Laserstrahl nur in eine bestimmte Richtung abgetastet werden kann, zu begegnen, werden LIDAR-Sensoren mit mehreren Laserdioden oder mit rotierenden Spiegeln ausgestattete „Laserscanner“ verwendet. Dadurch ist eine schnelle, zweidimensionale Abtastung möglich. Gängige Laserscanner besitzen Reichweiten von wenigen Zentimetern bis zu mehreren hundert Metern [SIK09] und Winkelauflösungen bis zu 0,1 Grad (siehe Tabelle A.1, [VEL09]). Die Genauigkeit gängiger LIDAR-Sensoren reicht von wenigen Zentimetern bis in den Bereich weniger Millimeter [SIK09], [VEL09].

Da bei LIDAR-Sensoren in der Regel Licht im Infrarotbereich eingesetzt wird, gelten hinsichtlich der Reichweite ähnliche Werte wie im Wellenlängenbereich des für den Menschen sichtbaren Lichts. Beispielsweise sinkt die Reichweite von LIDAR-Sensoren bei Nebel oder starker Verschmutzung der Optik des Sensors.

Bei sonstigen Wetterverhältnissen, wie Sonne oder Regen, besitzen LIDAR-Sensoren eine ähnlich hohe Reichweite wie RADAR-Sensoren [LW06]. Das zeigt Abbildung 2.16, in der die physikalischen Dämpfungseigenschaften elektromagnetischer Wellen unter verschiedenen Wetterbedingungen dargestellt sind.

Aus Abb. 2.16 wird deutlich, daß die Reichweite eines 77 GHz-RADAR-Sensors mit der eines LIDAR-Sensors vergleichbar ist. Nur bei Nebel wird die Sicht des LIDAR-Sensors im Gegensatz zum RADAR beeinträchtigt. Trifft ein LIDAR-Strahl auf einen Regentropfen oder ein Staubkorn, kann dies zu einem falschen Entfernungswert führen. Stehen intelligente Auswertealgorithmen zur Verfügung, kann einem solchen Problem jedoch durch eine Mehrfachauswertung nacheinanderfolgender Scans und durch die Auswertung aller Echos eines Laserpulses begegnet werden.

Da bei LIDAR zur Messung der Pulslaufzeit eine Mindestenergiemenge des Laserpulses zurückgestreut werden muß, sind die optischen Eigenschaften der Fahrbahn von großem Einfluß. Trifft der LIDAR-Strahl auf eine geschlossene glatte Wasseroberfläche[8], wirkt sie wie ein Spiegel und das Signal wird nicht reflektiert. Der Sensor liefert keinen gültigen Entfernungswert zurück, sondern ein Fehlersignal.

Eine Preview-Strategie muß mit solch einer Situation so umgehen können, daß Preview bei mangelnder Straßeninformation ausgeschaltet wird und als sichere Rückfallebene das konventionell geregelte aktive Fahrwerk aktiviert bleibt.

Vorteile:

- + sehr genaue Bestimmung von longitudinaler Entfernung und Relativgeschwindigkeit
- + sehr genaue Bestimmung von lateraler und vertikaler Position des Meßpunktes
- + hohe Abtastrate durch dynamischen LIDAR-Scanner
- + bewährte Technik

Nachteile:

- – Sichtweiteneinschränkung bei Nebel
- – störanfällig bei Staub oder Regentropfen
- – Fahrbahnoberfläche beeinflußt Rückstreuung

Fazit: LIDAR-Sensoren bieten die Möglichkeit, Entfernungen genau mit hoher Reichweite zu messen und gleichzeitig die genaue laterale und vertikale Position der Messpunkte zu bestimmen. Wird ein LIDAR-Scanner verwendet, kann sogar ein dreidimensionales Profil abgetastet werden. Durch die Messung mit Lichtgeschwindigkeit ist mit LIDAR-Sensoren eine extrem schnelle Abtastung der Fahrbahn möglich. Dadurch sind LIDAR-Sensoren sehr gut als Preview-Sensoren geeignet.

Gleichwohl sind LIDAR-Sensoren abhängig von den optischen Bedingungen der Meßumgebung. Deshalb sind für schlechte Wetterverhältnisse intelligente Signalauswertealgorithmen erforderlich, um eine hohe Signalgüte zu gewährleisten. Unter normalen Wetterbedingungen besteht jedoch keinerlei Beeinträchtigung der Leistungsfähigkeit, so daß mit einer hohen Verfügbarkeit der LIDAR-Signale zu rechnen ist.

[8] z.B. eine Pfütze

2.2.6. Bewertung und Auswahl des Preview-Meßprinzips

Welches Meßprinzip erfüllt die in Abschnitt 2.1 beschriebenen Anforderungen an einen Preview-Sensor am besten? Tabelle 2.1 zeigt als Übersicht die Bewertung der zuvor in Abschnitt 2.2 vorgestellten Sensorklassen mit unterschiedlichen Meßprinzipien. Die Bewertung erfolgt anhand von Noten von ++ bis – –. Erhält ein Sensorsystem in einem Kriterium die Note – –, so ist es als Preview-Sensor ungeeignet.

	Ultraschall	**Video**	**PMD**	**RADAR**	**LIDAR**
Vorausschauweite > 15 m	– –	++	o	++	++
Entfernungsmeß-genauigkeit < 2 mm	– –	– –	–	– –	++
Winkelgenauigkeit	– –	+	o	– –	++
Abtastrate	– –	+	o	+	++

Kriterium ++: sehr gut erfüllt, +: gut erfüllt, o: erfüllt, –: bedingt erfüllt, – –: nicht erfüllt

Tab. 2.1.: Vergleich Sensorsysteme

Ultraschallsensoren sind in ihrer Meßgeschwindigkeit durch die Laufzeit von Schall im Medium Luft begrenzt und daher im Vergleich zu elektromagnetischen Wellen langsam. Bei Luftverwirbelungen, wie sie beispielsweise bei höheren Fahrzeuggeschwindigkeiten auftreten, wird die Schallausbreitung gestört und damit das Meßergebnis verfälscht.

Meßreichweiten von einigen Metern werden durch niedrige Ultraschallfrequenzen erzielt. Diese führen aber zu einem breiten Schallkegel mit einer für Preview ungenügenden Winkelgenauigkeit der Messung. Aufgrund dieser physikalischen Grenzen sind Ultraschallsensoren als Sensoren für ein aktives Fahrwerk mit Vorausschau ungeeignet.

Kamerasysteme messen die Helligkeit der Rückstrahlung von Objekten in ihrer Umgebung. Durch zwei Kameras in ausreichendem Abstand (stereo) ist prinzipiell die Rekonstruktion eines dreidimensionalen Entfernungsbildes möglich. Für eine Rekonstruktion der Straßenhöhe im Millimeterbereich sind jedoch die Grauwertunterschiede realer Straßen nicht immer groß genug, sodaß keine ausreichend genaue und robuste Messung des Straßenhöhenprofils für Preview realisiert werden kann.

Photo-Misch-Detektoren erlauben im Gegensatz zu Videokameras auch die direkte Messung eines Entfernungsbildes mit jedem Pixel des Sensors durch Pulslaufzeitmessung. Durch die Verwendung von Infrarotlicht ist bei guten Sichtverhältnissen und ausreichender Rückstreuung des Meßobjektes eine genaue und schnelle Entfernungsmessung möglich. Im Moment liegt die Genauigkeit der Entfernungsmessung von PMD-Sensoren noch im Zentimeterbereich. Die Pixelzahl ist für eine für Preview ausreichende Winkelgenauigkeit bei gleichzeitig großer Reichweite bei derzeitigen Sensoren noch zu gering. Das PMD-Meßprinzip ist aber grundsätzlich als Preview-Sensor geeignet.

RADAR-Sensoren, insbesondere Nachbereichs-Radars (Short Range Radar) sind in der Lage, longitudinale Entfernungen mit einer Genauigkeit von wenigen Zentimetern zu messen. Damit liegen sie jedoch noch eine Größenordnung über der für Preview erforderlichen Entfernungsmeßgenauigkeit. Zusätzlich erlaubt die prinzipbedingte Aufweitung des Radarstahls („Radarfächer“) keine, für ein aktives Fahrwerk mit Vorausschau ausreichende, Bestimmung des Meßwinkels und damit der Objektposition.

LIDAR-Sensoren ermöglichen durch die Pulslaufzeitmessung eine schnelle Messung von Entfernungen mit hohen Abtastraten. Laserstrahlen können sehr gut fokussiert werden und erlauben somit eine Messung mit hoher Winkelgenauigkeit. Durch das Meßprinzip sind Entfernungsmessungen im Millimeterbereich möglich, wie sie für ein Fahrwerk mit Preview erforderlich sind.

Fazit: Die Summe der Eigenschaften macht LIDAR-Sensoren im Moment zum System der Wahl als Preview-Sensorik zur Messung des Straßenhöhenprofils in einem aktiven Fahrwerk mit Vorausschau. Deshalb soll im folgenden ein Meßkonzept für ein aktives Fahrwerk mit Preview mit LIDAR-Sensoren zur Straßenmessung entwickelt und umgesetzt werden.

Mit der fortschreitenden Entwicklung auf dem Gebiet der PMD-Sensorik wird dieser Sensortyp zur immer interessanter werdenden Alternative zur LIDAR-Sensorik. Im Gegensatz zu LIDAR-Sensoren bieten PMD-Sensoren einen größeren Meßbereich. Im Augenblick ist die Auflösung und Genauigkeit von PMD-Sensoren aber noch nicht ausreichend.

2.3. Auswahl des Preview-Sensors

Wie im vorhergehenden Abschnitt gezeigt wurde, ist Sensorik, die auf dem LIDAR-Meßprinzip beruht, für ein aktives Fahrwerk mit Preview am besten geeignet. Es existieren jedoch eine Vielzahl von LIDAR-Sensoren unterschiedlicher Ausprägung und Leistungsfähigkeit.

Bei LIDAR-Sensoren wird zwischen statischen und dynamischen Sensoren unterschieden. Statische Sensoren besitzen eine oder mehrere fest angeordnete Laserdioden und Empfänger. Bei dynamischen Sensoren lenkt ein rotierender Spiegel die Laserstrahlen in unterschiedlichem Winkel ab und ermöglicht somit ein serielles Abtasten des Meßbereichs, im weiteren „Scannen“ genannt.

Auf dem Markt befindliche LIDAR-Scanner besitzen bis zu sechs Scanebenen. Je nach System kann das Abtasten mehrerer Scanebenen seriell, also eine Ebene pro Umdrehung, oder parallel, d.h. alle Ebenen mit einer Umdrehung, erfolgen.

Im folgenden werden vier LIDAR-Sensorsysteme untersucht, die sich zum Zeitpunkt der Erstellung der Arbeit in Serie befanden und von der Funktion her einen Einsatz im Fahrzeug zulassen. Tabelle A.1 zeigt als Übersicht die technischen Daten der vier Sensor-Systeme.

2.3.1. Hella IDIS

Der Automobilzulieferer Hella KGaA Hueck & Co vertreibt als Alternative zum RADAR bei Abstandsregel-Tempomat-Systemen das sogenannte IDIS-System[9] (siehe Abb. 2.17). Der LIDAR-Sensor arbeitet nach dem Mehrstrahlkonzept. Dafür sind 12 oder 16 Laserdioden [Hel06], [LW06] seriell angeordnet, wie in Abbildung 2.17 gezeigt.

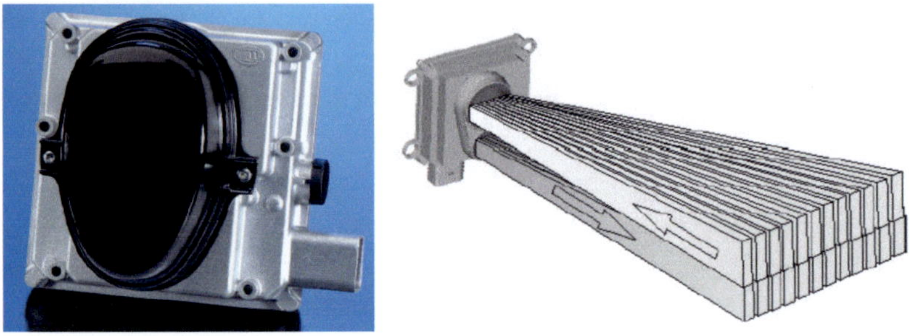

Abb. 2.17.: Hella IDIS (Quelle: Hella KGaA)

IDIS bestimmt die Entfernung durch das Pulslaufzeitprinzip. Der Strahl einer jeden Laserdiode beschreibt ein Rechteck mit einer vertikalen Aufweitung von 3° und einer horizontalen Aufweitung von 1°. Je nach Anzahl der Laserdioden ergibt sich damit ein horizontaler Öffnungswinkel von 12° oder 16°. Die Strahlen werden optisch durch die gleiche Linse abgelenkt. Unterhalb der Laserdioden befindet sich die gleiche Anzahl an Photodioden zum Empfang der ausgesendeten Laserpulse.

Das System ist seit 2006 in Serie als Sensor für Abstandsregeltempomaten. Für diesen Einsatz wird IDIS so eingebaut, daß die Scanebene in einer horizontalen Ebene zur Straße liegt. Laut Herstellerangaben liegt die Auflösung bei 0.1 m und die Genauigkeit bei 1 %.

Fazit: Der Hella IDIS ist als Längsführungssystem mit einem schmalen Öffnungswinkel konzipiert. Dieser erlaubt aber nur die Abtastung eines kleinen Strassenabschnitts, so daß nur ein lückenhaftes Straßenprofil für Preview zur Verfügung gestellt werden kann. Der Zustand verschlechtert sich mit zunehmender Bewegung des Aufbaus. Durch Änderung des Horizonts kann es zu großen Lücken im Straßensignal kommen. Deshalb scheidet der Hella-Sensor für einen Einsatz als Vorausschau-Sensor aus.

[9] **I**nfrared **Dis**tance Measurement System

Abb. 2.18.: DENSO LIDAR-Scanner (Quelle: DENSO GmbH)

2.3.2. Denso LIDAR

Der japanische Zulieferer DENSO ist mit seinem LIDAR-Scanner auf dem japanischen Markt seit 1996 in Serie (siehe Abb. 2.18). Der Sensor wurde zur Realisierung von Assistenzsystemfunktionen mit Längs- und Querführungsfunktion konzipiert. Der DENSO-Scanner besitzt sechs Scanebenen und einen Öffnungswinkel von 36° in horizontaler und 8° in vertikaler Richtung. Der strichförmige Laserstrahl wird von einer rotierenden Polygon-Spiegelwalze abgelenkt. Pro Spiegelumdrehung wird eine Ebene abgescannt. Für die Erfassung aller sechs Ebenen sind also sechs Spiegelumdrehungen erforderlich, so daß die Erfassung aller sechs Ebenen mit einer Frequenz von 10 Hz erfolgt. Die Winkelauflösung in horizontaler Richtung beträgt $0,1°$. Die Genauigkeit wird vom Hersteller mit 0.5 m angegeben.

Fazit: Der DENSO-Laserscanner besticht durch seine hohe Winkelauflösung von $0,1°$ und den vertikalen Scanwinkel von 8°, aufgeteilt in sechs Scanebenen. Leider ist die Genauigkeit von 0,5 m in Zusammenhang mit der Scanfrequenz von 10 Hz für den Einsatz in einem aktiven vorausschauenden Fahrwerk inakzeptabel.

2.3.3. IBEO Alasca

Der zur SICK AG gehörende Sensorhersteller IBEO bietet LIDAR-Scanner in Kleinserie als Evaluierungs- und Prototypensysteme für die Automobilindustrie an. Das Entwicklungssystem IBEO Alasca (siehe Abb. 2.19) ist als Testsystem für die Entwicklung neuer Assistenzsystemfunktionen im Fahrzeug konzipiert.

Der IBEO-Alasca besitzt vier Scanebenen und einen Öffnungswinkel von 240° in horizontaler und $3,2°$ in vertikaler Richtung. Die Winkelauflösung kann auf $1°$, $0,5°$ oder $0,25°$ eingestellt werden. Zur Erfassung eines Scans aller vier Ebenen werden damit jeweils ein, zwei oder vier Spiegelumdrehungen benötigt. Die Scanfrequenz liegt je nach Winkelauflösung bei 40, 25 oder 10 Hz. Die Genauigkeit wird vom Hersteller mit $\pm$ 0,05 m angegeben. Die realisierbare Auflösung liegt bei 0,01 m.

Abb. 2.19.: IBEO Alasca (Quelle: IBEO)

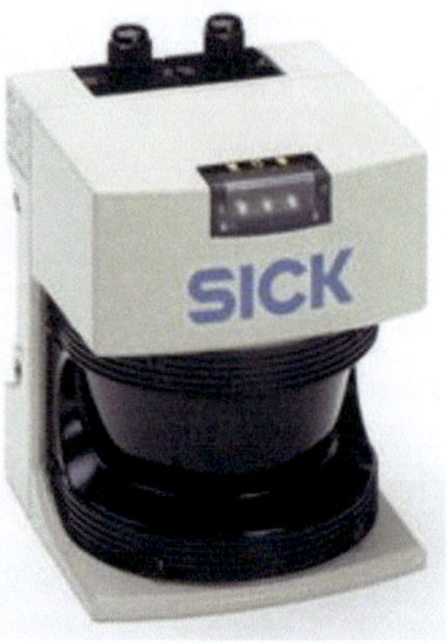

Abb. 2.20.: SICK LMS291 (Quelle: SICK AG)

Fazit: Der IBEO Alasca weist einen großen horizontalen Öffnungswinkel von 240° auf. Die Genauigkeit von ± 0,05 m laut Herstellerangabe liegt eher in einer für Preview brauchbaren Größenordnung. Die Scanfrequenz von 10/25/40 Hz bei einer Winkelauflösung von $0.25/0.5/1°$ ist jedoch für den Einsatz als Preview-Sensor zu langsam. Besonders bei höheren Geschwindigkeiten führt das zu Lücken im Straßensignal und ermöglicht keine kontinuierliche Rekonstruktion des Straßenprofils.

2.3.4. SICK LMS291

Die SICK AG ist Weltmarktführer auf dem Gebiet industrieller Laser-Sensoren und stellt eine große Bandbreite unterschiedlicher LIDAR-Sensoren her. Das hier ausgewählte Modell LMS291 ist in einer Vielzahl von Anwendungen im Einsatz, so z.B. auf den Mautbrücken deutscher Autobahnen zur Erfassung der Fahrzeuggröße.

Der LMS291 besitzt eine Scanebene mit einem Öffnungswinkel von 90° in horizontaler Richtung und einer Winkelauflösung von $0,5°$. Die Ablenkung des gepulsten Laserstrahls erfolgt durch einen mit 75 Hz rotierenden Spiegel. Die Aufweitung eines jeden Meßstrahls beträgt ca. $0,23°$ [10]. Laut Hersteller liegt die Genauigkeit bei ± 0,03 m und die Auflösung bei 0,001 m. Die Scanfrequenz beträgt 75 Hz.

Fazit: Der LMS291 von SICK bietet die Spitzenwerte für Genauigkeit und Schnelligkeit im Vergleich. Die Scanfrequenz bei vergleichbarer Winkelauflösung wird von keinem anderen Gerät auch nur annähernd erreicht. Zusätzlich weist der LMS291 eine sehr geringe Strahlaufwei-

[10] bestimmt aus eigenen Messungen

tung in horizontaler und vertikaler Richtung auf, so daß eine genaue Bestimmung des Ortes des Meßpunktes möglich ist. Als Nachteil sind sicherlich Größe und Gewicht des Sensors zu sehen, da der Sensor ursprünglich für industrielle Anwendungen konzipiert wurde.

2.3.5. Bewertung und Auswahl des Preview-Sensors

Der SICK LMS291 erfüllt die Anforderungen an einen Preview-Sensor am besten. Er weist die höchste Genauigkeit und schnellste Abtastung auf. Er wird deshalb im Versuchsfahrzeug als Preview-Sensor verwendet werden.

Die LIDAR-Sensoren von Hella, DENSO und IBEO sind als Preview-Sensoren ungeeignet, da sie nicht die erforderliche Genauigkeit, Schnelligkeit oder einen ausreichend großen Meßbereich bieten.

Tabelle 2.2 zeigt die gegenüberstellende Bewertung der vier LIDAR-Sensoren. Erhält ein LIDAR-Sensor in einem Kriterium die Note – –, so ist er als Preview-Sensor ungeeignet.

	Hella IDIS	**Denso**	**IBEO Alaska**	**SICK LMS291**
Meßgenauigkeit:	–	– –	+	++
Meßbereich:	– –	o	++	+
Abtastrate:	+	– –	– –	++
Abtastdichte:	o	++	+	+
Abmessungen und Gewicht:	++	++	o	–

Kriterium ++: sehr gut erfüllt, +: gut erfüllt, o: erfüllt, –: bedingt erfüllt, – –: nicht erfüllt

Tab. 2.2.: Bewertung der LIDAR-Sensoren

2.4. Einbauposition der LIDAR-Sensoren

Wie werden die LIDAR-Sensoren am besten ins Fahrzeug integriert?

Zum einen ist es für das LIDAR-Meßprinzip am vorteilhaftesten, wenn der Meßstrahl möglichst senkrecht in möglichst geringer Entfernung auf das Zielobjekt „Fahrbahn“ auftrifft. Dies bietet die besten Voraussetzungen, sicher und genau das rückgestreute Echo eines jeden Laserpulses zu detektieren.

Zum anderen müssen die Preview-Sensoren aus der Sicht des Fahrzeugherstellers gut in das Fahrzeug integriert werden können. Die Sensorsilhouette muß also innerhalb der Karosseriehüllfläche liegen und sich harmonisch in das Fahrzeugdesign einfügen.

2.4.1. Vertikale und longitudinale Einbauposition

Sollen beide Forderungen vereinigt werden, bieten sich zwei Einbauorte für den LIDAR-Scanner an: Auf Dachhöhe hinter der Windschutzscheibe oder in Scheinwerferhöhe im Fahrzeugfrontbereich (siehe Abbildung 2.21).

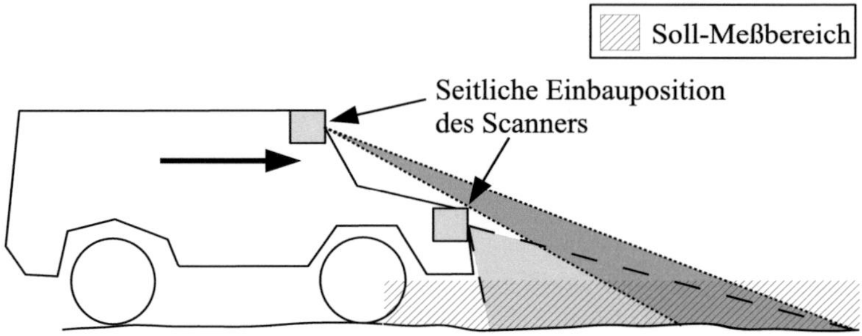

Abb. 2.21.: Mögliche Einbaupositionen des LIDAR-Scanners

Die Einbauposition im Dachbereich weist den Vorteil auf, daß der Laserstrahl steiler auf der Fahrbahn auftrifft. Damit ist auch unter ungünstigen Rückstreuverhältnissen eine sichere Detektion gewährleistet. Zusätzlich weitet sich der Meßfleck durch das steilere Auftreffen der Laserstrahls weniger auf der Straße auf als bei der Einbauposition in Schweinwerferhöhe. Allerdings ergibt sich durch Länge und Höhe der Motorhaube eine Schattenzone vor dem Fahrzeug, in dem keine Straße detektiert werden kann. Je nach Fahrzeugtyp beträgt diese bis zu mehreren Metern.

Ist der Sensor hingegen vorne in Scheinwerferhöhe montiert, so kann die Straße fast direkt ab Stoßfängerende gemessen werden. Erkauft wird das durch die im Vergleich zur Einbauposition in Dachhöhe niedrigere Sensorposition verbunden mit einem schrägeren Auftreffen der Laserstrahlen auf der Fahrbahn (siehe Abb. 2.21). Schrägeres Auftreffen führt zu einer Aufweitung des Meßflecks auf der Fahrbahn und damit verbunden zu einer unsicheren Lokalisierung des genauen Meßortes.

Manche LIDAR-Sensoren für Assistenzsysteme sind tief unten in der vorderen Frontschürze unterhalb der Stoßstange eingebaut. Da Assistenzsysteme jedoch in der Regel senkrecht vor dem Fahrzeug befindliche Objekte, wie z.B. vorausfahrende Fahrzeuge, detektieren, spielt die Höhe der Einbauposition eine untergeordnete Rolle - es kommt zu keiner Beeinträchtigung der Funktion. Da ein (weit) vorausschauender Sensor für Preview allerdings schräg auf die Fahrbahn schaut, wird es schon in geringer Entfernung zum Fahrzeug zu einem quasi-waagerechten Auftreffen der Laserstrahlen auf der Fahrbahn kommen. Da in einem solchen Winkel keine ausreichende Rückstreuung zu erwarten ist, wird das die Straßenvermessung unmöglich machen.

Zusätzlich gewinnt bei niedriger Einbauposition die Schattenproblematik an Gewicht. Gleich dem für den Menschen sichtbaren Licht kann der LIDAR-Sensor nur Bereiche der Fahrbahn erfassen, an die der Laserstrahl gelangt, d.h. nicht von einem anderen, näheren Teil der Fahrbahn verdeckt wird. Abbildung 2.22 zeigt diesen Effekt exemplarisch für ein Fahrbahnhindernis. Der

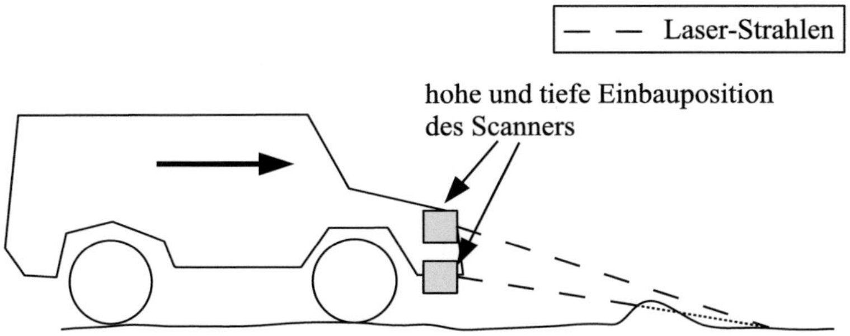

Abb. 2.22.: Abschattung abhängig von der Einbauposition des Sensors

höher eingebaute Scanner ist in der Lage, die Straße hinter der Erhöhung abzutasten. Beim tief eingebauten Sensor tritt bereits Abschattung auf.

Fazit: Insgesamt gesehen wiegt der Nachteil eines flacheren Scanwinkels bei einer Einbauposition in Scheinwerferhöhe jedoch geringer als der Verlust mehrerer Meter Meßlänge direkt vor dem Fahrzeug bei Dacheinbau. Deshalb ist für Preview der Einbau des LIDAR-Sensors in Scheinwerferhöhe am vorteilhaftesten.

2.4.2. Horizontale Einbauposition und Einbauwinkel

Als nächstes soll eine horizontale Einbauposition und der Einbauwinkel des/der Sensors/Sensoren diskutiert werden. Bei der Verwendung eines LIDAR-Sensors in horizontaler Einbauposition sieht der Meßbereich wie in Abb. 2.23 skizziert aus.

Der LIDAR-Sensor tastet die Fahrbahn fächerförmig Punkt für Punkt in Querrichtung ab. In einem Scan werden alle möglichen Fahrspuren der linken und rechten Räder erfaßt. Jedoch wird in Längsrichtung pro Scan nur ein Punkt jeder Fahrspur gemessen. Abhängig von der Fahrgeschwindigkeit verändert sich daher die Abtastdichte der Meßpunkte in Längsrichtung, wie schon in Abb. 2.9 gezeigt. Bei einer Fahrgeschwindigkeit von 50 km/h und einer Scanfrequenz von 75 Hz haben die Meßpunkte zwischen zwei Scans in Längsrichtung bereits einen Abstand von 0.19 m, bei 100 km/h bereits von 0.37 m[11] (siehe Abb. 2.24).

Wie in den Anforderungen in Abschnitt 2.1 gezeigt, ist aber eine Abtastdichte von 2 cm erforderlich. Damit ist eine horizontale Einbauposition des Preview-Sensors nicht geeignet.

Zusätzlich kommt hinzu, daß sich je nach Aufbaubewegung und Welligkeit der Straße bei einer horizontalen Einbauposition des LIDAR-Sensors der Abstand der Meßpunkte in Längsrichtung beträchtlich ändert. Das kann im Extremfall sogar zu einem völligen Verlust des Blick-

[11] Die Werte ergeben sich unter der Voraussetzung, daß das Fahrzeug auf ebener Straße fährt und sich der Aufbau in Ruhe befindet.

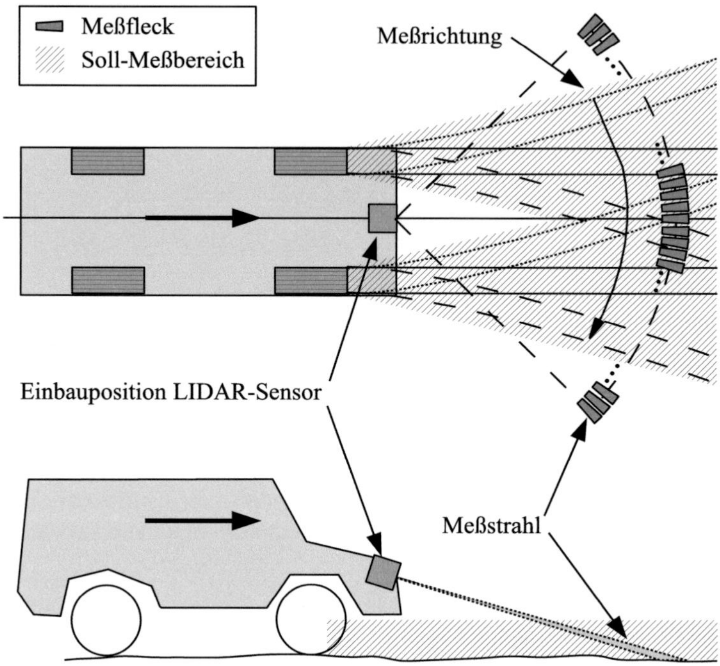

Abb. 2.23.: Horizontale Einbauposition des LIDAR-Sensors

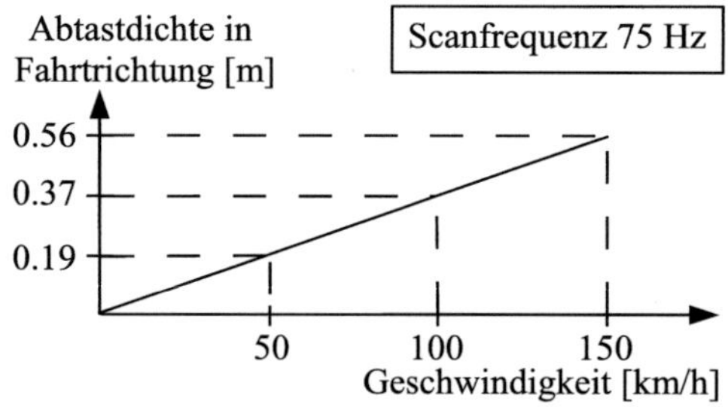

Abb. 2.24.: Längsabstand der Meßpunkte über der Fahrgeschwindigkeit bei horizontalem Einbau des Scanners (Scanfrequenz von 75 Hz)

winkels auf die Fahrbahn führen. Entweder der Sensor mißt „in den Himmel“ oder nur in einem solch kurzen Abstand vor dem Fahrzeug auf der Fahrbahn, daß keine angemessene Preview-Aktion/Reaktion mehr möglich ist.

Der DENSO- oder der IBEO-Scanner besitzen zwar in horizontaler Einbauposition sechs bzw. vier Ebenen, also mehr Meßpunkte; das ist jedoch über der Zeit kein Vorteil, da die Systeme viel zu langsam sind. Da der vertikale Winkel zwischen den Ebenen ziemlich klein ist (siehe Tab. A.1), existiert trotzdem das Problem des „Horizontverlusts“ bei sich stark bewegendem Aufbau.

Diese Umstände legen den Einbau des Scanners in vertikaler Ausrichtung nahe. Das bedeutet, daß vor jedem Rad ein Scanner in Scheinwerferhöhe montiert wird, der jeweils in einem Scan die gesamte Fahrspur vor jedem Rad in Längsrichtung abscannt (siehe Abb. 2.25).

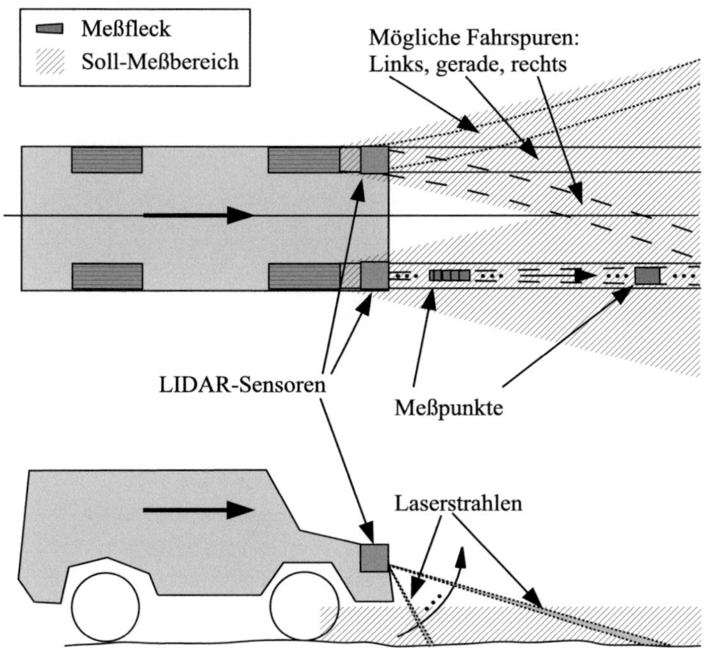

Abb. 2.25.: Vertikale Einbauposition zweier LIDAR-Sensoren

Dadurch ergibt sich mit jedem Scandurchlauf, also 75 Mal pro Sekunde ein (im Rahmen der Sensoreigenschaften) vollständiges Bild der Fahrspur vor jedem Rad und zwar vom ersten Meßpunkt auf der Fahrbahn direkt vor der Frontschürze bis zum am weitesten entfernten validen Meßpunkt auf der Straße.

Werden die technischen Spezifikationen der Sensoren aus Tabelle A.1 betrachtet, so zeigt sich, daß die Sensoren in Abtastrate und stationärer Genauigkeit noch nicht den Anforderungen an den Preview-Sensor aus Abschnitt 2.1 in voller Weise genügen.

Jedoch bietet die vertikale Einbauposition der Preview-Sensoren die Möglichkeit, die Signalgüte durch die statistische Auswertung mehrerer hintereinander folgender Scans mit sich überlappendem Meßabschnitt zu verbessern.

Daß eine solche Voraussetzung, nämlich die Überlappung nacheinander folgender Scans, gegeben ist, zeigt Abb. 3.9. Durch die Verwendung statistischer Verfahren kann eine Mittelung mehrerer Scans durchgeführt werden und so die Qualität des gemessenen Straßenprofils erhöht werden (siehe Kapitel 3).

Durch den festen Einbau der LIDAR-Sensoren in vertikaler Scanrichtung ergibt sich jedoch nur ein Bild der Straße in gerader Vorausschaurichtung. Fährt das Fahrzeug durch eine Kurve, so steht ab einem bestimmten Kurvenradius kein Preview-Signal mehr zur Verfügung. Dieser systemimmanenten Eigenheit kann beispielsweise durch schwenkbare LIDAR-Sensoren begegnet werden oder durch eine schwenkbare Spiegelmechanik, analog zu schwenkbaren Scheinwerfern beim Kurvenlicht.

Für den Anwendungsfall im Rahmen der vorliegenden Arbeit soll jedoch aufgrund des damit verbundenen zusätzlichen Aufwands auf diese Möglichkeit verzichtet werden. Deshalb werden zwei LIDAR-Sensoren mit vertikaler Scanrichtung vor jedem Vorderrad auf Scheinwerferhöhe, wie in Abb. 2.25 gezeigt, eingebaut.

Fazit: Für die Messung des Straßenhöhenprofils vor den Rädern sind am besten zwei LIDAR-Scanner mit vertikaler Scanrichtung geeignet, die jeweils in Höhe und Position der Scheinwerfer über jedem Rad eingebaut sind. Das ist bei der momentan verfügbaren Sensorik das einzige Meßkonzept, das eine ausreichend genaue und dichte Abtastung der Straße erlaubt.

Erkauft wird dies mit einer eingeschränkten Vorausschauweite bei Kurvenfahrt. Zukünftige Umfeldsensoren werden jedoch eine schnellere Abtastung bei höherer Genauigkeit und vergrößertem Meßbereich ermöglichen. Damit wird der Einsatz noch leistungsfähigerer Preview-Algorithmen möglich und der Einsatzbereich von Preview kann zusätzlich erweitert werden.

In Kapitel 2 wurden verschiedene Sensorprinzipien hinsichtlich ihrer Eignung als Sensor für ein vorausschauendes Fahrwerk untersucht und bewertet. Anschließend wurde ein geeigneter Sensor ausgewählt und ein neues Sensorkonzept zum Fahrzeugeinbau entwickelt. Die durch das neue Sensorkonzept gemessenen Rohdaten sind jedoch für eine direkte Verwendung als Straßenhöhenprofil zu ungenau und müssen aufbereitet werden. Ein solcher Algorithmus wird im folgenden Kapitel 3 abgeleitet.

3. Neuer Algorithmus zur Generierung des Straßenhöhenprofils

Wie entsteht aus den Rohdaten der im vorhergehenden Kapitel 2 ausgewählten Preview-Sensoren ein für ein aktives Fahrwerk mit Look-Ahead-Preview verwendbares Straßensignal?

Der Lösung dieser Fragestellung kommt eine zentrale Rolle bei der Realisierung von Preview im Fahrzeug zu. So bestimmt die Güte des Straßensignals entscheidend die Art und Qualität des Preview-Algorithmus.

Im folgenden wird deshalb erstmals ein fahrzeugtauglicher Algorithmus zur Generierung des Straßenhöhenprofils beschrieben.

3.1. Eigenschaften der LIDAR-Sensorik

3.1.1. Entfernungsmessung nach dem Pulslaufzeitprinzip

Die ausgewählten Laserscanner arbeiten mit gepulstem Infrarotlicht und verwenden zur Entfernungsmessung das Pulslaufzeitprinzip.

Dabei sendet eine Laserdiode zum Zeitpunkt t_{start} einen nur wenige Nanosekunden langen, gebündelten Lichtpuls aus. Dieser wird über einen drehbaren Spiegel abgelenkt und verlässt das Sensorgehäuse.

Trifft der Laserpuls ein Hindernis mit ausreichender Remission, so wird ein Teil der Energie reflektiert und in Richtung des Sensors zurückgestreut. Erreicht die rückgestreute Energiemenge den Sensor, so wird sie von einer Photodiode detektiert und der Laufzeitzähler bei Erreichen oder Überschreiten einer Remissions-Energie-Schwelle zum Zeitpunkt t_{stopp} gestoppt. Aus dem Produkt der Laufzeit und der Ausbreitungsgeschwindigkeit des Lichts c läßt sich so die Entfernung zwischen Sensor und Ziel d_{Lid} berechnen:

$$d_{Lid} = c \cdot \frac{(t_{start} - t_{stopp})}{2} \tag{3.1}$$

3.1.2. Geometrische Beziehungen LIDAR

Abhängig von der Spiegelstellung der Laserscanner und der relativen Lage und Orientierung der Sensoren zur Straße lassen sich aus den Roh-Entfernungswerten der Sensoren in Polarkoordinaten die Höhe und Entfernung der LIDAR-Meßpunkte in kartesischen Koordinaten berechnen. Dabei gelten die in Abb. 3.1 skizzierten geometrischen Beziehungen:

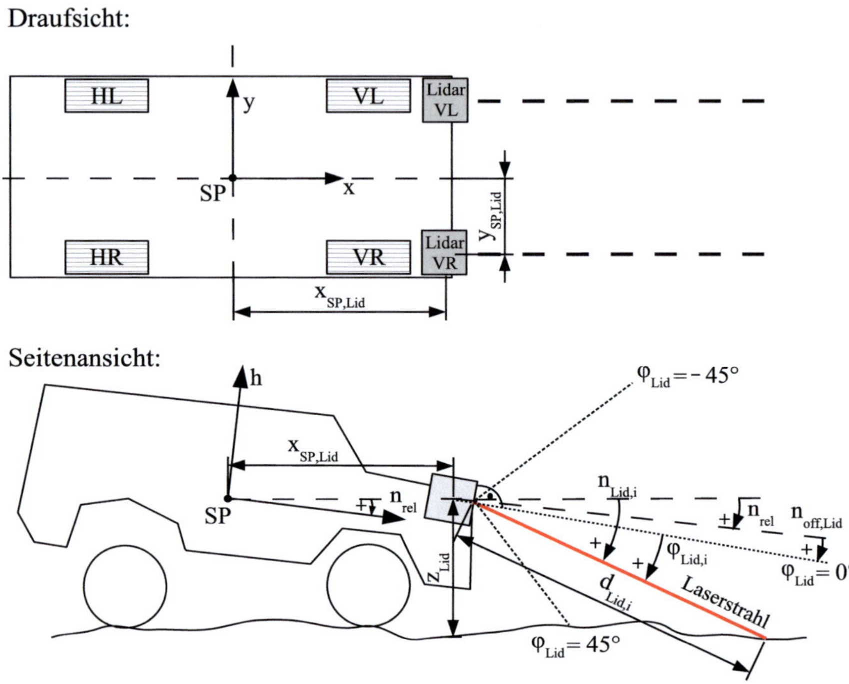

Abb. 3.1.: Geometrische Beziehungen LIDAR

Bei jeder Umdrehung liefert der Laserscanner für i Meßpunkte fächerförmig die Entfernungsmeßwerte $d_{Lid,i}$ über den Meßwinkelbereich $\varphi_{Lid,i}$ in Polarkoordinaten. Die Neigung des LIDAR-Strahls relativ zur Straße $n_{Lid,i}$ setzt sich zusammen aus dem Nickwinkel-Offset des LIDAR-Sensors in Einbaulage $n_{off,Lid}$, dem relativen Nickwinkel zwischen Aufbau und Rädern n_{rel} und dem Winkel des aktuellen LIDAR-Meßstrahls relativ zum Sensorgehäuse $\varphi_{Lid,i}$:

$$n_{Lid,i} = n_{off,Lid} + n_{rel} + \varphi_{Lid,i} \tag{3.2}$$

Der Nickwinkel n_{rel} ist positiv, wenn das Fahrzeug z.B. beim Bremsen eintaucht. Der Winkelmeßbereich des Sensors $\varphi_{Lid,i}$ beträgt 90° mit einem Winkelinkrement von $0,5°$ zwischen den einzelnen Meßpunkten. Der erste Meßpunkt eines Scans liegt von der Horizontalen zur Straße ungefähr 45° nach unten gedreht.

Durch trigonometrische Beziehungen lassen sich aus der Höhe des Sensors z_{Lid} und der Neigung des Laserstrahls $n_{Lid,i}$ die absolute vertikale Straßenhöhe $z_{Str,i}$ und die Entfernung eines Meßpunkts i zum Sensor in Längsrichtung $x_{Str,i}$ berechnen:

$$x_{Str,i} = d_{Lid,i} \cdot \cos\left(n_{Lid,i}\right) = d_{Lid,i} \cdot \cos\left(n_{off,Lid} + n_{rel} + \varphi_{Lid,i}\right) \tag{3.3}$$

$$\begin{aligned} z_{Str,i} &= z_{Lid} - d_{Lid,i} \cdot \sin\left(n_{Lid,i}\right) \\ &= z_{Lid} - d_{Lid,i} \cdot \sin\left(n_{off,Lid} + n_{rel} + \varphi_{Lid,i}\right) \end{aligned} \tag{3.4}$$

Der vertikale Abstand zwischen Sensor und Fahrbahn z_{Lid} setzt sich aus dem vertikalen Offset in Einbaulage $z_{off,Lid}$ und der Höhenänderung des Sensors resultierend aus der Relativbewegung zwischen Aufbau und Rädern in den Freiheitsgraden Huben[1] z_{rel}, Nicken[2] n_{rel} und Wanken[3] w_{rel} zusammen:

$$z_{Lid} = z_{off,Lid} + z_{rel} - x_{Sp,Lid} \cdot \sin\left(n_{rel}\right) + y_{Sp,Lid} \cdot \sin\left(w_{rel}\right) \tag{3.5}$$

Die Hebelarme $x_{Sp,Lid}$ und $y_{Sp,Lid}$ (siehe Abb. 3.1) beschreiben den Abstand zwischen Fahrzeugschwerpunkt und LIDAR-Sensor in Längs- und in Querrichtung des Fahrzeugs. Wird Gleichung (3.5) in Gleichung (3.4) eingesetzt, folgt für den Höhenwert des Straßenprofils $z_{Str,i}$:

$$\begin{aligned} z_{Str,i} = &z_{off,Lid} + z_{rel} - x_{Sp,Lid} \cdot \sin\left(n_{rel}\right) + y_{Sp,Lid} \cdot \sin\left(w_{rel}\right) \\ &- d_{Lid,i} \cdot \sin\left(n_{off,Lid} + n_{rel} + \varphi_{Lid,i}\right) \end{aligned} \tag{3.6}$$

3.1.3. Parametersensitivitätsanalyse der LIDAR-Sensoren

Eine Aussage über die Robustheit des in Gleichung (3.3) und (3.6) vorgestellten Modells kann nur getroffen werden, wenn der Einfluß der einzelnen Parameter auf das Verhalten des Gesamtmodells bekannt ist. Erst der Kontext zwischen Genauigkeit und Sensitivität der Parameter zeigt Stärken und Schwächen des Modells auf und gibt Handlungsanweisungen für ein weiteres Vorgehen.

Zur Ermittlung der Auswirkung von Parameterschätzfehlern auf den berechneten Straßenhöhenwert z_{Str} wurde eine Parametersensitivitätsanalyse des LIDAR-Modells aus Gleichung (3.6) durchgeführt. Dabei wurden folgende Parameter um jeweils $\pm 10\%$ variiert:

- Aufbaurelativkoordinate Nicken n_{rel},
- Nickwinkeloffset beim Einbau $n_{off,Lid}$,
- Aufbaurelativkoordinate Huben z_{rel},

[1] Huben: Translatorische Aufbaubewegung in vertikaler Richtung.

[2] Nicken: Rotatorische Aufbaubewegung um die Fahrzeugquerachse im Fahrzeugschwerpunkt.

[3] Wanken: Rotatorische Aufbaubewegung um die Fahrzeuglängsachse im Fahrzeugschwerpunkt.

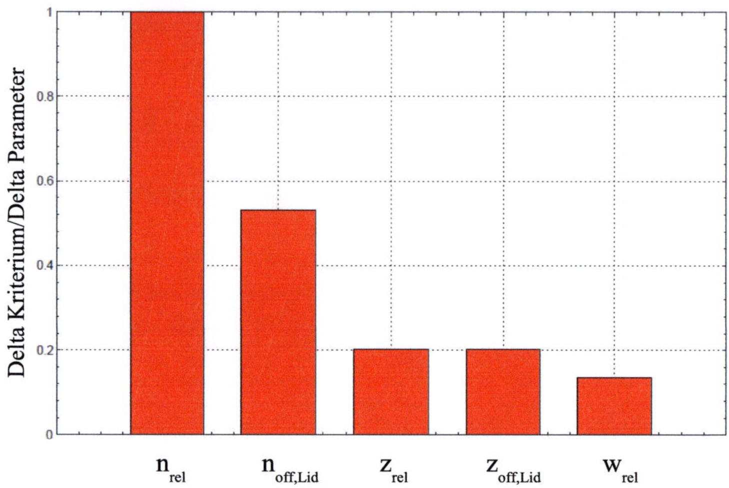

Abb. 3.2.: Parametersensitivität des vertikalen Straßenhöhenwerts z_{Str} bzgl. der Parameter aus Gl. (3.6) in normierter Darstellung.

- Huboffset beim Einbau $z_{off,Lid}$,
- Aufbaurelativkoordinate Wanken w_{rel},

Abbildung zeigt 3.2 die Auswirkungen der Änderung der einzelnen Parameter auf den resultierenden Straßenhöhenwert z_{Str} in Gl. (3.6) in normierter Form. Dabei zeigt sich, daß sich Fehler in der Aufbaurelativkoordinate Nicken n_{rel} am stärksten auf das Straßenhöhenprofil auswirken (siehe Abb. 3.2). Gleichzeitig sollte der Einbauoffset der Sensoren in Nickrichtung des Fahrzeugs $n_{off,Lid}$ genau bekannt sein. Im Verhältnis dazu haben Parameterschwankungen in der Hub- oder Wankkoordinate z_{rel} bzw. w_{rel} geringere Auswirkungen auf die Güte des Straßensignals.

Daher ist bei der Entwicklung des neuen Algorithmus zur Generierung des Straßenhöhenprofils besonders darauf zu achten, daß eine genaue Bestimmung des Nickwinkels n_{Lid} des Sensors gewährleistet ist. Nur so ist eine robuste Berechnung des Straßenhöhenprofils möglich.

3.1.4. Strahldivergenz der LIDAR-Sensoren

In den bisherigen Betrachtungen wurde der Laserstrahl eines Meßpunktes als infinitesimal dünn angenommen. Der reale Strahl der SICK LIDAR-Sensoren besitzt jedoch beim Verlassen des Scannergehäuses bereits einen Durchmesser von ca. 30 mm und weitet sich mit einer Strahldivergenz von $3{,}6 \cdot 10^{-3}$ rad/m auf (Quelle: Herstellerangaben der SICK AG). Der rechteckige

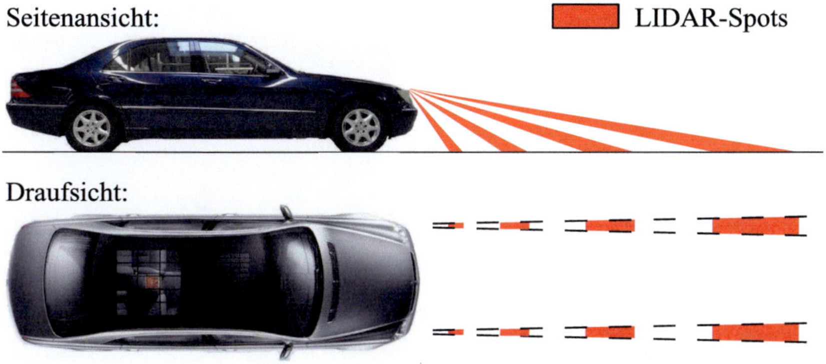

Abb. 3.3.: Form und Ausdehnung der LIDAR-Meßpunkte beim Auftreffen auf der Fahrbahn

Querschnitt des Laserstrahls führt beim Auftreffen auf der Fahrbahn zu einem trapezförmigen Meßfleck, wie schematisch in Abb. 3.3 gezeigt.

Um die tatsächliche Ausbreitung der Meßpunkte auf der Fahrbahn zu ermitteln, wurden Messungen mit den realen LIDAR-Sensoren im Fahrzeug durchgeführt und den Herstellerangaben gegenübergestellt (siehe Abb. 3.4). Dafür wurde das Versuchsfahrzeug mit eingebauten LIDAR-Sensoren auf ebenem Untergrund abgestellt und die Größe der Meßflecke der Laserstrahlen auf der Fahrbahn mit einem Meßgerät für Infrarotlicht vermessen.

Die grob gestrichelten Linien (in blauer Farbe) in Abb. 3.4 zeigen die Herstellerangaben (Quelle: Sick AG) für Fleckbreite und Flecklänge in Abhängigkeit von der Entfernung bei schrägem Auftreffen auf der Fahrbahn. Die durchgezogenen Linien (in roter Farbe) zeigen die durch Messungen ermittelte tatsächliche Fleckgröße.

Aufgrund der Überlappung aufeinanderfolgender Meßpunkte im Nahbereich konnten Flecklänge und Fleckbreite nur in eingeschränkten Entfernungsbereichen gemessen werden. Um dennoch eine Abschätzung über den gesamten Entfernungsbereich zu erhalten, wurden Regressionskurven innerhalb des Meßbereichs bestimmt und auf den gesamten Entfernungsbereich extrapoliert. In Abb. 3.4 sind zur Veranschaulichung jeweils die Approximationskurve für Minimal- und Maximalabschätzung der Fleckgröße (gestrichpunktete bzw. fein gestrichelte Linie) dargestellt.

Die Resultate zeigen, daß bei den verwendeten SICK-Sensoren von einer weitaus kleineren Ausdehnung der Meßpunkte als vom Hersteller angegeben auszugehen ist (Faktor 2-2,5).

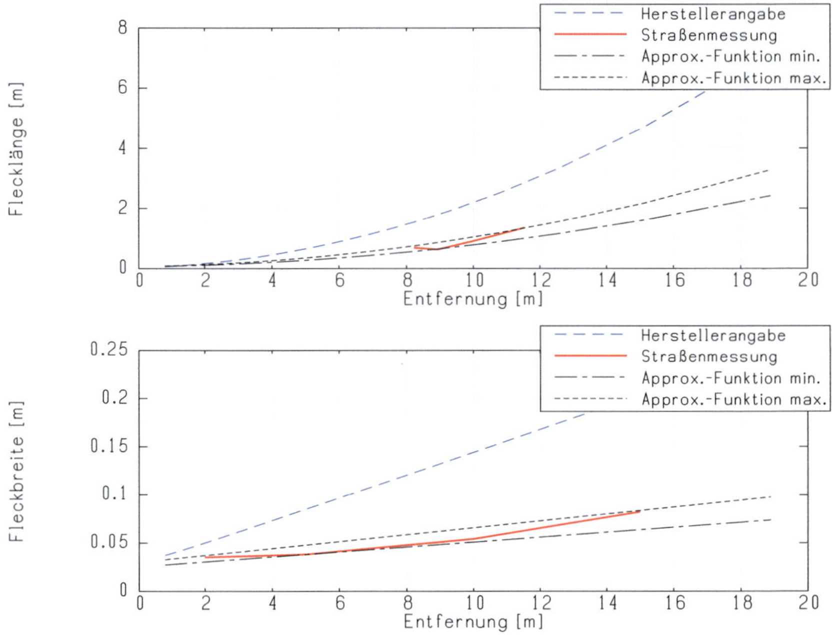

Abb. 3.4.: Fleckgröße der LIDAR-Meßpunkte über der Meßentfernung bei schrägem Auftreffen auf der Fahrbahn

Wahrscheinlichkeitsdichte der LIDAR-Meßpunkte

In den Gleichungen (3.3) und (3.4) wurde von einem infinitesimal kleinen Lasermeßpunkt ausgegangen. Jeder vom LIDAR-Sensor ausgegebene Entfernungswert $d_{Lid,i}$ liefert genau einen Höhenwert $z_{Str,i}$ in exakt der Entfernung $x_{Str,i}$. Die Ergebnisse aus Abschnitt 3.1.4 zeigen aber, daß in der Realität von einer flächigen Ausbreitung jedes Meßpunkts auszugehen ist.

Wie läßt sich ein diskreter Entfernungswert auf die flächige Ausbreitung des Meßflecks abbilden? Oder anders ausgedrückt: Mit welcher Wahrscheinlichkeit tritt ein Höhenwert an einer bestimmten Stelle des Meßflecks auf? Geeignete Ausdrucksformen dieser Wahrscheinlichkeitsdichte bietet die mathematische Wahrscheinlichkeitstheorie. Im folgenden soll von einer Normalverteilung der Höhenwerte ausgegangen werden. Die Wahrscheinlichkeitsdichte $\xi(x)$ der Meßpunkte soll durch eine stetige Verteilungsfunktion, nämlich durch die Normalverteilungsfunktion nach Gauß [4] approximiert werden:

[4] von Carl Friedrich Gauß 1794 gefundene Darstellung der Wahrscheinlichkeitsverteilung, die die Fehlerverteilung bei unendlich vielen Einzelmessungen einer Größe (Zufallsvariable) x angibt, wenn bei diesen, abgesehen von einem stets gleichen systematischen Fehler μ, nur zufällige Fehler ε auftreten.

$$\xi(x) = \frac{1}{\sigma\sqrt{2\pi}} \cdot \exp^{\left(-\frac{1}{2}\left(\frac{x-x_{ref}}{\sigma}\right)^2\right)} \tag{3.7}$$

Dabei ist x eine stetige Zufallsvariable, für die gelten muß: $\xi : \mathbb{R} \to \mathbb{R}$, $x \mapsto f(x)$ – in unserem Fall der horizontale Abstand zwischen Sensor und Ziel x_{Str}. x_{ref} ist der Erwartungswert und σ die Standardabweichung (oder Streuung). Je größer die Streuung σ ist, desto breiter und flacher fällt die Glockenkurve aus.

Basierend auf den Messungen der Fleckgröße (siehe Abb. 3.4) wird die Streuung $\sigma_{LIDAR,i}$ so als Funktion von $x_{Str,i}$ dargestellt, daß sie der ungefähren Länge eines Meßflecks entspricht: $x_{Str,i} \mapsto \sigma_{LIDAR,i}(x_{Str,i})$. Daraus resultiert folgender Ausdruck für die Wahrscheinlichkeitsdichte der LIDAR-Meßpunkte $\xi_{LIDAR,i}$ in Abhängigkeit von der horizontalen Entfernung $x_{Str,i}$ zum Sensor:

$$\xi_{LIDAR,i}(x) = \frac{1}{\sigma_{LIDAR,i}(x_{Str,i})\sqrt{2\pi}} \cdot \exp^{\left(-\frac{1}{2}\left(\frac{x-x_{ref,i}}{\sigma_{LIDAR,i}(x_{Str,i})}\right)^2\right)} \tag{3.8}$$

$x_{ref,i}$ beschreibt dabei das Zentrum der Verteilungsfunktion eines jeden Meßpunkts. Abbildung 3.5 zeigt exemplarisch die Wahrscheinlichkeitsdichte der Meßpunkte eines LIDAR-Scans bei Messung eines ebenen[5] Straßenprofils. Auf der Abszisse ist die Entfernung $x_{Str,i}$ zwischen Sensor und den Meßpunkten auf der Straße aufgetragen. Der obere Graph stellt über der Ordinate die diskreten Höhenwerte $z_{Str,i}$ des Straßenprofils dar. Im unteren Graph sind summarisch die korrespondierenden Wahrscheinlichkeitsdichteverteilungen $\xi_{LIDAR,i}$ der einzelnen Meßpunkte aufgetragen.

Aufgrund der Einbausituation des Laserscanners liegt der erste Meßpunkt eines Scans erst in einer Entfernung von 1,5 m vom Scanner vor[6]. Die Sensorrohdaten weisen einen Offset und einen Fehler in der Steigung der Straße auf.

Der Offset rührt aus Fehlern in der Bestimmung der absoluten vertikalen LIDAR-Sensorposition her. Der Regler für die Niveauregulierung des Fahrzeugs kennt als Information nur den Relativweg zwischen Rad und Aufbau, nicht aber den absoluten Abstand zwischen Aufbau und Straße. Die Abhängigkeit der Reifeneinfederung von Radlast und Reifenluftdruck wird nicht berücksichtigt und verhindert so eine exakte Einstellung des vertikalen Null-Niveaus des Fahrzeugs.

Darin liegt auch die Ursache für den Fehler in der Steigung der Straße. So suggerieren die Meßpunkte im oberen Bild von Abb. 3.5 eine positive Steigung der Straße von ungefähr $0,3°$, obwohl diese quasi-eben ist und keine Steigung besitzt. Durch die zuvor geschilderten Eigen-

[5] Das Fahrzeug befindet sich aus der Sicht eines menschlichen Betrachters auf einer vollständig ebenen Straße.

[6] Durch die Integration der Scanner in die Fahrzeugkarosserie werden nähere Meßpunkte durch den Stoßfänger verdeckt.

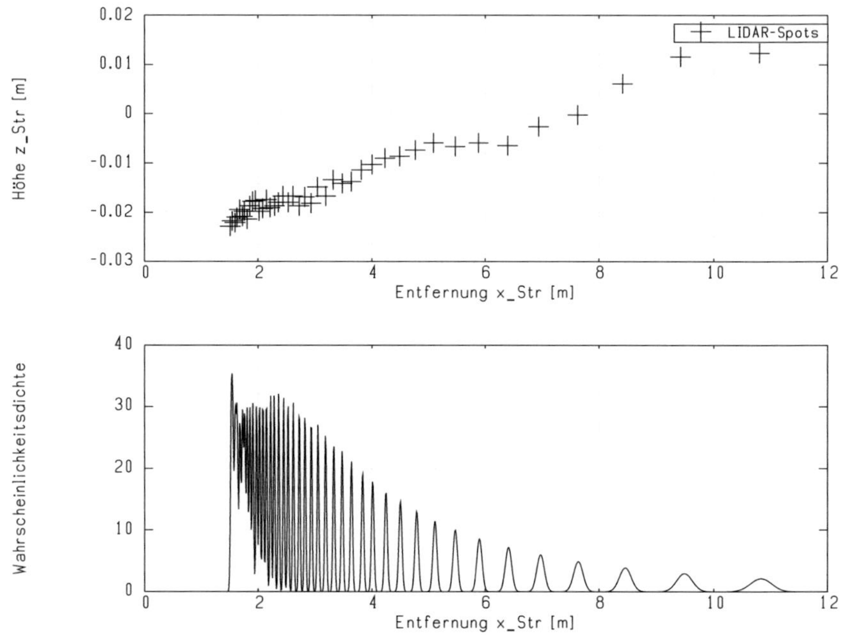

Abb. 3.5.: Summe der Wahrscheinlichkeitsdichtefunktionen eines LIDAR-Scans

schaften der Fahrzeugniveauregulierung ist es nicht möglich, das Fahrzeug vollständig horizontiert zur Straße auszurichten.

Die verbleibenden Anteile der Meßdaten, die nicht mit Offset und Steigung des Straßensignals in Zusammenhang stehen, resultieren aus tatsächlich vorhandenen Unebenheiten der quasi-ebenen Straße im Bereich von wenigen Millimetern. Jede lokale Erhebung in der im unteren Graph aufgetragenen summarischen Wahrscheinlichkeitsdichtefunktion stellt die Wahrscheinlichkeitsdichte $\xi_{LIDAR,i}$ eines Meßpunktes dar.

Wie aus Abb. 3.5 ersichtlich wird, steigt die Streuung $\sigma_{LIDAR,i}$, also die Breite der Meßflecke mit zunehmender Entfernung zum Sensor, und die Maxima der Wahrscheinlichkeitsdichtefunktionen der einzelnen Meßflecke werden niedriger. Die Fläche des Integrals unter der „Glockenkurve" eines jeden Meßpunkts ist jedoch gleich, da das Ereignis „diskreter valider Meßwert" für jeden Meßpunkt unabhängig von der Entfernung ist.

Im Nahbereich überlappen sich die einzelnen Meßpunkte. In größerer Entfernung (ca. ab 5 m) bestehen zwischen den Meßpunkten Abschnitte, in denen keine Information über die Straße vorliegt. Dort ist die Wahrscheinlichkeitsdichte Null.

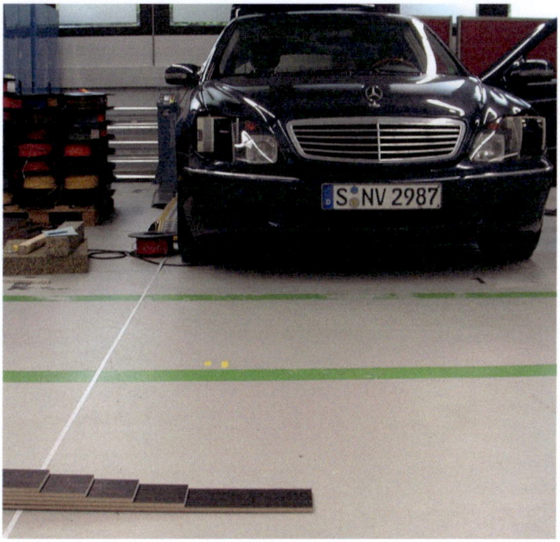

Abb. 3.6.: Versuch zur Ermittlung der LIDAR-Genauigkeit

3.1.5. Experimentelle Bestimmung der stationären Genauigkeit

Mit welcher Genauigkeit ist mit den ausgewählten LIDAR-Scannern eine Vermessung der Straße möglich?

Laut Herstellerangaben besitzen die verwendeten Laser-Scanner eine Meßgenauigkeit von +/- 30 mm bei einer Auflösung von 1 mm. Diese Angaben gelten bei senkrechtem Auftreffen des Laserstrahls auf ein Hindernis (siehe auch Tabelle A.1). Die erreichbare Genauigkeit der Sensoren erscheint auf den ersten Blick nicht ausreichend für den Einsatz als Preview-Sensor. Dabei handelt es sich jedoch um eine „worst case"-Annahme, die von allen Sensoren immer erfüllt werden muß.

Da sich die Einsatzbedingungen im Fahrzeug durch die schräge Messung der Fahrbahn von den Prüfbedingungen des Herstellers unterscheiden, soll die Genauigkeit der Sensoren anhand der im Fahrzeug eingebauten Sensoren durch Messungen ermittelt werden.

Dafür wurde ein Versuchsaufbau mit einem Holzplattenstapel definierter Höhe verwendet, wie in Abb. 3.6 gezeigt. Im oberen Teil des Bildes sind die im Versuchsfahrzeug eingebauten Laser-Scanner im Bereich der Frontscheinwerfer zu sehen. Das Fahrzeug steht auf einem quasiebenen Estrichboden. Vor dem Fahrzeug befindet sich ein Plattenstapel (links unten im Bild), dessen Höhe variiert werden kann. Ziel des Versuches war es zu ermitteln, wie genau ein flaches Hindernis unterschiedlicher Höhe in variablem Abstand zum Fahrzeug durch den Laserscanner abgebildet werden kann.

Absoluter Fehler

Die Ermittlung des absoluten Meßfehlers zwischen realem Straßenprofil und der Abbildung des Profils durch die Sensormeßdaten gestaltet sich schwierig.

Dies ist zum einen darin begründet, daß sich die Einbauposition der Sensoren nicht ausreichend genau bestimmen läßt[7], und zum anderen darin, daß der reale Straßenverlauf und die absolute Position des Fahrzeugs auf der Straße nicht in ausreichender Genauigkeit zur Verfügung stehen. Deshalb kann die absolute Genauigkeit der Sensoren statisch nicht ermittelt werden. Das kann nur durch statistische Verfahren geschehen, die durch das Übereinanderlegen mehrerer Scans („Scan-Matching", siehe Abschnitt 3.2) und durch die Stützung der Meßdaten durch die Reifenkontaktpunkte (siehe Abschnitt 3.2.4) eine Referenzierung der Fahrzeugposition zur Fahrbahn ermöglichen.

Relativweg-Fehler

Sehr wohl kann jedoch im stehenden Fahrzeug der Relativweg-Fehler der LIDAR-Sensoren ermittelt werden. Mit Relativweg-Fehler ist in diesem Fall der Meßfehler bei der Bestimmung des Höhenunterschiedes einer Platte in Relation zu einer anderen Platte gemeint. Das geschieht mit dem in Abb. 3.6 gezeigten Meßaufbau.

Abbildung 3.7 zeigt den Relativweg-Fehler der LIDAR-Messungen. Die Messungen wurden mit einem variablen Plattenstapel in unterschiedlicher Entfernung zum Fahrzeug durchgeführt. Die Meßergebnisse zeigen, daß für die Plattenstapel in 2 und 3 m Entfernung bei statischen Messungen[8] von einem Relativweg-Fehler kleiner 3 mm ausgegangen werden kann. Der Fehler verändert sich kaum in Abhängigkeit von der Höhe des Plattenstapels.

Bei größeren Abständen (5 bzw. 8 m) steigt der Relativweg-Fehler auf bis zu 15 mm an. Abhängig von der Höhe der Platten schwankt der Fehler stark (zwischen 2 und 15 mm). Eine Erklärung ist im bei dieser Entfernung extrem flach auftreffenden Laserstrahl und der daraus resultierenden großen flächigen Ausdehnung des LIDAR-Meßpunkts zu suchen.

Wie in Abschnitt 3.1.4 erläutert, wird das Vertrauensintervall mit zunehmender Entfernung zum Sensor größer bei gleichzeitig sinkender Wahrscheinlichkeitsdichte. D.h., die Fläche auf der Straße, die durch einen ausgesendeten Laserpuls „beleuchtet" wird, wird immer größer.

Von welchem Ort der Gesamtfläche des Meßpunkts die Energie zurückgestrahlt wird, die zum Stoppen des Zählers für die Laufzeitmessung im Sensor führt, ist abhängig von der jeweiligen Oberflächenbeschaffenheit und kann nur statistisch erfaßt werden. Erst durch die Auswertung mehrerer Scans kann durch statistische Mittelung die Güte der Scaninformation erhöht werden.

[7] z.B. der Nickwinkel n_{rel}, dessen genaue Kenntnis laut Abschnitt 3.1.3 von besonderer Wichtigkeit ist

[8] Das Fahrzeug bewegt sich nicht.

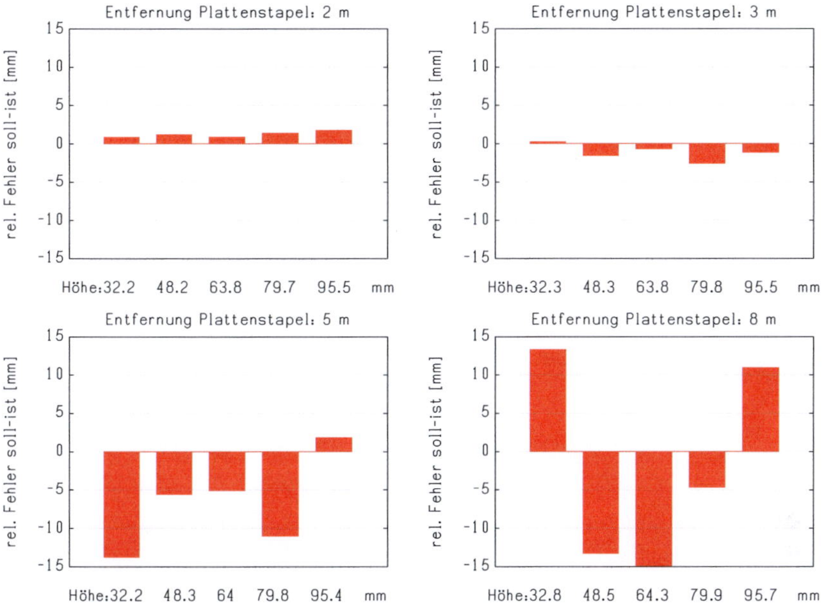

Abb. 3.7.: Relativweg-Fehler zwischen Soll- und Isthöhe des Plattenstapels

Streuung der Meßwerte über der Zeit

Für die Beurteilung der Genauigkeit der Laser-Sensoren ist ebenfalls von Interesse, wie stark die Meßwerte über der Zeit streuen. Zur Ermittlung der Streuung wird angenommen, daß sich der im vorhergehenden Abschnitt beschriebene Versuchsaufbau nicht über der Zeit ändert.

Als Maß für die Streuung der Meßwerte über der Zeit soll die Breite des Vertrauensintervalls bei einer Konfidenzwahrscheinlichkeit von 95 % herangezogen werden. Für die Auswertung wird daher von einer statistischen Normalverteilung der Meßpunkte ausgegangen. Die Berechnung der statistischen Kenngrößen basiert auf einer repräsentativen Auswahl von 100 Messungen. Abbildung 3.8 zeigt die Ergebnisse der Untersuchungen.

Die absolute Breite des Vertrauensintervalls beträgt für alle Entfernungen bis auf eine Ausnahme ca. 2-4 mm. Interessant dabei ist, daß sich die Streubreite nicht in Abhängigkeit von der Entfernung ändert. Das läßt darauf schließen, daß sich der Ort innerhalb des Meßflecks, von dem der Energiewert zum Stoppen der Laufzeitmessung kommt, während der Messung bis auf eine Ausnahme (bei 8 m Entfernung und einer Höhe von 48,5 mm des Plattenstapels) nicht ändert.

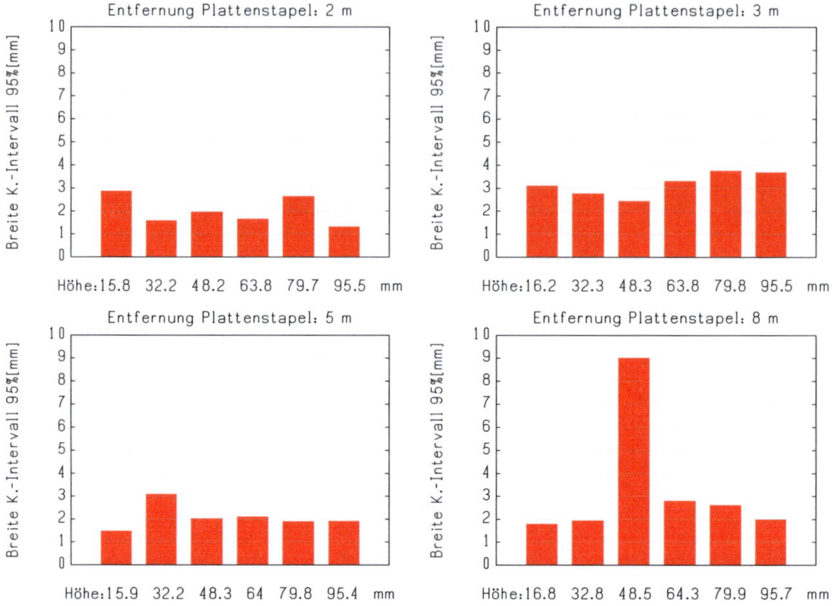

Abb. 3.8.: Breite des Vertrauensintervalls bei einer Konfidenzwahrscheinlichkeit von 95 %

Das bedeutet, daß während der Messung von stabilen, reproduzierbaren Bedingungen ausgegangen werden kann und der Entfernungswert während der Messung nicht „hin- und herspringt“. Ebenfalls ist keine Abhängigkeit der Streubreite von der Höhe des Plattenstapels zu erkennen.

Fazit: Die gemessene Genauigkeit der LIDAR-Sensoren SICK LMS291 ist unter den gegebenen Meßbedingungen weit höher als die Herstellerangaben es annehmen. Dennoch reicht die stationäre Genauigkeit noch nicht für den Einsatz als Preview-Sensor zur direkten Straßenrekonstruktion aus.

Eine Verbesserung läßt sich durch die statistische Auswertung mehrerer, übereinandergelegter Scans erreichen. In Abschnitt 3.2 wird deshalb ein solcher „Scan-Matching“-Algorithmus beschrieben, der es erlaubt, die Information mehrerer Scans durch die Anwendung statistischer Verfahren zu vereinen.

Um den Einfluß der Abhängigkeit des relativen Fehlers von der Meßentfernung zu berücksichtigen, wurde die entfernungsabhängige Wahrscheinlichkeitsdichtefunktion (siehe Abschnitt 3.1.4) eingeführt. Daß ein solcher Ansatz tragfähig ist, zeigen die Untersuchungen in 3.2.

3.2. Algorithmus zur statistischen Rekursions-Rekonstruktion des Straßenhöhenprofils

Die Transformation der Entfernungsmeßpunkte eines LIDAR-Scans in ein Straßenhöhenprofil im kartesischen Koordinatensystem erfolgt, wie in den Gleichungen (3.3) und (3.4) gezeigt, mit jedem Scan aufs Neue. Die Information aus früheren Scans wird dabei nicht als Erfahrungswert für die Berechnung zukünftiger Scans verwendet, weil die Meßdaten nicht zwischengespeichert werden.

Wie in den vorhergehenden Abschnitten 3.1.4 und 3.1.5 gezeigt wurde, ist die Information eines Einzelscans allein aber zu lückenhaft und ungenau. Wird jedoch die Tatsache ausgenutzt, daß sich Teilbereiche aufeinanderfolgender Scans überlappen, so können die Scans quasi „übereinandergelegt“ werden und die Informationsdichte steigt.

Grundvoraussetzung zum Erreichen einer guten Korrelation für das „Übereinanderlegen“ aufeinanderfolgender Scans ist jedoch, daß sich die gemessene Straße im Verlauf der aufeinanderfolgenden Messungen nicht ändert [9]. Auf normalen Straßen wird diese Bedingung erfüllt. Je höher der Prozentsatz der Überlappung aufeinanderfolgender Scans ist, desto besser ist ein „Übereinanderlegen“, im folgenden „Scan-Matching“ genannt, möglich.

Abbildung 3.9 zeigt den Prozentsatz der Überlappung aufeinanderfolgender LIDAR-Scans in Abhängigkeit von Vorausschauweite und Fahrgeschwindigkeit. Dabei wird von einer Scanfrequenz der Laserscanner von 75 Hz ausgegangen. Aus Abb. 3.9 wird ersichtlich, daß der Überlappungsgrad bei einer angenommenen Mindest-Vorausschaulänge der LIDAR-Sensoren von mindestens 5 m für den gesamten Geschwindigkeitsbereich bei mindestens 80 % liegt. Ein solch hoher Überlappungsgrad läßt die Entwicklung eines Scan-Matching-Algorithmus zur Rekonstruktion des Straßenhöhenprofils sinnvoll erscheinen.

Durch das sukzessive Matching aufeinanderfolgender Scans erhöht sich die Anzahl von Meßpunkten im jeweiligen Überlappungsbereich. Dadurch kann auf statistischem Wege die Qualität des Straßenhöhenprofils verbessert werden.

3.2.1. Rekursiver Scan-Matching-Algorithmus

Beim Übereinanderlegen oder „Matching“ aufeinanderfolgender Scans ist die Eigenbewegung des Fahrzeugs zwischen den Scans zu berücksichtigen.

Je nach Fahrmanöver und Straßenbeschaffenheit führt das Fahrzeug eine bestimmte Längs- und Querbewegung[10] aus in Zusammenhang mit einer Relativbewegung des Aufbaus im Verhältnis zur Straße, die durch folgende Koordinaten beschrieben wird:

- Fahrzeuglängsgeschwindigkeit: v_x

[9] Das Abscannen einer welligen Wasseroberfläche würde diese Bedingung beispielsweise nicht erfüllen.

[10] Die Querbewegung soll im weiteren vernachlässigt werden.

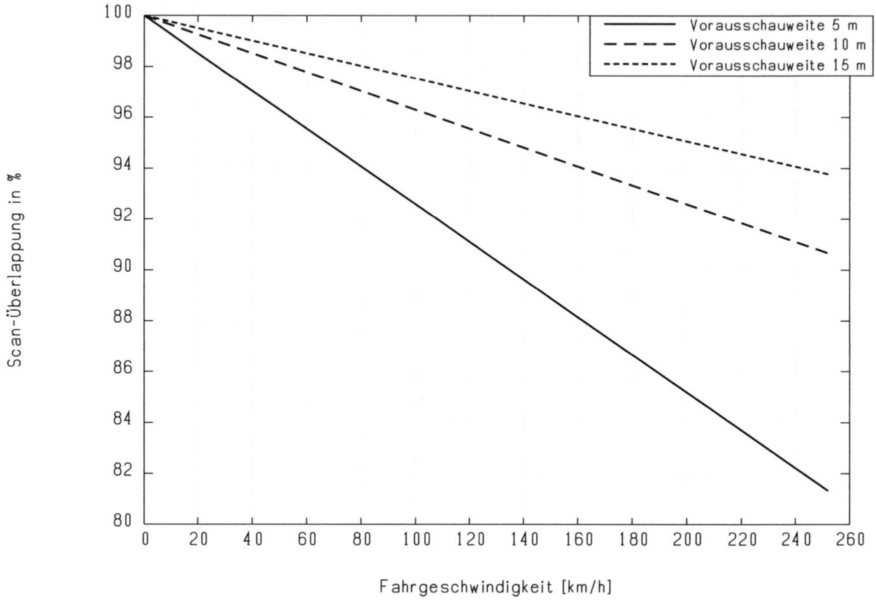

Abb. 3.9.: Überlappung der LIDAR-Scans in Abhängigkeit von Vorausschauweite und Fahrgeschwindigkeit

- Relativbewegung des Aufbaus zur Straße:
  - Hubweg vertikal: z_{rel}
  - Nickwinkel: n_{rel}
  - Wankwinkel: w_{rel}

Unter der Annahme, daß der Bewegungszustand des Fahrzeugs bekannt ist, lassen sich so zwei Scans übereinanderlegen. Im folgenden wird ein solcher „Scan-Matching"-Algorithmus beschrieben.

Gegeben sind zwei Scans, die mittels der Gleichungen (3.3) und (3.6) von einer Darstellung in Polarkoordinaten in das kartesische Koordinatensystem transformiert wurden. Dabei steht die Bezeichnung „akt" für den aktuellen Scan und „hist" für einen Scan, der zu einem früheren Zeitpunkt durchgeführt wurde:

$$\text{historischer Scan} \left\{ \begin{array}{l} \vec{x}_{Str,hist} = \vec{d}_{Lid,hist} \cdot \cos\left(\vec{n}_{Lid,hist}\right) \\ \vec{z}_{Str,hist} = z_{Lid,hist} - \vec{d}_{Lid,hist} \cdot \sin\left(\vec{n}_{Lid,hist}\right) \end{array} \right. \tag{3.9}$$

$$\text{aktueller Scan} \begin{cases} \vec{x}_{Str,akt} = \vec{d}_{Lid,akt} \cdot \cos\left(\vec{n}_{Lid,akt}\right) \\ \vec{z}_{Str,akt} = z_{Lid,akt} - \vec{d}_{Lid,akt} \cdot \sin\left(\vec{n}_{Lid,akt}\right) \end{cases} \tag{3.10}$$

Im folgenden soll Scan „hist" als Referenz betrachtet werden, also als Information aus der Vergangenheit, die zum Zeitpunkt des Scans „akt" bereits vorliegt.

Wie bereits früher erwähnt, drücken sich die Bewegungen des Fahrzeugs zwischen zwei Scans in einer Änderung der geschätzten LIDAR-Höhe z_{Lid}, dem LIDAR-Nickwinkel n_{Lid} und dem zurückgelegten Weg in Fahrzeuglängsrichtung Δx_{Str} aus. Der zurückgelegte Weg Δx_{Str} läßt sich aus der Fahrgeschwindigkeit v_x und der vergangenen Zeit Δt zwischen zwei Scans berechnen. Die relative Nick- und Hubbewegung des Fahrzeugs hingegen müssen geschätzt werden.

Sollen Scan „hist" und Scan „akt" gematcht werden, so ist Voraussetzung, daß sich Teile der Scans in der Entfernungsachse $\vec{x}_{Str}$ überlappen. $\vec{x}_{Str,hist}$ und $\vec{x}_{Str,akt}$ müssen also eine Schnittmenge größer Null besitzen. Zum Zeitpunkt des aktuellen Scans t_{akt} sind die in $\vec{x}_{Str,hist}$ enthaltenen Entfernungswerte jedoch nicht mehr aktuell – das Fahrzeug hat sich um Δx_{Str} weiterbewegt. Deshalb muß die x-Achse von Scan „hist" um Δx_{Str} „weitergeschoben" werden.

Daraus ergibt sich folgende Matchingbedingung für die Abszissen x_{Str} des aktuellen und des historischen Scans:

$$\vec{x}_{Str,akt} \equiv \vec{x}_{Str,hist} - \Delta x_{Str} = \vec{x}_{Str,hist} - v_x \cdot \left(t_{akt} - t_{hist}\right) \tag{3.11}$$

Um das vertikale Straßenprofil des aktuellen Scans $\vec{z}_{Lid,akt}$ im Überlappungsbereich mit dem Straßenprofil des historischen Scans $\vec{z}_{Lid,hist}$ zur Überdeckung zu bringen, müssen ein Korrektur-Höhenoffset $\Delta z_{Lid,korr}$ und ein Korrektur-Nickwinkel $\Delta n_{Lid,korr}$ bestimmt werden.

Die Matchingbedingung für die vertikalen Höhendaten z_{Str} des aktuellen und des historischen Scans lautet:

$$\vec{z}_{Str,hist} \equiv \vec{z}_{Lid,akt} + \Delta z_{Lid,Korr} - \vec{d}_{Lid,akt} \cdot \sin\left(\vec{n}_{Lid,akt}\right) - \Delta n_{Lid,Korr} \cdot \vec{x}_{Str,akt} \tag{3.12}$$

$$\vec{z}_{Str,hist} \equiv \underbrace{\vec{z}_{Lid,akt} - \vec{d}_{Lid,akt} \cdot \sin\left(\vec{n}_{Lid,akt}\right)}_{\vec{z}_{Str,akt}} + \underbrace{\Delta z_{Lid,Korr} - \Delta n_{Lid,Korr} \cdot \vec{x}_{Str,akt}}_{Korrekturterme} \tag{3.13}$$

Zur Bestimmung der Lösung des Gleichungssystems durch lineare Regression wird Gleichung (3.13) umformuliert:

$$\vec{z}_{Str,hist} - \vec{z}_{Str,akt} = \Delta z_{Str,Fehler} = \Delta z_{Lid,Korr} - \Delta n_{Lid,Korr} \cdot \vec{x}_{Str,akt} \tag{3.14}$$

In Gleichung (3.14) sind $\vec{z}_{Str,hist}$, $\vec{z}_{Str,akt}$ und $\vec{x}_{Str,akt}$ jeweils Vektoren bestehend aus i einzelnen Meßpunkten eines Scans: $\vec{z}_{Str,hist}, \vec{z}_{Str,akt}, \vec{x}_{Str,akt} \in \mathbb{R}^i$. Folglich gilt:

$$\begin{aligned}
\Delta z_{Lid,Korr,1} - \Delta n_{Lid,Korr,1} \cdot x_{Str,akt,1} &= z_{Str,hist,1} - z_{Str,akt,1} \\
\Delta z_{Lid,Korr,2} - \Delta n_{Lid,Korr,2} \cdot x_{Str,akt,2} &= z_{Str,hist,2} - z_{Str,akt,2} \\
\vdots \qquad\qquad & \qquad\qquad \vdots \\
\Delta z_{Lid,Korr,i} - \Delta n_{Lid,Korr,i} \cdot x_{Str,akt,i} &= z_{Str,hist,i} - z_{Str,akt,i}
\end{aligned}$$

Bei Darstellung in Matrixform ergibt sich folgendes überbestimmtes Gleichungssystem:

$$\underbrace{\begin{pmatrix} 1 & -x_{Str,akt,Pkt1} \\ 1 & -x_{Str,akt,Pkt2} \\ \vdots & \vdots \\ 1 & -x_{Str,akt,Pktn} \end{pmatrix}}_{\mathbf{A}} \cdot \underbrace{\begin{pmatrix} \Delta z_{Lid,Korr} \\ \Delta n_{Lid,Korr} \end{pmatrix}}_{\mathbf{x}} = \underbrace{\begin{pmatrix} z_{Str,hist,Pkt1} - z_{Str,akt,Pkt1} \\ z_{Str,hist,Pkt2} - z_{Str,akt,Pkt2} \\ \vdots \\ z_{Str,hist,Pktn} - z_{Str,akt,Pktn} \end{pmatrix}}_{\mathbf{b}} \tag{3.15}$$

Gleichung (3.15) besitzt vereinfacht folgende Struktur:

$$\mathbf{A} \cdot \mathbf{x} = \mathbf{b} \tag{3.16}$$

Um den Hub- und Nickwinkelversatz $\Delta z_{Lid,Korr}$ bzw. $\Delta n_{Lid,Korr}$ zwischen dem aktuellen Scan und dem historischen Scan zu berechnen, muß das Gleichungssystem (3.16) nach Vektor **x** aufgelöst werden. Durch die Überbestimmtheit des Gleichungssystems ist die Matrix **A** nicht quadratisch. Die Lösung von (3.16) geschieht also nicht durch die Invertierung der Matrix **A**, sondern durch die Berechnung der Pseudoinversen $\mathbf{A}^+$ von **A**:

$$\hat{\mathbf{x}} = \mathbf{A}^+ \cdot \mathbf{b} = \left(\mathbf{A}^T \cdot \mathbf{A}\right)^{-1} \cdot \mathbf{A}^T \cdot \mathbf{b} \tag{3.17}$$

Numerisch wird Gl. (3.17) durch Algorithmen für lineare Regression gelöst (siehe [EMNW05]). Dabei handelt es sich um ein Optimierungsproblem, das die Minimierung eines quadratischen Gütefunktionals zum Ziel hat:

$$min \, ||\mathbf{A} \cdot \mathbf{x} - \mathbf{b}||^2 \tag{3.18}$$

Als Ergebnis folgt die optimale gemittelte Schätzung des Hub- und Nickwinkelversatzes $\Delta z_{Lid,Korr}$ bzw. $\Delta n_{Lid,Korr}$ über alle Meßpunkte i. Damit wird der aktuelle Scan so korrigiert, daß er möglichst gut über dem historischen Scan liegt. Dies geschieht durch Einsetzen von $\Delta z_{Lid,Korr}$ und $\Delta n_{Lid,Korr}$ in die Gleichungen (3.11) und (3.13).

Werden aktuelle und historische Scans, wie im vorliegenden Ansatz geschildert, übereinandergelegt, erhöht sich die Informationsdichte und damit die Güte des Straßensignals im Überlappungsbereich.

Fazit: Der vorgestellte Ansatz ermöglicht die Nutzung der Information mehrerer aufeinanderfolgender Scans und trägt damit zur Erhöhung der Güte des Straßenprofils bei.

Jedoch setzt der obige Algorithmus eine infinitesimal kleine Ausbreitung der Meßpunkte voraus. An **einer diskreten** Stelle $x_{Str,i}$ ergibt sich für einen Meßpunkt genau **ein** Höhenwert $z_{Str,i}$. Daß eine solche Annahme idealisiert ist und die realen Meßbedingungen nur unvollständig wiedergibt, wurde in Abschnitt 3.1.4 gezeigt. So besitzen die einzelnen Meßpunkte eine entfernungsabhängige flächige Ausdehnung und befinden sich in nicht äquidistantem Abstand x_{Str} zueinander (siehe oberer Graph in Abb. 3.5). Je nach Straßenbeschaffenheit ändert sich die Anzahl und der Abstand der nicht-äquidistanten Stützstellen mit jedem Scan.

Für die Formulierung der Regressionsgleichung (3.15) zwischen zwei Scans liegt also keine gemeinsame Entfernungsbasis x_{Str} vor. Ziel muß es demnach sein, die entfernungsabhängige Wahrscheinlichkeitsdichteverteilung der LIDAR-Meßpunkte im Matching-Algorithmus zu berücksichtigen.

3.2.2. Schiebe-Register mit äquidistanten Stützstellen

Um das Matching zweier Scans durch einen Regressionsansatz mit gleicher Entfernungsbasis zu ermöglichen, wird ein Schiebe-Register mit äquidistanten Stützstellen Δx_{Str} auf der Abszisse eingeführt. Dort werden die Höhenwerte $z_{Str,i}$ eines jeden Scans über einer quantisierten Abszisse eingetragen.

Das Schiebe-Register bietet folgende Vorteile:

- einfache Berücksichtigung der flächigen Ausbreitung der Meßpunkte
- gemeinsame Entfernungsbasis für das Matching mehrerer Scans
- einfache Verschiebbarkeit des Straßenhöhenprofils abhängig vom zurückgelegten Weg

Abbildung 3.10 zeigt exemplarisch die Funktion des Schiebe-Registers für den Meßpunkt eines Scans. Der LIDAR-Sensor liefert einen diskreten Höhenwert z_{Str} in einer Entfernung x_{Str} (siehe oberer Graph in Abb. 3.10). Abhängig von der Entfernung besitzt der Meßpunkt jedoch eine flächige Ausbreitung, innerhalb welcher der diskrete Meßwert mit einer bestimmten statistischen Wahrscheinlichkeit auftreten kann. Deshalb wird die Wahrscheinlichkeitsdichte für ein Auftreten des Meßwerts innerhalb der Meßpunktfläche mit angegeben (unterer Graph in Abb. 3.10).

Um die Wahrscheinlichkeitsdichte zusammen mit dem Höhenwert über der Entfernung auftragen zu können, wird ein diskret in x_{Str} gerastertes Register eingeführt mit äquidistanten Stützstellen mit dem Abstand Δx_{Raster}:

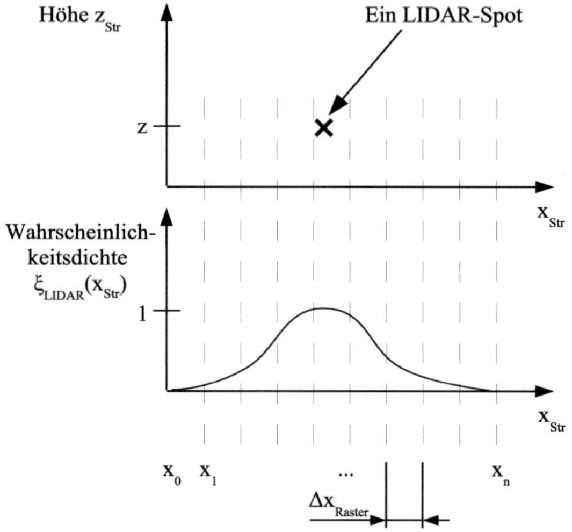

Abb. 3.10.: Schiebe-Register mit äquidistanten Stützstellen

$$
\begin{aligned}
\vec{x}_{Str,Speicher} &= \begin{pmatrix} x_0, & x_0 + 1 \cdot \Delta x_{Raster}, & \ldots, & x_0 + m \cdot \Delta x_{Raster} \end{pmatrix} \\
&= \begin{pmatrix} x_{Str,Speicher,j}, & \ldots, & x_{Str,Speicher,m} \end{pmatrix}, \\
& j = 0 \ldots m, \vec{x}_{Str,Speicher} \in \mathbb{R}^{m+1}
\end{aligned}
\tag{3.19}
$$

Die Abszisse des Schiebe-Registers $x_{Str,Speicher}$ bildet den gesamten Entfernungsbereich des Straßensignals x_{Str} ab. Je nach Rasterbreite Δx_{Raster} und maximalem Entfernungsbereich ergibt sich so ein Schiebe-Register mit $m+1$ diskreten äquidistanten Stützstellen. Beispielsweise besitzt das Schiebe-Register für einen Entfernungsbereich von 0 - 20 m bei einer Rasterbreite Δx_{Raster} von 10 cm die Anzahl von $m+1 = 201$ Stützstellen.

Im Register werden nun für jeden Meßpunkt i sowohl der Höhenwert $z_{Str,i}$, als auch die Wahrscheinlichkeitsdichteverteilung $\xi_{LIDAR,i}$ über $x_{Str,Speicher}$ eingetragen. Tabelle 3.1 zeigt das Ergebnis:

$x_{Str,Speicher}$:	$x_{Str,Speicher,j}$	$\cdots$	$x_{Str,Speicher,m}$
$z_{Str,Speicher}$:	$z_{Str,ij}$	$\cdots$	$z_{Str,im}$
$\xi_{LIDAR}\left(x_{Str,i}\right)$:	$\xi_{LIDAR,ij}$	$\cdots$	$\xi_{LIDAR,im}$

Tab. 3.1.: Register mit äquidistanten Stützstellen zur Speicherung der Scans

Das Vorgehen wird für jeden Meßpunkt i wiederholt. Die Größe des Registers j entspricht dem gesamten möglichen Meßbereich des Sensors. An den Stellen, wo keine Meßwerte vorliegen, liegt die Wahrscheinlichkeitsdichte ξ_{LIDAR} bei Null.

Bei jedem neuen Rechenschritt werden die alten Werte im Register um den zwischen zwei Scans zurückgelegten Weg Δx_{Str} verschoben. Die Verschiebung Δx_{Str} erfolgt abhängig von der aktuellen Fahrgeschwindigkeit v_x und der vergangenen Zeit zwischen zwei Scans Δt:

$$\Delta x_{Str} = v_x \cdot \Delta t \tag{3.20}$$

Die Berechnung der Verschiebung Δx_{Str} ist laut Gleichung (3.20) maßgeblich mit der Genauigkeit der Geschwindigkeitsschätzung v_x und der Bestimmung der Zeitdauer zwischen zwei Scans Δt verbunden. Die Bestimmung der Zeitdauer Δt ist mit der im Versuchsfahrzeug verwendeten Meßtechnik ausreichend genau möglich.

Die Fahrzeuglängsgeschwindigkeit v_x wird in erster Näherung aus den Raddrehzahlen des Fahrzeugs berechnet. Die verwendeten serienmäßigen Drehzahlsensoren liefern bei sehr niedrigen Geschwindigkeiten jedoch kein Signal. Bei höheren Geschwindigkeiten ist das Geschwindigkeitssignal aufgrund des sich dynamisch ändernden Reifenabrollradius zu ungenau und kann nur als Stützung verwendet werden. Die genaue Berechnung der Fahrgeschwindigkeit erfolgt aus der Korrelation neuer und alter Straßenmeßdaten. Dabei wird das vertikale Höhenprofil des neuen Scans z_{Str} solange gegenüber dem bereits vorliegenden Höhenprofil $z_{Str,Speicher}$ aller alten Scans im Speicher in x-Richtung verschoben, bis sich die maximale Korrelation einstellt.

Die vorgestellte Methode ermöglicht die Geschwindigkeitsschätzung völlig unabhängig von Raddrehzahlsignalen allein aus den Preview-Sensorrohdaten. Jetzt liegen sowohl das Höhenprofil als auch die Gewichtung des neuen Scans im äquidistanten Scanregister vor.

3.2.3. Erweiterung des Scan-Matching-Algorithmus um die Berücksichtigung der Wahrscheinlichkeitsdichte

Bei dem in Abschnitt 3.2.1 entwickelten Rekursionsalgorithmus wurde vorausgesetzt, daß Scan „hist“ (die Information aller vergangenen Scans) und Scan „akt“ (der neue Scan) an den gleichen Stellen x_{Str} jeweils Höhenwerte mit der Wahrscheinlichkeit 1 besitzen.

Diese Voraussetzungen sind beim realen LIDAR-Sensor jedoch nicht erfüllt. Das zeigt Abb. 3.11, in der die Rohdaten einer Messung auf einer quasi-ebenen Straße mit einer Bodenwelle in ca. 7,5 m Entfernung dargestellt sind. Dabei gelten die gleichen Randbedingungen bezüglich Offset und Steigung der Straße wie in Abschnitt 3.1.4 auf Seite 65 geschildert. Die Meßpunkte liegen in nicht-äquidistanter Entfernung x_{Str} vor. Die flächige Ausbreitung der Meßpunkte in Abhängigkeit von der Entfernung (siehe Abb. 3.4) wird hier nicht berücksichtigt.

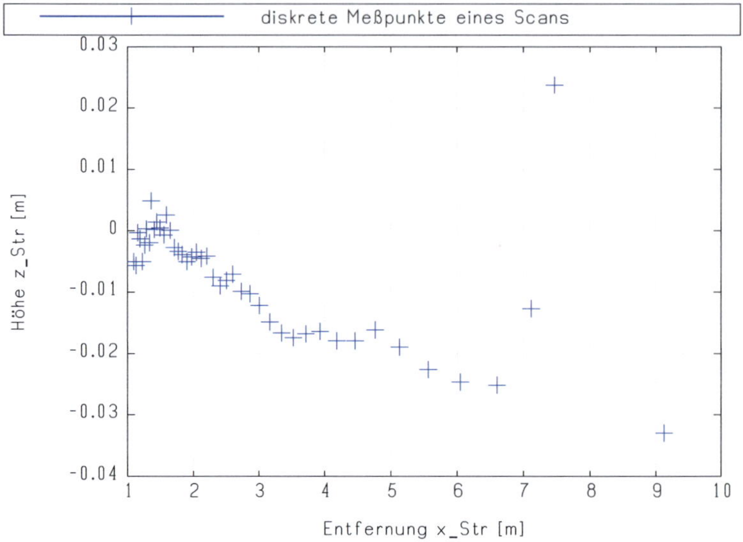

Abb. 3.11.: Rohdaten eines Scans im kartesischen Koordinatensystem

Deshalb muß die Höheninformation der Straße mit der Wahrscheinlichkeitsdichtefunktion an der jeweiligen Stelle verknüpft werden. Erst die Erweiterung des Algorithmus um solche statistische Kenngrößen erlaubt eine angemessene Berücksichtigung der realen Meßbedingungen.

Um die sukzessive folgenden Scans auf eine gemeinsame Entfernungsbasis zu stellen, wird ein Schiebe-Register nach dem Schema von Tabelle 3.1 angelegt. Das Schiebe-Register bildet den Speicher, in dem alle Scans abgespeichert werden. So kann die Information vergangener Scans genutzt werden. Durch die äquidistanten Stützstellen können die alten Werte bei jedem neuen Scan um den zurückgelegten Weg weitergeschoben werden. In das Schiebe-Register werden folgende Kenngrößen über der Entfernung x_{Str} eingetragen:

- die Höhenwerte z_{Str}
- die korrespondierenden Wahrscheinlichkeitsdichtefunktionen ξ_{LIDAR}
- die Streuung zwischen den Scans σ_{LIDAR}

Matrix der Wahrscheinlichkeitsdichten

Liefert ein LIDAR-Sensor einen neuen Scan, so wird zuerst die Matrix der Wahrscheinlichkeitsdichten $\Phi_{LIDAR,akt}$ für den neuen Scan aufgestellt. $\Phi_{LIDAR,akt}$ setzt sich zusammen aus den n Einzel-Wahrscheinlichkeitsdichten $\xi_{LIDAR,akt,i}$ der Meßpunkte eines Scans aufgetragen über der Abszisse des Schieberegisters $x_{Str,Speicher}$. Nach Gleichung (3.8) wird für jeden Meßpunkt i des aktuellen Scans „akt“ die Wahrscheinlichkeitsdichtefunktion $\xi_{LIDAR,akt,i}$ aufgestellt:

$$\xi_{LIDAR,akt,i}\left(x_{Str,Speicher,j}\right) = \frac{1}{\sigma_{LIDAR,i}\left(x_{Str,i}\right)\sqrt{2\pi}} \cdot \exp^{\left(-\frac{1}{2}\left(\frac{x_{Str,Speicher,j}-x_{Str,i}}{\sigma_{LIDAR,i}\left(x_{Str,i}\right)}\right)^2\right)}, \quad i = 1\ldots n, j = 0\ldots m \tag{3.21}$$

Für einen Scan mit n Meßpunkten ergibt sich die Matrix der Wahrscheinlichkeitsdichten $\Phi_{LIDAR,akt}$ des aktuellen Scans mit der Dimension $(m+1)\times n$:

$$\Phi_{LIDAR,akt} = \begin{pmatrix} \vec{\xi}_{LIDAR,akt,i}, & \ldots, & \vec{\xi}_{LIDAR,akt,n} \end{pmatrix}, \quad i = 1\ldots n, \vec{\xi}_{LIDAR,akt,i} \in \mathbb{R}^{(m+1)\times 1}, \Phi_{LIDAR,akt} \in \mathbb{R}^{(m+1)\times n} \tag{3.22}$$

Quasi-kontinuierliche Schätzung der Höhenwerte

Die n Höhenwerte $z_{Str,akt,i}$ eines neuen Scans liegen über der Entfernung x_{Str} nur als diskrete Werte vor (siehe Abb. 3.11). Ziel ist jedoch, daß an jedem Ort des Schiebe-Registers $x_{Str,Speicher,j}$, an dem die Wahrscheinlichkeitsdichte $\xi_{LIDAR,akt,j}$ ungleich Null ist, auch ein Höhenwert $z_{Str,Speicher,j}$ vorliegt.

Für einen neuen Scan „akt“, bestehend aus n Meßpunkten, läßt sich die aktuelle Schätzung der Höhenwerte $\vec{z}_{Str,Speicher,akt}$ über den $m+1$ diskret gerasterten Punkten des Schiebe-Registers $\vec{x}_{Str,Speicher}$ aus dem Produkt von Wahrscheinlichkeitsdichtematrix $\Phi_{LIDAR,akt}$ und dem Vektor der n Höhenwerte $\vec{z}_{Str,akt}$, normiert mit der Summe der n einzelnen Wahrscheinlichkeitsdichtefunktionen $\vec{\xi}_{LIDAR,akt,i}$ eines Scans, berechnen:

$$\vec{z}_{Str,Speicher,akt} = \frac{\Phi_{LIDAR,akt} \cdot \vec{z}_{Str,akt}}{\sum \vec{\xi}_{LIDAR,akt}}, \quad \Phi_{LIDAR,akt} \in \mathbb{R}^{(m+1)\times n}, \vec{z}_{Str,akt} \in \mathbb{R}^{n\times 1}, \sum \vec{\xi}_{LIDAR,akt} \in \mathbb{R}^{(m+1)\times 1} \tag{3.23}$$

Dabei gilt für die Summe der Gewichtungen $\sum \vec{\xi}_{LIDAR,akt}$ des aktuellen Scans:

$$\sum \vec{\xi}_{LIDAR,akt} = \vec{\xi}_{LIDAR,akt,i} + \ldots + \vec{\xi}_{LIDAR,akt,n}, \quad i = 1\ldots n, \sum \vec{\xi}_{LIDAR,akt} \in \mathbb{R}^{(m+1)\times 1} \tag{3.24}$$

Jetzt liegen sowohl die quasikontinuierlichen Höhenwerte $\vec{z}_{Str,Speicher,akt}$ (siehe Abb. 3.12, oberer Graph, durchgezogene Linie) als auch der Vektor der summarischen Wahrscheinlichkeitsdichte $\sum \vec{\xi}_{LIDAR,akt}$ (siehe Abb. 3.12, unterer Graph) des **neuen** Scans „akt“ im Schiebe-Register vor.

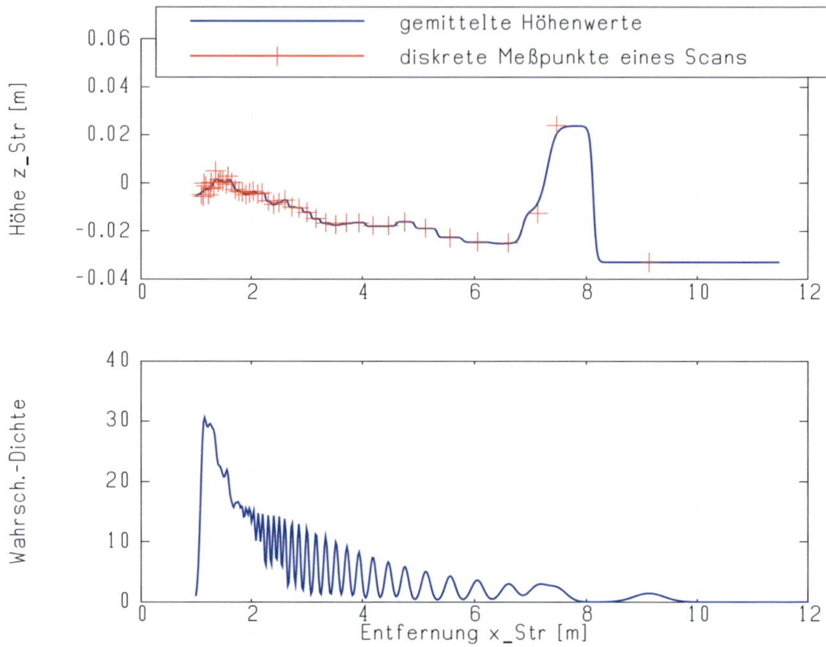

Abb. 3.12.: Rekonstruktion des Straßenhöhenprofils aus den Rohdaten eines Scans

Der gemessene Straßenabschnitt entspricht der Messung der ebenen Straße mit der Bodenwelle in ca. 7,5 m Entfernung, wie sie in Abb. 3.11 vorgestellt wurde. Gut zu erkennen sind dabei die Rohmeßpunkte (siehe Abb. 3.12, oberer Graph, Kreuze), die in einer diskontinuierlichen Verteilung über der Entfernung vorliegen und den Ausgangspunkt für das Straßensignal bilden.

Die vorher durchgeführten Berechnungen ermöglichen erstmals die quasikontinuierliche Darstellung des Straßenhöhenprofils eines Scans im Zusammenhang mit der Wahrscheinlichkeitsdichte. Wie in Abb. 3.12 zu sehen, ist das Signal jedoch noch offsetbehaftet und weist in größerer Entfernung noch lückenhafte Bereiche auf.

Verwendung der Information aller Scans durch rekursiven Aufruf des Algorithmus

Wie zu Beginn des Kapitels erläutert, kann durch die Nutzung der Information sowohl des aktuellen als auch vergangener Scans die Qualität des Straßensignals erhöht werden. Dies geschieht durch rekursiven Aufruf des Scan-Matching-Algorithmus bei jedem Scan.

Die gesammelte Information **aller früheren** Scans, also der Vektor der gemittelten Höhenwerte $\vec{z}_{Str,Speicher,hist}$ und der Vektor der Wahrscheinlichkeitsdichten $\sum\vec{\xi}_{LIDAR,hist}$, liegen im gleichen Format im Schiebe-Register vor wie die Vektoren des aktuellen Scans $\vec{z}_{Str,Speicher,akt}$ und $\sum\vec{\xi}_{LIDAR,akt}$:

$$\begin{aligned} &\text{aktueller Scan:} && \left(\vec{z}_{Str,Speicher,akt}, \sum\vec{\xi}_{LIDAR,akt}\right) = f(\vec{x}_{Str,Speicher}, t) \\ &\text{historische Scans:} && \left(\vec{z}_{Str,Speicher,hist}, \sum\vec{\xi}_{LIDAR,hist}\right) = f(\vec{x}_{Str,Speicher}, t) \end{aligned}$$

Jetzt können die alten Scans mit dem neuen Scan gematcht werden und zwar unter der Berücksichtigung des vertikalen Fehlers zwischen den neuen und den alten Höhenwerten $\vec{z}_{Str,Speicher,akt}$ bzw. $\vec{z}_{Str,Speicher,hist}$ im Schiebe-Register.

Normierung der Wahrscheinlichkeitsdichtefunktionen

Um die Informationen des neuen Scans *akt* im Verhältnis zu den alten Scans „hist" im Schiebe-Register in angemessener Gewichtung berücksichtigen zu können, werden die Wahrscheinlichkeitsdichtefunktionen sowohl des neuen Scans $\sum\vec{\xi}_{LIDAR,akt}$ als auch der vergangenen Scans $\sum\vec{\xi}_{LIDAR,hist}$ normiert:

$$\begin{aligned} \sum\vec{\xi}_{LIDAR,akt,norm} &= \left\|\sum\vec{\xi}_{LIDAR,akt}\right\|_{max} = \frac{\sum\vec{\xi}_{LIDAR,akt}}{max\left(\sum\vec{\xi}_{LIDAR,akt}\right)} \\ \sum\vec{\xi}_{LIDAR,hist,norm} &= \left\|\sum\vec{\xi}_{LIDAR,hist}\right\|_{max} = \frac{\sum\vec{\xi}_{LIDAR,hist}}{max\left(\sum\vec{\xi}_{LIDAR,hist}\right)} \end{aligned} \tag{3.25}$$

Jetzt sind die Wahrscheinlichkeitsdichtefunktionen von neuen und alten Scans auf eine vergleichbare Basis gestellt. Wie Abbildung 3.13 zeigt, führt die sukzessive Berücksichtigung aller vergangenen Scans (gestrichelte Linie) zu einer Erhöhung der Datendichte über dem Entfernungsbereich und einer Glättung der Wahrscheinlichkeitsdichtefunktion im Vergleich zu der Verwendung nur eines einzelnen Scans (durchgezogene Linie).

Berechnung des Relevanzfaktors

Für das Matching des neuen Scans „akt" mit den alten Scans „hist" durch Regression findet der Fehler im vertikalen Straßenprofil $\vec{z}_{Str,Speicher}$ Berücksichtigung. Der Höhen-Offset oder Höhenfehler $\vec{\varepsilon}_{zStr,Speicher}$ im Schiebe-Register lautet:

$$\vec{\varepsilon}_{zStr,Speicher}\left(\vec{x}_{Str,Speicher}\right) = \vec{z}_{Str,Speicher,hist} - \vec{z}_{Str,Speicher,akt} \tag{3.26}$$

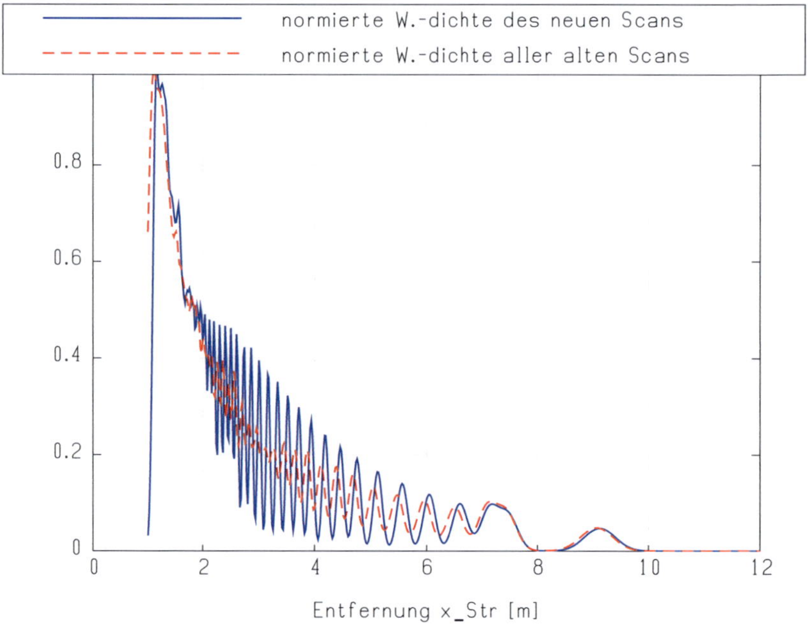

Abb. 3.13.: Normierte Wahrscheinlichkeitsdichtefunktionen des neuen Scans und aller alten Scans

Um ein Matching von neuem Scan und den alten Scans mittels linearer Regression durchführen zu können, muß entschieden werden, mit welcher Gewichtung der Fehler der vertikalen Höhenwerte $\varepsilon_{zStr,Speicher,j}$ an der Stelle $x_{Str,Speicher,j}$ im Schiebe-Register berücksichtigt wird.

Konkret bedeutet das, daß die Fehler der Höhenwerte $\varepsilon_{zStr,Speicher,j}$ **nur** an den Stellen j berücksichtigt werden, an denen die normierte Wahrscheinlichkeitsdichte sowohl des neuen Scans „akt“ als auch der alten, gespeicherten Scans „hist“ hoch ist. Liegt an einer Stelle $x_{Str,Speicher,j}$ nur ein Wert von Scan „akt“ und kein Wert von Scan „hist“ vor, kann keine Regression stattfinden.

Deshalb wird die Regression gewichtet im Bereich der kleinsten Schnittmenge (der schraffierte Bereich im unteren Graph von Abb. 3.14) der Wahrscheinlichkeitsdichteverteilungen von neuem Scan „akt“ und den alten Scans „hist“ durchgeführt, da nur dort relevante, also glaubhafte Informationen über beide Meßpunkte vorliegen. Zu diesem Zweck wird der Begriff der „Relevanz“ **R** eingeführt.

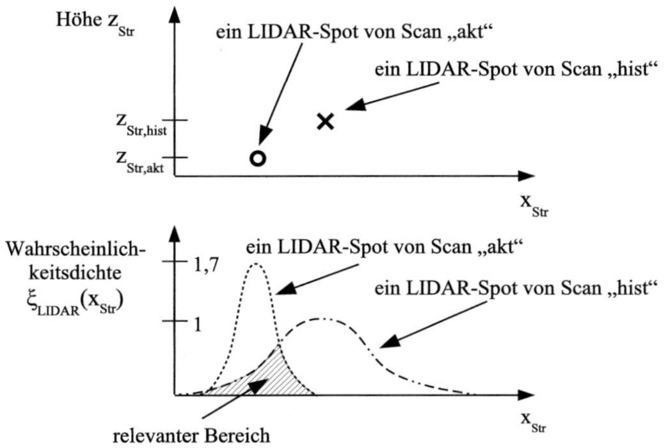

Abb. 3.14.: Berücksichtigung der Relevanz beim Scan-Matching

Die Relevanz **R** läßt sich folglich aus der Minimum-Norm der summarischen Wahrscheinlichkeitsdichtefunktionen berechnen:

$$\mathbf{R} = \left\| \sum \vec{\xi}_{LIDAR,akt,norm}, \sum \vec{\xi}_{LIDAR,hist,norm} \right\|_{min} \tag{3.27}$$

Mit der Relevanz **R** über der Entfernung $\vec{x}_{Str,Speicher}$ liegt nun ein Maß über die Gewichtung vor, mit der der vertikale Fehler $\vec{\varepsilon}_{zStr,Speicher}$ zwischen neuen und alten Scans berücksichtigt werden kann.

Berechnung des Hub- und Nickoffsets durch Regression

Jetzt wird der Regressionsansatz aus Gleichung (3.15) um den neu eingeführten Ausdruck der Relevanz **R** (Gl. (3.27)) erweitert. Das bedeutet, daß bei der Bestimmung des Hub- und Nickwinkeloffsets $\Delta z_{Lid,korr}$ und $\Delta n_{Lid,korr}$ zwischen neuem und altem Scan die flächige Ausbreitung der Lasermeßpunkte und die damit einhergehende Wahrscheinlichkeitsdichteverteilung der Höhenwerte $\vec{z}_{Str,Speicher}$ in der jeweiligen horizontalen Entfernung $\vec{x}_{Str,Speicher}$ Berücksichtigung finden. Es ergibt sich folgender neuer Zusammenhang für das Matching des aktuellen Scans mit den alten Scans:

$$\underbrace{\begin{pmatrix} \mathbf{R}, & \mathbf{R} \cdot \vec{x}_{Str,Speicher} \end{pmatrix}}_{\mathbf{A}} \cdot \underbrace{\begin{pmatrix} \Delta z_{Lid,korr} \\ \Delta n_{Lid,korr} \end{pmatrix}}_{\mathbf{x}} = \underbrace{\mathbf{R} \cdot \vec{\varepsilon}_{zStr,Speicher}}_{\mathbf{b}}, \qquad \mathbf{R}, \vec{x}_{Str,Speicher}, \vec{\varepsilon}_{zStr,Speicher} \in \mathbb{R}^{(m+1)\times 1} \tag{3.28}$$

Bei Gleichung (3.28) handelt es sich analog zu Gleichung (3.15) um ein überbestimmtes Gleichungssystem. Die mathematischen Operatoren zwischen den Vektoren $\mathbf{R} \cdot \vec{x}_{Str,Speicher}$ und $\mathbf{R} \cdot \vec{\varepsilon}_{zStr,Speicher}$ haben die Funktion von elementweisen Multiplikationen von Vektoren. Der Operator zwischen der Matrix **A** und dem Vektor **x** steht stellvertretend für das Matrixprodukt.

Besitzt der Vektor der Relevanz **R** beispielsweise an der Stelle i den Wert $0,5$ und an der Stelle $i+1$ den Wert $0,02$, so resultiert folgende Darstellung aus Gleichung 3.28:

$$\underbrace{\begin{pmatrix} \mathbf{R}_1 & \mathbf{R}_1 \cdot x_{Str,Speicher,1} \\ \vdots & \vdots \\ 0,5 & 0,5 \cdot x_{Str,Speicher,i} \\ 0,02 & 0,02 \cdot x_{Str,Speicher,i+1} \\ \vdots & \vdots \\ \mathbf{R}_{m+1} & \mathbf{R}_{m+1} \cdot x_{Str,Speicher,m+1} \end{pmatrix}}_{\mathbf{A}} \cdot \underbrace{\begin{pmatrix} \Delta z_{Lid,Korr} \\ \Delta n_{Lid,Korr} \end{pmatrix}}_{\mathbf{x}} = \underbrace{\begin{pmatrix} \mathbf{R}_1 \cdot \varepsilon_{zStr,Speicher,1} \\ \vdots \\ 0,5 \cdot \varepsilon_{zStr,Speicher,i} \\ 0,02 \cdot \varepsilon_{zStr,Speicher,i+1} \\ \vdots \\ \mathbf{R}_{m+1} \cdot \varepsilon_{zStr,Speicher,m+1} \end{pmatrix}}_{\mathbf{b}}, i = 1 \dots m+1 \tag{3.29}$$

Das heißt, daß in Gleichung (3.29) die Differenz der Höhenwerte zwischen aktuellem und altem Scan $\varepsilon_{zStr,Speicher,i}$ in der Entfernung $x_{Str,Speicher,i}$ zum Fahrzeug nur mit einer Gewichtung von $0,5$ bei der Lösung des überbestimmten Gleichungssystems berücksichtigt wird, da an der Stelle $x_{Str,Speicher,i}$ die Informationssicherheit der Meßwerte des aktuellen und alten Scans bei maximal $0,5$ liegt. Würden beide Straßenhöhenwerte $z_{Str,Speicher,akt,i}$ und $z_{Str,Speicher,hist,i}$ bei $x_{Str,Speicher,i}$ mit idealer Information vorliegen, so wäre die Relevanz $\mathbf{R}_i = 1$.

Die Lösung der zentralen Scan-Matching-Gleichung (3.28) erfolgt mittels linearer Regression. Dafür wird analog zur Vorgehensweise in Gleichung (3.17) die Pseudoinverse $\mathbf{A}^+$ der Matrix **A** gebildet:

$$\begin{gathered} \hat{\mathbf{x}} = \mathbf{A}^+ \cdot \mathbf{b} = \left(\mathbf{A}^T \cdot \mathbf{A}\right)^{-1} \cdot \mathbf{A}^T \cdot \mathbf{b}, \\ \begin{pmatrix} \Delta z_{Lid,korr} \\ \Delta n_{Lid,korr} \end{pmatrix} = \left(\begin{pmatrix} \mathbf{R}, & \mathbf{R} \cdot \vec{x}_{Str,Speicher} \end{pmatrix}^T \cdot \begin{pmatrix} \mathbf{R}, & \mathbf{R} \cdot \vec{x}_{Str,Speicher} \end{pmatrix} \right)^{-1} \\ \cdot \begin{pmatrix} \mathbf{R}, & \mathbf{R} \cdot \vec{x}_{Str,Speicher} \end{pmatrix}^T \cdot \begin{pmatrix} \mathbf{R} \cdot \vec{\varepsilon}_{zStr,Speicher} \end{pmatrix} \end{gathered} \tag{3.30}$$

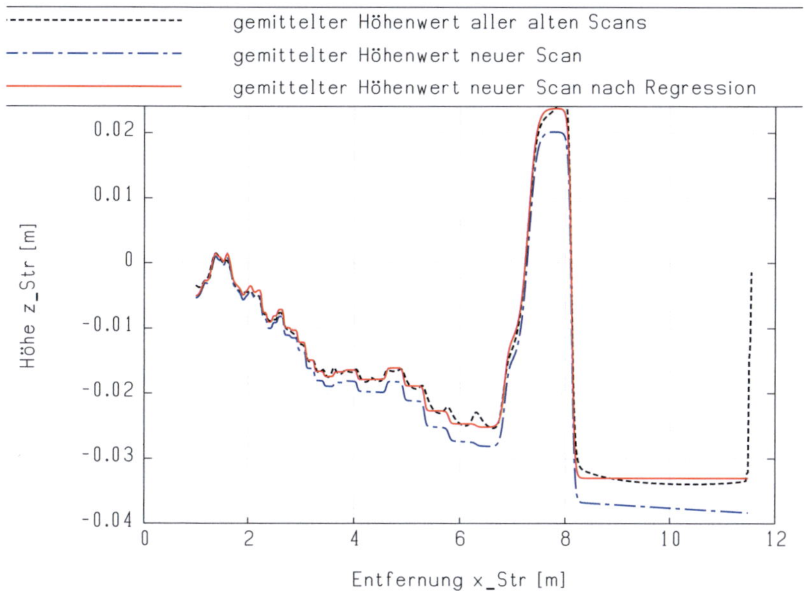

Abb. 3.15.: Matching des neuen Scans mit alten Scans durch Regression

Mit den Ergebnissen der Scan-Matching-Gleichung (3.30) können die korrigierten Höhenwerte des neuen Scans $\vec{z}_{Str,Speicher,akt,korr}$ berechnet werden, so daß sich der neue Scan „akt" und die alten Scans „hist" übereinanderlegen lassen:

$$\vec{z}_{Str,Speicher,akt,korr} = \vec{z}_{Str,Speicher,akt} + \Delta n_{Lid,korr} \cdot \vec{x}_{Str,Speicher} + \Delta z_{Lid,korr} \tag{3.31}$$

Abb. 3.15 zeigt das Ergebnis des neuen Scans nach der rekursiven statistischen Regressionskorrektur. Die Daten des neuen Scans liegen mit sehr guter Übereinstimmung über den Daten der vergangenen Scans und erhöhen so die Signalgüte.

Fusion des neuen Scans mit den vergangenen Scans

Mit den zuvor gemachten Korrekturen (siehe Gl. (3.31)) können nun die Daten des neuen Scans mit den Daten der vergangenen Scans fusioniert werden. Durch das Hinzufügen der Daten eines neuen Scans zu den bereits gespeicherten Daten der bisherigen Scans erhöht sich die summarische Wahrscheinlichkeitsdichte aller vergangenen Scans $\sum \vec{\xi}_{LIDAR,hist}$ um die Wahrscheinlichkeitsdichte des neuen Scans $\sum \vec{\xi}_{LIDAR,akt}$:

$$\sum \vec{\xi}_{LIDAR,hist,neu} = \sum \vec{\xi}_{LIDAR,akt} + \sum \vec{\xi}_{LIDAR,hist} \tag{3.32}$$

Unter Berücksichtigung der neuen Wahrscheinlichkeitsdichte können die aktualisierten gemittelten Höhenwerte $\vec{z}_{Str,Strasse,hist,neu}$ des Straßenprofils berechnet werden:

$$\begin{aligned} &\vec{z}_{Str,Speicher,hist,neu} = \\ &= \frac{\vec{z}_{Str,Speicher,hist} \cdot \sum \vec{\xi}_{LIDAR,hist} + \vec{z}_{Str,Speicher,akt,korr} \cdot \sum \vec{\xi}_{LIDAR,akt}}{\sum \vec{\xi}_{LIDAR,hist,neu}} \end{aligned} \tag{3.33}$$

Als Maß für die Schwankung der Daten wird die Streuung $\vec{\sigma}_{Str,Speicher,neu}$ zwischen dem neuen Scan „akt" und den alten Scans „hist" herangezogen:

$$\begin{aligned} \vec{\sigma}_{Str,Speicher,neu} = &\frac{\vec{\sigma}_{Str,Speicher,hist} \cdot \sum \vec{\xi}_{LIDAR,hist}}{\sum \vec{\xi}_{LIDAR,hist,neu}} + \\ &+ \frac{\left|\vec{z}_{Str,Speicher,hist} - \vec{z}_{Str,Speicher,akt}\right| \cdot \sum \vec{\xi}_{LIDAR,akt}}{\sum \vec{\xi}_{LIDAR,hist,neu}} \end{aligned} \tag{3.34}$$

In die Gleichung (3.34) gehen sowohl die Streuungsinformation der alten Scans $\vec{\sigma}_{Str,Speicher,hist}$ als auch der relative Fehler im Straßenhöhenwert zwischen dem neuen und den alten Scans $\left|\vec{z}_{Str,Speicher,hist} - \vec{z}_{Str,Speicher,akt}\right|$ ein. Sowohl die Streuungsinformation der alten Scans als auch der Höhenfehler werden mit der jeweiligen Wahrscheinlichkeitsdichte der alten Scans $\sum \vec{\xi}_{LIDAR,hist}$ bzw. des neuen Scans $\sum \vec{\xi}_{LIDAR,akt}$ multipliziert. Beide Terme in Gleichung 3.34 werden anschließend durch Division durch die summarische Wahrscheinlichkeitsdichte aus dem neuen und den alten Scans $\sum \vec{\xi}_{LIDAR,hist,neu}$ (siehe Gl. (3.32)) normiert.

Die Streuungsinformation bildet zusammen mit der Wahrscheinlichkeitsdichte eine wichtige Kenngröße für den Preview-Algorithmus. Die Sicherheit und Güte der Daten kann so explizit im Preview-Algorithmus berücksichtigt werden.

Fazit: In den vorangegangenen Ausführungen wurde ein neuer rekursiver statistischer Straßenrekonstruktions-Algorithmus vorgestellt, der die Nutzung aufeinanderfolgender Scans erlaubt und so ein qualitativ hochwertiges Straßensignal mit der gleichzeitigen Aussage über das Gütemaß für ein aktives Fahrwerk mit Preview zur Verfügung stellt. Mit jedem neuen Scan wird die bereits vorliegende Information über ältere Scans ergänzt. Folglich steigt die Güte des Straßensignals über der Meßdauer kontinuierlich.

Das vorliegende Straßenhöhenprofil kann so jedoch nicht im Fahrzeug verwendet werden, da keine genaue absolute Referenzierung zwischen Straße und Sensormeßwinkel möglich ist. Zur Lösung dieser Fragestellung wird daher in Abschnitt 3.2.4 ein neuer Algorithmus zur Reifenkontakt-Regression vorgestellt, der den Scan-Matching-Algorithmus aus 3.2.3 erweitert.

3.2.4. Algorithmus zur Referenzierung des Straßenhöhenprofils durch Reifenkontakt-Regression

Durch den in Abschnitt 3.2.3 entwickelten rekursiven Scan-Matching-Algorithmus wird sukzessive jeder neue Scan auf das gemittelte Straßenhöhenprofil aller alten Scans gelegt. Das Höhenprofil der alten Scans „hist“ dient also als Referenz für jeden neuen Scan „akt“.

Eine solche Vorgehensweise erhöht die Güte des Straßenprofils, ist jedoch mit dem Nachteil verbunden, daß über der Zeit auftretende Drifteffekte beim Matching zu einem Verlust der absoluten Lage des Straßenhöhenprofils zur realen Straße führen.

Die ursprünglich bestimmten Startwerte für den Offset der LIDAR-Sensoren in Einbaulage in Nickrichtung $n_{off,Lid}$ und in der Sensorhöhe über der Fahrbahn $z_{off,Lid}$ sind zu ungenau für eine Bestimmung der absoluten Straßenhöhe vor dem Fahrzeug. Daß diese Parameter kritisch sind und eine Schwankung große Auswirkungen auf die Qualität des Straßenprofils hat, wurde durch die Parametersensitivitätsanalyse in Abschnitt 3.1.3 nachgewiesen.

Der Ansatz, $n_{off,Lid}$ und $z_{off,Lid}$ durch Messen in der Ruhelage des Fahrzeugs im Fahrzeugnullniveau zu bestimmen, ist zu ungenau. Das liegt darin begründet, daß folgende dynamische Effekte unberücksichtigt bleiben:

- Veränderung des Fahrzeugniveaus durch dynamisch veränderlichen Radrollradius
- Veränderung der Fahrzeuglage durch dynamisch variierende Reifeneinfederung
- Veränderung der Fahrzeuglage durch aerodynamische Effekte
- Veränderung der Fahrzeuglage durch variierende Zuladung
- Veränderliche Reibung im Fahrwerk führt zu variierendem Fahrzeugnullniveau.

Daher ist für die Referenzierung des gemessenen und rekursiv gematchten Straßenhöhenprofils auf das absolute Straßenhöhenprofil ein dynamischer Algorithmus erforderlich, der eine kontinuierliche Anpassung an die aktuelle Fahrzeuglage ermöglicht und unabhängig von der Reifendynamik arbeitet.

Im folgenden wird ein solcher neuer Algorithmus zur Referenzierung des Straßenhöhenprofils durch Reifenkontakt-Regression beschrieben.

Grundgedanke des Algorithmus ist die Annahme, daß sich die Reifen in kontinuierlichem Kontakt zur Straße befinden. Dadurch ergibt sich die Forderung an das rekonstruierte Straßenprofil, daß der relative Höhenwert zwischen Straße und Reifenlatsch an der Aufstandsstelle der Reifen gleich Null sein muß. Mit dieser Forderung läßt sich eine Referenzierung des Straßenhöhenprofils auf ein absolutes Straßenhöhenniveau durchführen.

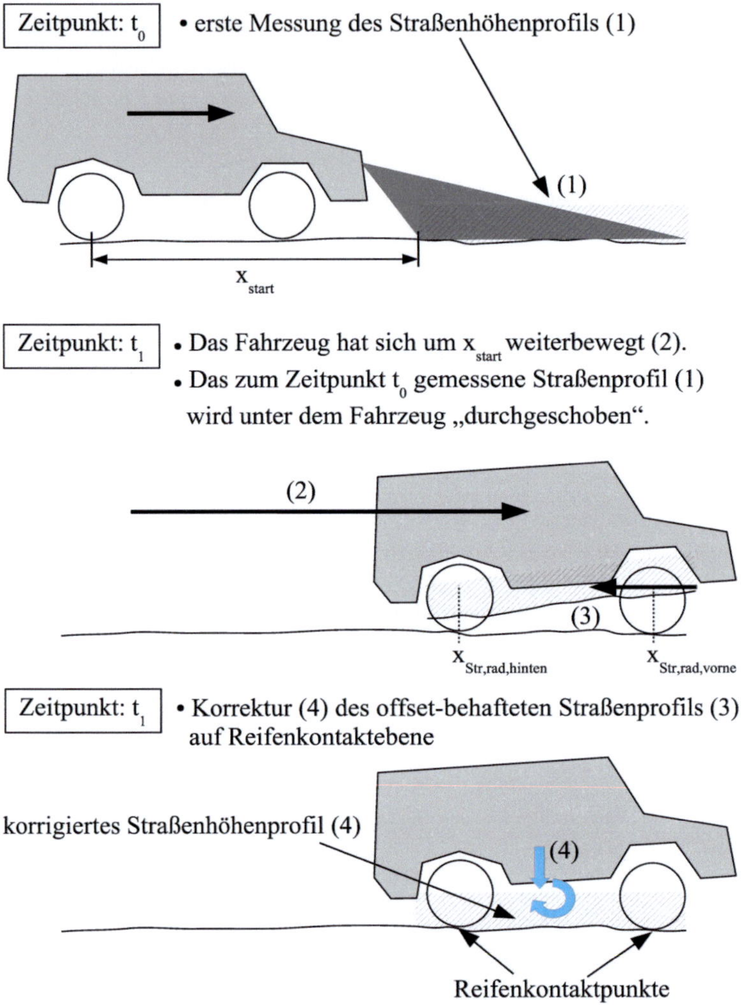

Abb. 3.16.: Prinzip der „Reifenkontakt-Regression"

Wie in Abbildung 3.16 unter Ziffer (1) gezeigt, findet zum Zeitpunkt t_0 eine Messung des Straßenhöhenprofils statt.

Der Algorithmus zur Reifenkontakt-Regression kann jedoch erst funktionieren, wenn das Fahrzeug bereits einen ausreichend langen Weg x_{start} zurückgelegt und den dazugehörigen Straßenabschnitt gemessen hat (Ziffer (2) in Abb. 3.16). Dies bedeutet, daß die bis zum Zeitpunkt t_1 zurückgelegte Wegstrecke x_{start} größer als der maximale Abstand zwischen Hinterrad und erstem LIDAR-Meßpunkt vor dem Fahrzeug sein muß. Erst dann liegen Straßenmeßdaten unter Vorder- und Hinterrädern für eine Reifenkontakt-Regression vor.

Als Basis für die Reifenkontakt-Regression (Ziffer (4) in Abb. 3.16) werden zuerst die (unkorrigierten) Höhenwerte für Vorder- und Hinterrad $z_{Str,rad,vorne}$ bzw. $z_{Str,rad,hinten}$ an der jeweiligen Stelle $x_{Str,rad,vorne}$ bzw. $x_{Str,rad,hinten}$ im Scanspeicher ausgewählt (Ziffer (3) in Abb. 3.16):

$$\begin{aligned} x_{Str,rad,vorne} &= x_{Str,Speicher,i} \\ x_{Str,rad,hinten} &= x_{Str,Speicher,j} \\ z_{Str,rad,vorne} &= z_{Str,Speicher}\left(x_{Str,rad,vorne}\right) \\ z_{Str,rad,hinten} &= z_{Str,Speicher}\left(x_{Str,rad,hinten}\right) \end{aligned} \tag{3.35}$$

Aufgrund von Rauschen im Straßensignal und der flächigen Ausbreitung des Reifenlatsches auf der Fahrbahn ist die Verwendung nur eines Höhenmeßpunktes pro Rad für die Reifenkontakt-Regression jedoch zu ungenau.

Daher wird in einem ersten Schritt eine Regression mit einem quadratischen Polynom („Parabelregression“) durchgeführt, um eine Filterung über mehrere eng beieinanderliegende Höhenmeßpunkte pro Rad zu bewirken.

Dazu werden jeweils n zusätzliche Meßpunkte links und rechts der vorderen und hinteren Radposition $x_{Str,rad,vorne}$ bzw. $x_{Str,rad,hinten}$, also insgesamt $2 \cdot n + 1$ Meßpunkte unter jedem Rad, aus dem Speicher ausgewählt. Damit ergeben sich pro Rad folgende Eingangsvektoren für Entfernungs- und Höhenwerte der Reifenkontaktregression:

$$\vec{x}_{Str,rad} = \left(x_{Str,Speicher,i-n}, \dots, x_{Str,Speicher,i}, \dots, x_{Str,Speicher,i+n}\right) \tag{3.36}$$

$$\vec{z}_{Str,rad} = \left(z_{Str,Speicher,i-n}, \dots, z_{Str,Speicher,i}, \dots, z_{Str,Speicher,i+n}\right) \tag{3.37}$$

Es wird folgender Ansatz für die Parabel-Regressionsgleichung eines Meßwertes an der Stelle i gewählt:

$$z_{Str,Speicher,i} = a_0 + a_1 \cdot x_{Str,Speicher,i} + a_2 \cdot x_{Str,Speicher,i}{}^2 \tag{3.38}$$

Werden die Eingangsvektoren aus Ausdruck (3.37) in Gleichung (3.38) eingesetzt, ergibt sich folgender Ausdruck für die Regressionsgleichung in Matrixform:

$$\underbrace{\begin{pmatrix} 1 & x_{Str,Speicher,i-n} & x_{Str,Speicher,i-n}^2 \\ \vdots & \vdots & \vdots \\ 1 & x_{Str,Speicher,i} & x_{Str,Speicher,i}^2 \\ \vdots & \vdots & \vdots \\ 1 & x_{Str,Speicher,i+n} & x_{Str,Speicher,i+n}^2 \end{pmatrix}}_{\mathbf{A}} \cdot \underbrace{\begin{pmatrix} a_0 \\ a_1 \\ a_2 \end{pmatrix}}_{\mathbf{x}} = \underbrace{\begin{pmatrix} z_{Str,Speicher,i-n} - 0 \\ \vdots \\ z_{Str,Speicher,i} - 0 \\ \vdots \\ z_{Str,Speicher,i+n} - 0 \end{pmatrix}}_{\mathbf{b}} \tag{3.39}$$

Dieses überbestimmte Gleichungssystem kann analog zu den Gleichungssystemen (3.15) und (3.28) durch Bildung der Pseudoinversen der Matrix **A** gelöst werden. Durch die Lösung von Gl. (3.39) werden die Koeffizienten der Ausgleichsparabel a_0, a_1, a_2 bestimmt. Damit lassen sich mit Gleichung (3.38) die gefilterten Höhenwerte $z_{Str,rad,regres,vorne}$ und $z_{Str,rad,regres,hinten}$ unter den Rädern berechnen:

$$\begin{aligned} z_{Str,rad,regres,vorne} &= a_{0,vorne} + a_{1,vorne} \cdot x_{Str,rad,vorne} + a_{2,vorne} \cdot x_{Str,rad,vorne}^2 \\ z_{Str,rad,regres,hinten} &= a_{0,hinten} + a_{1,hinten} \cdot x_{Str,rad,hinten} + a_{2,hinten} \cdot x_{Str,rad,hinten}^2 \end{aligned} \tag{3.40}$$

Aus Gleichung (3.40) kann durch ein- bzw. zweimaliges Differenzieren die erste und zweite Ableitung des Straßensignals für Vorder- und Hinterrad bestimmt werden:

$$\begin{aligned} &\text{Vorderrad:} \begin{cases} \dot{z}_{Str,rad,regres,vorne} = a_{1,vorne} + a_{2,vorne} \cdot x_{Str,rad,vorne} \\ \ddot{z}_{Str,rad,regres,vorne} = a_{2,vorne} \end{cases} \\ &\text{Hinterrad:} \begin{cases} \dot{z}_{Str,rad,regres,hinten} = a_{1,hinten} + a_{2,hinten} \cdot x_{Str,rad,hinten} \\ \ddot{z}_{Str,rad,regres,hinten} = a_{2,hinten} \end{cases} \end{aligned} \tag{3.41}$$

Die Ableitungen des Straßensignals werden in Kapitel 5 bei der Herleitung der Integralen Preview-Strategie noch eine wichtige Rolle spielen.

Die gefilterten Höhenwerte (siehe Gl. (3.40)) dienen nun als Basis für die Reifenkontakt-Regression (wie schematisch bei Ziffer (4) in Abb. 3.16 dargestellt). Ziel der Reifenkontakt-Regression ist es, das gesamte Straßenhöhenprofil $\vec{z}_{Str,Speicher}$ vor und unter dem Fahrzeug so zu korrigieren, daß der Höhenwert unterhalb der Vorder- und Hinterräder zu Null wird:

$$\begin{aligned} z_{Str,rad,korr,vorne} &\equiv 0 \\ z_{Str,rad,korr,hinten} &\equiv 0 \end{aligned} \tag{3.42}$$

Zur Korrektur des gesamten sich im Speicher befindlichen Straßenhöhenprofils $\vec{z}_{Str,Speicher}$ werden zwei Korrekturterme, der Höhen- und der Nickwinkelkorrekturwert $\Delta z_{Rad,korr}$ bzw. $\Delta n_{Rad,korr}$, eingeführt. Damit lautet die Korrekturbedingung an Vorder- und Hinterrad:

$$\begin{aligned} z_{Str,rad,korr,vorne} &= 0 = z_{Str,rad,regres,vorne} - \Delta z_{Rad,korr} - \Delta n_{Rad,korr} \cdot x_{Str,rad,vorne} \\ z_{Str,rad,korr,hinten} &= 0 = z_{Str,rad,regres,hinten} - \Delta z_{Rad,korr} - \Delta n_{Rad,korr} \cdot x_{Str,rad,hinten} \end{aligned} \tag{3.43}$$

Werden die Gleichungen (3.43) umgeformt und in Matrixform gebracht, folgt ein lineares Gleichungssystem mit quadratischer Systemmatrix **A**:

$$\underbrace{\begin{pmatrix} 1 & x_{Str,rad,vorne} \\ 1 & x_{Str,rad,hinten} \end{pmatrix}}_{\mathbf{A}} \cdot \underbrace{\begin{pmatrix} \Delta z_{Rad,korr} \\ \Delta n_{Rad,korr} \end{pmatrix}}_{\mathbf{x}} = \underbrace{\begin{pmatrix} z_{Str,rad,regres,vorne} \\ z_{Str,rad,regres,hinten} \end{pmatrix}}_{\mathbf{b}} \tag{3.44}$$

Das Gleichungssystem (3.44) läßt sich durch Invertierung der Matrix **A** lösen:

$$\underbrace{\begin{pmatrix} \Delta z_{Rad,korr} \\ \Delta n_{Rad,korr} \end{pmatrix}}_{\mathbf{x}} = \underbrace{\begin{pmatrix} 1 & x_{Str,rad,vorne} \\ 1 & x_{Str,rad,hinten} \end{pmatrix}^{-1}}_{\mathbf{A}^{-1}} \cdot \underbrace{\begin{pmatrix} z_{Str,rad,regres,vorne} \\ z_{Str,rad,regres,hinten} \end{pmatrix}}_{\mathbf{b}} \tag{3.45}$$

Mit den neuen Höhen- und Nickwinkelkorrekturwerten $\Delta z_{Rad,korr}$ und $\Delta n_{Rad,korr}$ kann das Straßenhöhenprofil korrigiert werden:

$$\vec{z}_{Str,Speicher,korr} = \vec{z}_{Str,Speicher} + \Delta z_{Rad,korr} + \Delta n_{Rad,korr} \cdot \vec{x}_{Str,Speicher} \tag{3.46}$$

Mit den Gleichungen (3.46) und (3.41) liegen sowohl das korrigierte, gefilterte Straßenhöhenprofil aller vergangenen Scans als auch dessen erste und zweite Ableitung als Eingangssignal für das aktive Fahrwerk mit Preview vor.

Sobald das Fahrzeug einen ausreichenden Weg zurückgelegt hat, sodaß das vor dem Fahrzeug gemessene Straßenhöhenprofil unter die Räder „durchgeschoben" werden kann, erfolgt die absolute Referenzierung durch die Reifenkontakt-Regression nach der Reifenkontakt-Bedingung (Gl. (3.42)). Damit ist eine genaue Bestimmung der Einbauposition des Sensors nicht mehr erforderlich. Das Straßenhöhenprofil referenziert sich quasi selbst.

Fazit: In Abschnitt 3.2 wurde ein neuer Algorithmus zur statistischen Rekursions-Rekonstruktion des Straßenhöhenprofils vorgestellt.

Dieser setzt sich zusammen aus einem neuen rekursiven Scan-Matching-Algorithmus (siehe Abschnitte 3.2.1, 3.2.3 und 3.2.3) und einem neuen Algorithmus zur Referenzierung des Straßenhöhenprofils durch Reifenkontakt-Regression (siehe Abschnitt 3.2.4).

Abb. 3.17.: Versuchsfahrzeug mit LIDAR-Sensoren bei Überfahrt der Fahrbahnschwelle

Der rekursive Scan-Matching-Algorithmus erlaubt das „Übereinanderlegen" neuer und alter Scans unter Berücksichtigung der Wahrscheinlichkeitsdichte der einzelnen LIDAR-Meßpunkte. Der Algorithmus zur Reifenkontakt-Regression referenziert das Straßenhöhenprofil vor und unter dem Fahrzeug in einer Weise, daß die Kontaktbedingung unter allen vier Reifen mit einer Höhe der Straße gleich Null erfüllt ist.

Damit steht ein Straßenhöhenprofil für ein aktives Fahrwerk mit Vorausschau zur Verfügung.

3.3. Ergebnisse der Straßenmessungen

In den vorhergehenden Abschnitten wurde ein neuer Algorithmus zur Generierung des Straßenhöhenprofils für ein aktives Fahrwerk mit Preview beschrieben, der alle Randbedingungen für den Einsatz im realen Fahrzeug berücksichtigt.

Anhand der Überfahrt über eine Fahrbahnschwelle soll die Funktionsweise des Algorithmus im Versuchsfahrzeug veranschaulicht werden. Abbildung 3.17 zeigt das Preview-Versuchsfahrzeug beim Überfahren einer Fahrbahnschwelle mit einer Länge von 1 m und einer maximalen Höhe von 5 cm. Die Schwelle besitzt die in Abb. 3.18 dargestellte Kontur. Die folgenden drei Abbildungen 3.19, 3.20 und 3.21 zeigen jeweils eine Momentaufnahme der Meßfahrt. Im oberen Graph ist jeweils das aktuell gemittelte vertikale Straßenhöhenprofil $\vec{z}_{Str,Speicher}$ aller bis dahin aufgezeichneten Scans über der Entfernung zum LIDAR-Sensor $\vec{x}_{Str,Speicher}$ aufgetragen.

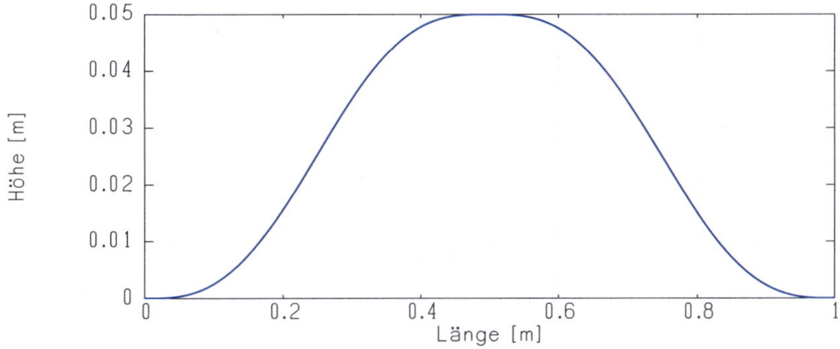

Abb. 3.18.: Straßenanregung „Fahrbahnschwelle“

Der mittlere Graph zeigt jeweils die Gewichtung $\sum \vec{\xi}_{LIDAR,hist}$, mit der das Straßensignal über der Entfernung vorliegt. Im unteren Graph ist die Streuung aufeinanderfolgender Messungen des Straßenhöhenprofils $\vec{\sigma}_{Str,Speicher}$ dargestellt.

In Abb. 3.19 wurde der Straßenaufbereitungs-Algorithmus gerade gestartet. Die Schwelle befindet sich ungefähr in 9 m Abstand zum Sensor. Wie im mittleren Graph ersichtlich wird, liefert der erste Scan Höheninformationen in einem Bereich von ca. 1 m bis gut 9 m vom Sensor entfernt. Die Kontur der Schwelle in 9 m Entfernung (aufsteigende Flanke) ist erkennbar, jedoch noch unzureichend abgebildet.

Abb. 3.19 zeigt deutlich, daß das Straßenhöhenprofil $\vec{z}_{Str,Speicher,hist}$ verrauscht und offsetbehaftet ist. So sind die Straßenhöhenwerte im Entfernungsbereich von ca. 1 m bis 8 m negativ. Der Grund dafür ist, daß die absolute Referenzierung des Straßenhöhenprofils auf Reifenkontaktebene (siehe Abschnitt 3.2.4) noch nicht stattgefunden hat. Das Fahrzeug hat zu diesem Zeitpunkt noch keine ausreichende Wegstrecke zurückgelegt.

Im Bereich von 2 m bis 9 m sind gut die lokalen Maxima einzelner LIDAR-Meßpunkte in der Gewichtung (mittlerer Graph von Abb. 3.19) zu erkennen. An den Positionen von Vorder- und Hinterrad bei ca. -0,6 m bzw. -3,8 m auf der Abszisse sowie in größerer Entfernung vor dem Fahrzeug (> 10 m) liegt keine valide Straßeninformation vor. Deshalb ist die Gewichtung des Straßenhöhenprofils dort gleich Null.

Wichtig bei der Nutzung der Straßeninformation ist die ganzheitliche Betrachtung von Höheninformation, Gewichtung und Streuung im Kontext. Die Höheninformation allein (oberer Graph) ist ohne gleichzeitige Berücksichtigung der Gewichtung an der jeweiligen Stelle nutzlos.

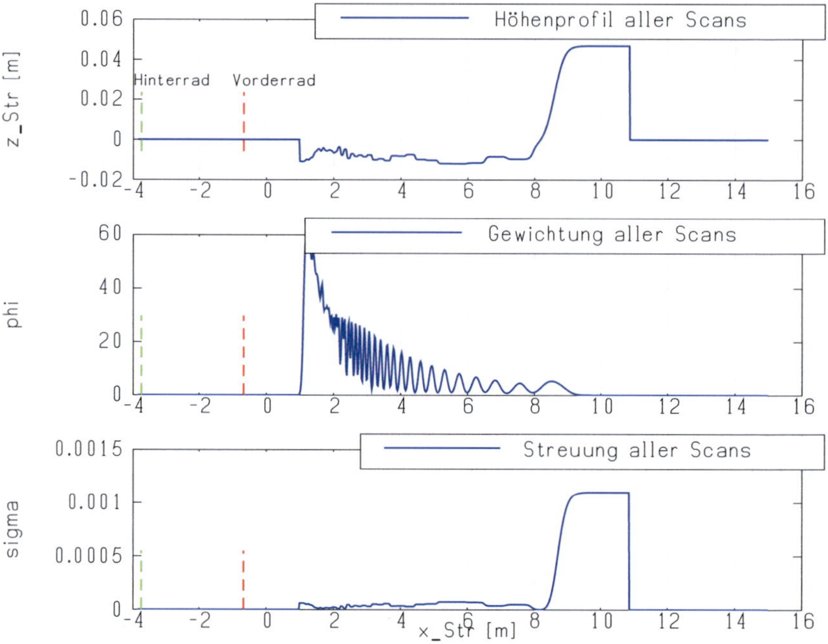

Abb. 3.19.: Straßenaufbereitungs-Algorithmus beim Start

In der nächsten Abbildung 3.20 hat das Fahrzeug bereits ca. 4 m zurückgelegt. Im oberen Graph ist zu erkennen, daß die vorher gemessenen Straßendaten in Richtung Hinterrad verschoben sind, und die Schwelle ca. 4 m näher gerückt ist. Das Straßenhöhenprofil $\vec{z}_{Str,Speicher}$ in Abb. 3.20 ist im Gegensatz zu Abb. 3.19 glatter; die Kontur der Schwelle zeichnet sich jetzt deutlich ab. Auch die abfallende Flanke auf der Rückseite der Schwelle ist gut abgebildet.

Die Gewichtung des Straßenprofils (mittlerer Graph) hat sich durch die gleichzeitige Verwendung der Information aller gemessenen Scans im Gegensatz zu Abb. 3.19 nahezu verdoppelt. Gleichzeitig ist zu erkennen, daß die Maximalwerte der Gewichtung von -3 m bis 1 m ansteigen.

Das liegt darin begründet, daß mit zunehmender Anzahl gemessener und gematchter Scans die Gewichtung steigt, bis sich nach einer bestimmten zurückgelegten Wegstrecke abhängig von der Fahrgeschwindigkeit ein stationärer Maximalwert (abhängig von der Fahrbahnbeschaffenheit) einstellt.

In einer Entfernung von gut 4 m weist die Gewichtung ein lokales Maximum auf, gefolgt von einem Bereich in etwa 5 m Entfernung, in dem fast keine Information vorliegt. Damit bildet die Gewichtung gut die physikalischen Randbedingungen „aufsteigende Flanke → viele

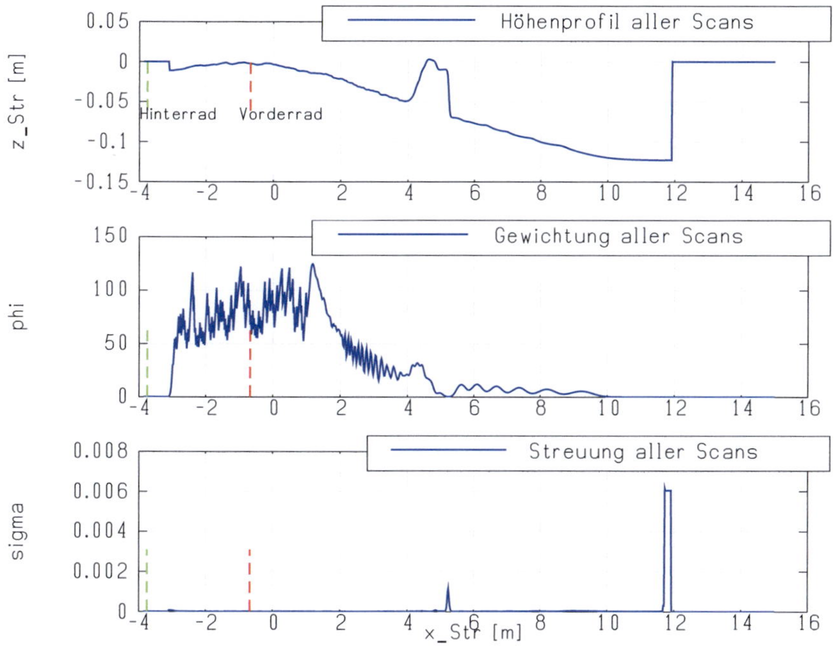

Abb. 3.20.: Straßenaufbereitungs-Algorithmus nach ca. 4 m zurückgelegter Wegstrecke

Meßpunkte → hohe Gewichtung" und „abfallende Flanke → wenig Meßpunkte → niedrige Gewichtung" ab. Gleichzeitig steigt die Streuung der Meßwerte bei abfallender Flanke, was durch den Peak bei gut 5 m in der Streuung zum Ausdruck kommt.

In Abbildung 3.21 hat das Fahrzeug eine ausreichende Wegstrecke zurückgelegt, um ein Straßenprofil unter Vorder- und Hinterrad abzubilden. Damit kann eine Reifenkontaktpunkt-Regression, wie in Abschnitt 3.2.4 geschildert, durchgeführt werden. Der Algorithmus unterzieht das vorliegende Straßenhöhenprofil einer Hub- und Nickwinkelkorrektur und adaptiert[11] dabei die Korrekturterme für Offset- und Steigung solange, bis die Reifenkontaktbedingung erfüllt ist.

Wie im oberen Graph zu erkennen, sind die Kontur und die Abmessungen der Schwelle (vgl. Abbildung 3.18) gut abgebildet. Auch die Höheninformation für die abfallende Flanke der Schwelle in ca. 1 bis 1,5 m Entfernung ist mit hoher Gewichtung vorhanden. Die Streuung des Straßenhöhensignals im gesamten Entfernungsbereich vom Hinterrad bei ca. -3,8 m bis zu einer Entfernung von mehr als 11 m vor dem Fahrzeug ist gering.

[11] Adaption im technischen Sinne ist die Fähigkeit, einen Algorithmus an ein sich änderndes System in einer Art und Weise anzupassen, daß ein vorgegebenes Gütekriterium erfüllt wird [Bre01].

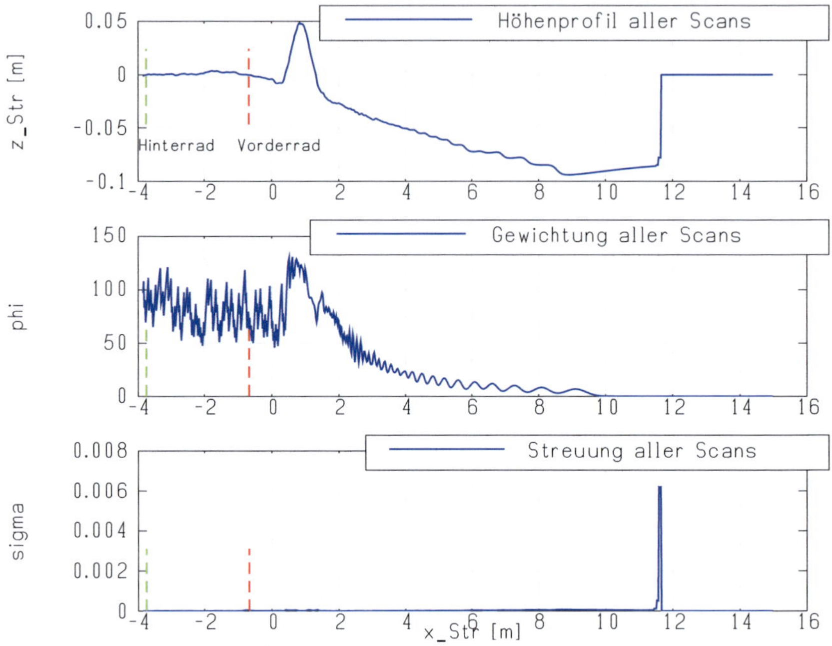

Abb. 3.21.: Straßenaufbereitungs-Algorithmus mit aktiver Reifenkontaktpunkt-Regression nach ca. 8 m zurückgelegter Wegstrecke

Sowohl das Straßenhöhenprofil als auch dessen 1. und 2. Ableitung stehen jetzt für die Verwendung in einem aktiven Fahrwerk mit Preview zur Verfügung.

Fazit: Die Fahrzeugmessungen zeigen, daß der in dieser Arbeit neu entwickelte, echtzeitfähige Rekursionsalgorithmus zur statistischen Rekonstruktion des Straßenhöhenprofils im Fahrzeug lauffähig ist und die gestellten Qualitätsanforderungen an das Preview-Straßensignal erfüllt. Damit steht **erstmals** das Straßenhöhenprofil mit einer Reichweite von bis zu 15 m für ein aktives Fahrwerk mit Preview in einem realen Fahrzeug zur Verfügung.

Mit dem im Kapitel 3 beschriebenen Straßenrekonstruktions-Algorithmus steht die Grundvoraussetzung für die Entwicklung eines Preview-Regelungsalgorithmus und der Realisierung eines aktiven Fahrwerks mit Vorausschau im Fahrzeug zur Verfügung. Um die Basis für die Ableitung der neuen Integralen Preview-Strategie in Kapitel 5 zu schaffen, werden im folgenden Kapitel 4 zunächst die Gleichungen für ein Halb- und ein Gesamtfahrzeugmodell hergeleitet.

4. Modellbildung

Als Hilfsmittel für die Entwicklung des aktiven Fahrwerks mit Preview-Strategie werden Simulationsuntersuchungen eingesetzt. Dafür ist ein Modell des Systems - bestehend aus Fahrzeug und Regler - erforderlich, das in ausreichender Detaillierung die wesentlichen Effekte abbildet. Das Modell soll kompakt formuliert werden, um eine analytische Herleitung von Regler und Preview-Strategie in Matrixschreibweise zu ermöglichen.

4.1. Modellbeschreibung und Vereinfachungen

Kerneigenschaft des Modells soll es sein, das real existierende Versuchsfahrzeug (siehe Abb. 6.1) in ausreichender Genauigkeit abzubilden. Bei dem Fahrzeug handelt es sich um einen Pkw vom Typ Mercedes S-Klasse, der mit dem aktiven hydraulischen Fahrwerk „Active Body Control“ und zwei LIDAR-Sensoren ausgerüstet ist.

Zuerst muß die Frage beantwortet werden, welche Klasse von mathematischen Fahrzeugmodellen für die Aufgabe am geeignetsten ist. Da die Hauptanregung durch die Straßenunebenheiten in vertikaler Richtung stattfindet, soll ein Modell zur Abbildung der vertikaldynamischen Eigenschaften des Fahrzeugs verwendet werden. Es wird daher auf die Modellierung von längs- oder querdynamischen Eigenschaften verzichtet. Der Einfachheit halber sollen im folgenden zur Reglersynthese lineare Modelle verwendet werden.

Folgende drei Modellklassen werden üblicherweise zur Modellierung des vertikaldynamischen Verhaltens von Fahrzeugen verwendet: Viertelfahrzeugmodell, Halbfahrzeugmodell und Gesamtfahrzeugmodell.

Die meisten theoretischen Untersuchungen zum Thema Preview verwenden Viertelfahrzeugmodelle (VFZ) unterschiedlichster Ausprägung (siehe Abschnitt 1.2.4). Sie bilden ein Viertel des Fahrzeugs ab und bestehen in der Regel aus einer Aufbaumasse, die über ein Federungselement mit einer Radmasse verbunden ist. VFZ-Modelle stellen die einfachste Art der Fahrzeugmodelle für dynamische Untersuchungen von Fahrwerk und Aufbau dar.

VFZ-Modelle bilden jedoch die für das menschliche Komfortempfinden wichtigen, rotatorischen Schwingungen des Aufbaus, wie z.B. Nicken, nicht ab. Deshalb ist die Aussagekraft der durch VFZ-Modelle gewonnenen Ergebnisse hinsichtlich des Aufbauverhaltens im realen Fahrzeug beschränkt.

Einspur-Halbfahrzeug-Modelle (HFZ) zur Abbildung der vertikaldynamischen Effekte hingegen bilden nicht nur den vertikalen Aufbaufreiheitsgrad „Huben“, sondern auch den rotatorischen Freiheitsgrad „Nicken" ab. Sie bestehen in der Regel aus einer Aufbaumasse und zwei Radmassen für Vorder- und Hinterrad.

Im Gegensatz zur skalaren mathematischen Darstellung von VFZ-Modellen ermöglichen HFZ-Modelle die Darstellung der geometrischen Verkoppelung zwischen Aufbau und Rädern in Matrixschreibweise, ähnlich der Darstellung beim Gesamtfahrzeugmodell (GFZ), jedoch in einfacherer und anschaulicherer Form.

Die mathematische Darstellbarkeit des Modells in Matrixschreibweise ist wichtig, da sie eine übersichtliche und kompakte Formulierung für die Reglersynthese ermöglicht, die es erlaubt, wesentliche Zusammenhänge zu erkennen und einfach zu analysieren. Deshalb sollen die grundsätzlichen konzeptionellen Untersuchungen anhand eines Halbfahrzeugmodells durchgeführt werden.

4.2. Halbfahrzeugmodell

Im folgenden soll das Modell vorgestellt und die dafür geltenden Vereinfachungen erläutert werden. Wie vorher bereits erwähnt, soll für die grundsätzlichen Konzeptuntersuchungen ein lineares Halbfahrzeugmodell dienen. Abbildung 4.1 zeigt eine schematische Darstellung des HFZ-Modells.

Das Modell besitzt drei Massen: Die Aufbaumasse m_A mit der rotatorischen Trägheit J_N und zwei Radmassen $m_{R,v}$ und $m_{R,h}$. Die Aufbaumasse wird als starre Platte mit kontinuierlicher Massenverteilung modelliert. Die Radmassen werden als Punktmassen angenommen.

Das Modell besitzt vier Freiheitsgrade:

1. $z_{R,v}$: vertikale translatorische Radbewegung vorne
2. $z_{R,h}$: vertikale translatorische Radbewegung hinten
3. z_A: vertikale translatorische Aufbaubewegung Huben
4. n: rotatorische Aufbaubewegung Nicken

Aufbau und Räder sind mit ABC[1]-Federbeinen verbunden. Diese bestehen aus der Serienschaltung einer linearen Schraubenfeder mit der Federsteifigkeit k_F mit einem Plunger[2] (siehe Abb. 4.1). Parallel zu Feder und Plunger ist ein Dämpfer mit der Dämpfungskonstanten k_D geschaltet.

Die vertikalen Kraftangriffspunkte für Feder, Dämpfer und Plunger an den Rädern und der Aufbaumasse liegen exakt übereinander. Die Hebelarme von Vorder- bzw. Hinterrad zum Schwerpunkt SP werden mit l_v bzw. l_h bezeichnet. Zur Vereinfachung wird auf eine Modellierung von Stütz- oder Kopflagern zur Lagerung von Federbein und Rädern verzichtet. Die Komponenten des Federbeins werden als masselos angenommen.

[1] Active Body Control: Aktives hydraulisches Fahrwerk, siehe Abschnitt 1.2.2.

[2] einfach wirkender Hydraulikzylinder

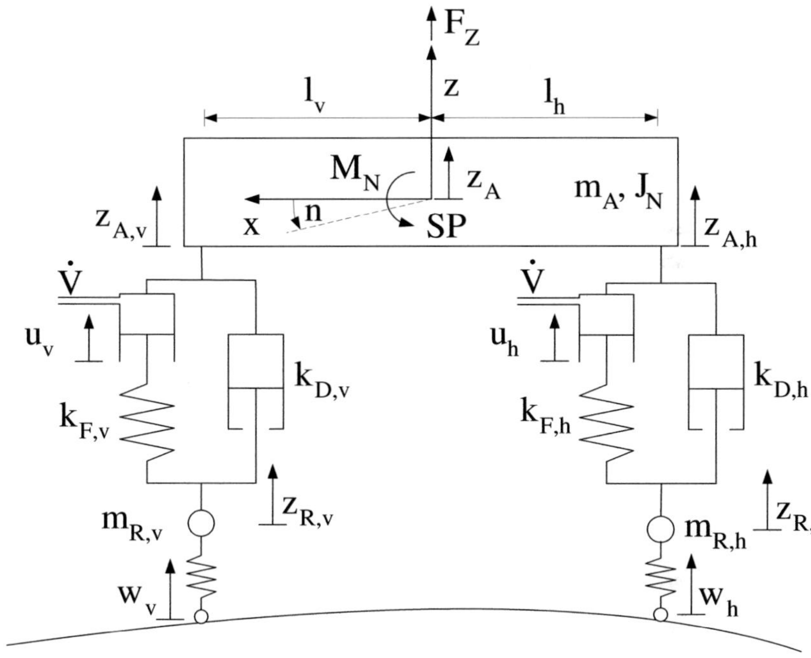

Abb. 4.1.: ABC-Halbfahrzeugmodell

Da mit dem HFZ-Modell im wesentlichen das vertikaldynamische Verhalten des Fahrzeugs untersucht wird, wird auf die Modellierung querdynamischer Effekte verzichtet. Die Beeinflussung des Fahrzeugs durch externe Kräfte und Momente wird durch die Einführung der Hubkraft F_Z und des Nickmoments M_N berücksichtigt. Damit können Einwirkungen auf das Fahrzeug durch Fahrbahnanregungen und längsdynamische Manöver (wie Bremsen, Beschleunigen) abgebildet werden.

Anhand von Abbildung 4.1 werden durch die Anwendung der Newtonschen Axiome[3] die Bewegungsgleichungen für das HFZ-Modell hergeleitet.

4.2.1. Aufbau

An der Aufbaumasse greifen Federbeinkräfte und -momente F_{FB} bzw. M_{FB} und externe Kräfte und Momente F_Z bzw. M_N an. Damit lautet das Kräfte- und Momentengleichgewicht der Aufbaumasse im Schwerpunkt:

$$m_A \cdot \ddot{z}_A = F_{FB,v} + F_{FB,h} + F_Z \tag{4.1}$$

$$J_N \cdot \ddot{n} = -F_{FB,v} \cdot l_v + F_{FB,h} \cdot l_h + M_N \tag{4.2}$$

4.2.2. Federbeine

Die Federbeine stehen unter der Krafteinwirkung von Aufbau- und Radkräften an den Federbeinaufnahmepunkten. Die resultierenden Federbeinkräfte F_{FB} setzen sich aus der Kraft durch die Eindrückung der Feder F_F und einer geschwindigkeitsproportionalen Dämpfungskraft F_D zusammen. Mit der Einführung des Plungerstellwegs u lassen sich die Federbeinkräfte F_{FB} wie folgt formulieren:

$$\begin{aligned} F_{FB} = F_F + F_D &= k_F \cdot (z_R - z_A + u) + k_D \cdot (\dot{z}_R - \dot{z}_A) \\ &= -k_F \cdot (z_A - z_R) + k_F \cdot u - k_D \cdot (\dot{z}_A - \dot{z}_R) \end{aligned} \tag{4.3}$$

z_A und z_R und deren Ableitungen $\dot{z}_A$ und $\dot{z}_R$ sind dabei die vertikalen Wege und Geschwindigkeiten des Aufbaus und der Räder.

[3] Sir Isaac Newton, Physiker, Mathematiker, Astronom (1643-1727). Die drei Newtonschen Axiome beschreiben das Trägkeitsprinzip $F = \sum_i F_i = 0$, das Aktionsprinzip $F = m \cdot a$ und das Reaktionsprinzip „actio gleich reactio".

Werden nun die Federbeingleichungen (4.3) in die Differentialgleichungen des Aufbaus (4.1) und (4.2) eingesetzt, resultieren die Bewegungsgleichungen des Aufbaus in skalarer Darstellung:

$$\begin{aligned} m_A \cdot \ddot{z}_A = & k_{F,v} \cdot \left(z_{R,v} - z_{A,v} + u_v\right) + k_{D,v} \cdot \left(\dot{z}_{R,v} - \dot{z}_{A,v}\right) + \\ & k_{F,h} \cdot \left(z_{R,h} - z_{A,h} + u_h\right) + k_{D,h} \cdot \left(\dot{z}_{R,h} - \dot{z}_{A,h}\right) + F_Z \end{aligned} \tag{4.4}$$

$$\begin{aligned} J_N \cdot \ddot{n} = & -k_{F,v} \cdot \left(z_{R,v} - z_{A,v} + u_v\right) \cdot l_v - k_{D,v} \cdot \left(\dot{z}_{R,v} - \dot{z}_{A,v}\right) \cdot l_v + \\ & k_{F,h} \cdot \left(z_{R,h} - z_{A,h} + u_h\right) \cdot l_h + k_{D,h} \cdot \left(\dot{z}_{R,h} - \dot{z}_{A,h}\right) \cdot l_h + M_N \end{aligned} \tag{4.5}$$

4.2.3. Darstellung der Bewegungsgleichungen in Matrix-Form

Für eine übersichtlichere Darstellung werden die Bewegungsgleichungen in Matrix-Form transformiert. Die Aufbaumassen und -trägheitsterme m_A und J_N, die Federsteifigkeiten k_F, die Dämpfungskonstanten k_D und die geometrischen Bindungen am Aufbau l lassen sich wie folgt in Matrizenform darstellen:

$$\Theta_A = \begin{pmatrix} m_A & 0 \\ 0 & J_N \end{pmatrix}, K_F = \begin{pmatrix} k_{F,v} & 0 \\ 0 & k_{F,h} \end{pmatrix}, K_D = \begin{pmatrix} k_{D,v} & 0 \\ 0 & k_{D,h} \end{pmatrix}, L_A = \begin{pmatrix} l_v & 0 \\ 0 & l_h \end{pmatrix} \tag{4.6}$$

In Gleichung (4.3) eingesetzt, ergibt sich damit die Darstellung der Federbeinkraft in Matrixform:

$$\vec{F}_{FB} = \vec{F}_F + \vec{F}_D = -K_F \cdot (\vec{z}_A - \vec{z}_R) + K_F \cdot \vec{u} - K_D \cdot \left(\dot{\vec{z}}_A - \dot{\vec{z}}_R\right) \tag{4.7}$$

Zur Beschreibung der Aufbaubewegung werden die modalen Aufbaukoordinaten für Huben z_A und Nicken n eingeführt. Zur Umrechnung der vertikalen Bewegungen $z_{A,v}$ und z_{A_h} des Aufbaus an den Befestigungspunkten Federbein/Aufbau in modale Aufbaukoordinaten wird die Transformationsmatrix T_{GA} eingeführt:

$$\begin{pmatrix} z_{A,v} \\ z_{A,h} \end{pmatrix} = \begin{pmatrix} 1 & -l_v \\ l & l_h \end{pmatrix} \cdot \begin{pmatrix} z_A \\ n \end{pmatrix}, \vec{z}_A = T_{GA}^T \cdot \begin{pmatrix} z_A \\ n \end{pmatrix}, T_{GA} = \begin{pmatrix} 1 & 1 \\ -l_v & l_h \end{pmatrix} \tag{4.8}$$

Mit (4.8) ergibt sich daraus für die Darstellung der Federbeinkraft:

$$\vec{F}_{FB} = -K_F \cdot \left(T_{GA}^T \cdot \begin{pmatrix} z_A \\ n \end{pmatrix} - \vec{z}_R \right) + K_F \cdot \vec{u} - K_D \cdot \left(T_{GA}^T \cdot \begin{pmatrix} \dot{z}_A \\ \dot{n} \end{pmatrix} - \dot{\vec{z}}_R \right) \tag{4.9}$$

Es folgt das Ausmultiplizieren der Terme:

$$\vec{F}_{FB} = K_D \cdot \dot{\vec{z}}_R + K_F \cdot \vec{z}_R - K_D \cdot T_{GA}^T \cdot \begin{pmatrix} \dot{z}_A \\ \dot{n} \end{pmatrix} - K_F T_{GA}^T \cdot \begin{pmatrix} z_A \\ n \end{pmatrix} + K_F \cdot \vec{u}$$

Durch die Einführung des Relativwegs $\vec{z}_{rel\_AR}$ zwischen Aufbau und Rädern

$$\vec{z}_{rel\_AR} = \begin{pmatrix} z_{rel\_AR,v} \\ z_{rel\_AR,h} \end{pmatrix} = T_{GA}^{T} \cdot \begin{pmatrix} z_A \\ n \end{pmatrix} - \vec{z}_R \tag{4.10}$$

vereinfacht sich die Darstellung der Federbeinkraft $\vec{F}_{FB}$ zu:

$$\vec{F}_{FB} = -K_F \cdot \vec{z}_{rel\_AR} + K_F \cdot \vec{u} - K_D \cdot \dot{\vec{z}}_{rel\_AR} \tag{4.11}$$

Damit ergibt sich die Darstellung der Aufbaubewegungsgleichung in Matrixform:

$$\Theta_A \cdot \begin{pmatrix} \ddot{z}_A \\ \ddot{n} \end{pmatrix} = \begin{pmatrix} 1 & 1 \\ -l_v & l_h \end{pmatrix} \cdot \vec{F}_{FB} + \begin{pmatrix} F_Z \\ M_N \end{pmatrix} = T_{GA} \cdot \vec{F}_{FB} + \begin{pmatrix} F_Z \\ M_N \end{pmatrix} \tag{4.12}$$

Jetzt wird die Federbeingleichung (4.9) in die Bewegungsgleichung des Aufbaus (4.12) eingesetzt:

$$\begin{aligned} \Theta_A \begin{pmatrix} \ddot{z}_A \\ \ddot{n} \end{pmatrix} =& T_{GA} \left\{ -K_F \left(T_{GA}^{T} \begin{pmatrix} z_A \\ n \end{pmatrix} - \vec{z}_R \right) + K_F \vec{u} - K_D \left(T_{GA}^{T} \begin{pmatrix} \dot{z}_A \\ \dot{n} \end{pmatrix} - \dot{\vec{z}}_R \right) \right\} \\ &+ \begin{pmatrix} F_Z \\ M_N \end{pmatrix} \end{aligned} \tag{4.13}$$

Nach Ausmultiplizieren und Sortieren der Terme folgt daraus die Bewegungsgleichung in Matrixform:

$$\begin{aligned} \Theta_A \begin{pmatrix} \ddot{z}_A \\ \ddot{n} \end{pmatrix} + T_{GA} K_D T_{GA}^{T} \begin{pmatrix} \dot{z}_A \\ \dot{n} \end{pmatrix} + T_{GA} K_F T_{GA}^{T} \begin{pmatrix} z_A \\ n \end{pmatrix} \\ = T_{GA} K_D \dot{\vec{z}}_R + T_{GA} K_F \vec{z}_R + T_{GA} K_F \vec{u} + \begin{pmatrix} F_Z \\ M_N \end{pmatrix} \end{aligned} \tag{4.14}$$

Gleichung (4.14) kann durch das Einsetzen der Relativwege aus Gleichung (4.10) weiter vereinfacht werden. Daraus resultiert die Bewegungsgleichung des Aufbaus in Relativwegdarstellung:

$$\Theta_A \begin{pmatrix} \ddot{z}_A \\ \ddot{n} \end{pmatrix} = T_{GA} \left(-K_F \cdot \vec{z}_{rel\_AR} - K_D \cdot \dot{\vec{z}}_{rel\_AR} + K_F \cdot \vec{u} \right) + \begin{pmatrix} F_Z \\ M_N \end{pmatrix} \tag{4.15}$$

4.2.4. Räder

An den Radmassen m_R greifen die Federbeinkräfte F_{FB} und die Kräfte des Reifens an. Der Reifen als Übertragungsglied zwischen Straßenanregung w und Felge/Achse z_R soll als Reifenfeder modelliert werden. Dadurch soll die vertikale Steifigkeit des Reifens k_{FR} abgebildet werden. Da die Dämpfungseigenschaften des Reifens in vertikaler Richtung sehr klein sind, soll auf eine Modellierung dieser Reifeneigenschaft verzichtet werden.

Die Bewegungsgleichungen von Vorder- und Hinterrad mit den Freiheitsgraden $z_{R,v}$ bzw. $z_{R,h}$ lauten:

$$
\begin{aligned}
m_{R,v} \cdot \ddot{z}_{R,v} &= -\vec{F}_{FB,v} - k_{FR,v} \cdot (z_{R,v} - w_v) \\
m_{R,h} \cdot \ddot{z}_{R,h} &= -\vec{F}_{FB,h} - k_{FR,h} \cdot (z_{R,h} - w_h)
\end{aligned}
\tag{4.16}
$$

Werden die Terme für Radmassen und Reifenfedersteifigkeiten in Matrixform überführt,

$$
M_R = \begin{pmatrix} m_{R,v} & 0 \\ 0 & m_{R,h} \end{pmatrix}, K_{FR} = \begin{pmatrix} k_{FR,v} & 0 \\ 0 & k_{FR,h} \end{pmatrix}
\tag{4.17}
$$

lassen sich die Bewegungsgleichungen der Räder (4.16) zusammenfassen und in Matrixform darstellen:

$$
M_R \cdot \ddot{\vec{z}}_R = -\vec{F}_{FB} - K_{FR} \cdot (\vec{z}_R - \vec{w})
\tag{4.18}
$$

Wird jetzt die Federbeinkraft (Gl. (4.9)) eingesetzt, ergibt sich:

$$
\begin{aligned}
M_R \begin{pmatrix} \ddot{z}_{R,v} \\ \ddot{z}_{R,h} \end{pmatrix} = &- \left\{ -K_F \left(T_{GA}^T \begin{pmatrix} z_A \\ n \end{pmatrix} - \vec{z}_R \right) + K_F \vec{u} - K_D \left(T_{GA}^T \begin{pmatrix} \dot{z}_A \\ \dot{n} \end{pmatrix} - \dot{\vec{z}}_R \right) \right\} \\
&- K_{FR} \left(\begin{pmatrix} z_{R,v} \\ z_{R,h} \end{pmatrix} - \begin{pmatrix} w_v \\ w_h \end{pmatrix} \right)
\end{aligned}
$$

Nach dem Sortieren und Zusammenfassen gleicher Terme folgt die Matrixdarstellung für die Bewegungsgleichung der Räder

$$
\begin{aligned}
&M_R \ddot{\vec{z}}_R + K_D \dot{\vec{z}}_R + (K_F + K_{FR}) \vec{z}_R \\
&\quad = K_D T_{GA}^T \begin{pmatrix} \dot{z}_A \\ \dot{n} \end{pmatrix} + K_F T_{GA}^T \begin{pmatrix} z_A \\ n \end{pmatrix} + K_{FR} \vec{w} - K_F \vec{u}
\end{aligned}
\tag{4.19}
$$

oder nach Einsetzen von Gleichung (4.10) die Darstellung mit dem Relativweg zwischen Aufbau und Rädern:

$$
M_R \ddot{\vec{z}}_R = -\left(-K_F \cdot \vec{z}_{rel\_AR} - K_D \cdot \dot{\vec{z}}_{rel\_AR} + K_F \cdot \vec{u} \right) - K_{FR} (\vec{z}_R - \vec{w})
\tag{4.20}
$$

4.2.5. Stationäre Lösung der Bewegungsgleichungen

Zur Überprüfung der Bewegungsgleichungen von Aufbau und Rädern wird die stationäre Lösung berechnet. Sie liefert eine Aussage, ob Aufbau und Räder stationär dem Straßenverlauf folgen. Nur wenn diese Grundbedingung erfüllt wird, ist das Modell verwendbar.

Für den stationären Fall werden dazu externe Aufbaukräfte und -momente, bestehend aus der vertikalen Aufbaukraft F_Z und dem Nickmoment M_N, sowie die dynamischen Terme zu Null gesetzt. Mit solchen Annahmen ergibt sich aus der Aufbaubewegungsgleichung (4.14):

$$T_{GA}K_F T_{GA}^T \cdot \begin{pmatrix} z_A \\ n \end{pmatrix}_0 = T_{GA}K_F \cdot \vec{z}_{R,0} + T_{GA}K_F \cdot \vec{u}_0 \tag{4.21}$$

und der Bewegungsgleichung für die Räder (4.19):

$$(K_F + K_{FR}) \cdot \vec{z}_{R,0} = K_F T_{GA}^T \cdot \begin{pmatrix} z_A \\ n \end{pmatrix}_0 + K_{FR} \cdot \vec{w}_0 - K_F \cdot \vec{u}_0. \tag{4.22}$$

Wird (4.22) mit T_{GA} multipliziert und umsortiert, folgt:

$$T_{GA}K_F T_{GA}^T \cdot \begin{pmatrix} z_A \\ n \end{pmatrix}_0 = T_{GA}K_F \cdot \vec{u}_0 + T_{GA}(K_F + K_{FR}) \cdot \vec{z}_{R,0} - T_{GA}K_{FR} \cdot \vec{w}_0 \tag{4.23}$$

Durch Gleichsetzen von Gleichung (4.21) und (4.23) ergibt sich die stationäre Lösung von Aufbau- und Raddifferentialgleichung:

$$\begin{aligned} T_{GA}K_{KR} \cdot \vec{z}_{R,0} &= T_{GA}K_{FR} \cdot \vec{w}_0 \\ \vec{z}_{R,0} &= \vec{w}_0 \end{aligned} \tag{4.24}$$

Aus Gleichung (4.24) folgt, daß die absolute Radposition $z_{R,0}$ immer stationär dem Straßenhöhenverlauf w_0 folgt. Das bedeutet für das stationäre Aufbauverhalten:

$$\begin{aligned} T_{GA}^T \cdot \begin{pmatrix} z_A \\ n \end{pmatrix}_0 &= \vec{w}_0 + \vec{u}_0 \\ \begin{pmatrix} z_A \\ n \end{pmatrix}_0 &= \left(T_{GA}^T\right)^{-1} \cdot (\vec{w}_0 + \vec{u}_0) \end{aligned} \tag{4.25}$$

D.h. die absolute stationäre Aufbauposition ist durch die Straßenhöhe $\vec{w}$ und den Plungerweg $\vec{u}$ in Bezug zur geometrischen Kopplung des Aufbaus T_{GA}^T festgelegt.

Damit ist bewiesen, daß Räder und Aufbau stationär dem Straßenverlauf folgen und das Modell verwendet werden kann.

4.2.6. Hydraulikzylindermodell

In den vorhergehenden Berechnungen wurde auf die ausführliche Modellierung des einfach wirkenden Hydraulikzylinders (Plunger) verzichtet und nur die Koordinate des Plungerstellwegs u in den Gleichungen eingeführt.

Für die weiteren Berechnungen, insbesondere die Reglersynthese und die Berechnung der Preview-Strategie, ist ein Modell des Plungers erforderlich. Aus Gründen der Einfachheit soll der Plunger dabei als masselos und reibungsfrei angenommen werden. Die Trägheit und Strömungsverluste der Hydraulikflüssigkeit sollen vernachlässigt werden.

Mit solchen Annahmen kann das Verhalten des Plungers mit einem Integralverhalten approximiert werden. Damit kann der Plungerweg u als das Integral über den Ölvolumenstrom $\dot{V}$ dargestellt werden:

$$u = k_{PL} \cdot \int \dot{V}\, dt \tag{4.26}$$

k_{PL} ist dabei der Verstärkungsfaktor, der die Übersetzungsverhältnisse zwischen Hydraulikdruck und Kolbenfläche des Zylinders ausdrückt. Der Ölvolumenstrom wird in der Praxis durch ein Proportionalventil eingestellt. In Abhängigkeit von der Bestromung des Ventils i und des Differenzdrucks Δp stellt sich ein Volumenstrom $\dot{V}$ ein.

Die Kennlinien von Hydraulikventilen sind in der Praxis nichtlinear. Für den Zweck der Reglersynthese soll aus Gründen der Einfachheit trotzdem die Ventilkennlinie als linear angenommen werden, so daß sich eine lineare Abhängigkeit des Ölvolumenstroms vom Ventilstrom ergibt:

$$\dot{V} \sim i$$

Mit dieser Beziehung ergibt sich die Formulierung des Plungerstellwegs u als Funktion des Ventilstroms i:

$$u = f(i) = k_{PL} \cdot \int i\, dt \tag{4.27}$$

Werden die Verstärkungsfaktoren der Plunger k_{PL} zu einer Matrix zusammengefaßt,

$$K_{PL} = \begin{pmatrix} k_{PL,v} & 0 \\ 0 & k_{PL,h} \end{pmatrix}$$

resultiert die Modellgleichung des Plungers in Matrixdarstellung:

$$\vec{u} = \begin{pmatrix} u_v \\ u_h \end{pmatrix} = K_{PL} \cdot \int \begin{pmatrix} i_v \\ i_h \end{pmatrix} dt = K_{PL} \cdot \int \vec{i}\, dt \tag{4.28}$$

Die im vorangegangenen Abschnitt 4.2 gefundenen Formulierungen stellen die Basis dar für alle weiteren Berechnungen zur Entwicklung der Preview-Strategie. Durch die Matrixdarstellung bieten sie eine kompakte Darstellung der wesentlichen Modelleigenschaften.

Eine besondere Eigenschaft des gewählten Halbfahrzeugmodells ist die quadratische Struktur der Matrizen. Sie ermöglicht eine einfache Vertauschbarkeit (Kommutativität) der Terme und damit eine durchgehende Umformbarkeit bei Berechnungen ähnlich dem skalaren Fall.

4.3. Gesamtfahrzeugmodell

Im Gegensatz zum vorher vorgestellten Halbfahrzeugmodell, das für grundsätzliche Untersuchungen zur Preview-Strategie verwendet wird, soll das Gesamtfahrzeugmodell eine möglichst genaue Abbildung des realen Fahrzeugverhaltens darstellen. Damit ermöglicht es eine realitätsnahe Aussage über die Leistungsfähigkeit der Preview-Strategie in der Simulation.

Bei dem Gesamtfahrzeugmodell (siehe Abb. 4.2) handelt es sich um ein 5-Massen-Vertikalmodell. Der Fahrzeugaufbau wird als starre Platte mit einem translatorischen Freiheitsgrad Huben z und 2 rotatorischen Freiheitsgraden Nicken n und Wanken w angenommen. Der Aufbau besitzt die Masse m_A und die rotatorischen Massenträgheiten J_N und J_W.

Die vier als Punktmassen m_R angenommenen Räder sind jeweils mit einem Querlenker und einem ABC-Federbein mit dem Aufbau verbunden. Sowohl das ABC-Federbein als auch der Reifen besitzen die gleiche Struktur wie im Halbfahrzeugmodell.

Das Modell entspricht damit von der Struktur und der Nomenklatur dem in [Str96] vorgestellten Gesamtfahrzeugmodell zur Reglerentwicklung für ein aktives Fahrwerk. Aus Gründen der Übersichtlichkeit soll sich die Modellierung deshalb nur auf die wesentlichen Gleichungen beschränken.

Anhand des Modells aus Abbildung 4.2 sollen nun mittels der Newtonschen Axiome die Bewegungsgleichungen hergeleitet werden.

4.3.1. Aufbau

Auf die Aufbaumasse wirken die Federbeinkräfte an den Oberseiten der Federbeine F_{FB}, die Lagerkräfte der Querlenker an den unteren Anbindungen an die Karosserie F_L und die externen Kräfte und Momente in Hub-, Nick- und Wankrichtung F_Z, M_N und M_W ein.

Es soll angenommen werden, daß die Kräfte senkrecht an der Aufbaumasse angreifen und die auftretenden Winkel so klein bleiben, daß eine linearisierte Modellbetrachtung möglich ist.

Die Bewegungsgleichungen für den Hub-, Nick- und Wankfreiheitsgrad z_A, n, w des Aufbaus lauten:

$$\begin{aligned} m_A \cdot \ddot{z}_A =& (F_{FB,vr} + F_{FB,vl} + F_{FB,hr} + F_{FB,hl}) \\ & - (F_{L,vr} + F_{L,vl} + F_{L,hr} + F_{L,hl}) + F_Z \end{aligned} \tag{4.29}$$

$$\begin{aligned} J_N \cdot \ddot{n} =& (F_{FB,hr} + F_{FB,hl} - F_{L,hr} - F_{L,hl}) \cdot l_h \\ & - (F_{FB,vr} + F_{FB,vl} - F_{L,vr} - F_{L,vl}) \cdot l_v + M_N \end{aligned} \tag{4.30}$$

$$\begin{aligned} J_W \cdot \ddot{w} =& F_{FB,vl} \cdot l_{FB,vl} + F_{FB,hl} \cdot l_{FB,hl} - F_{FB,vr} \cdot l_{FB,vr} - F_{FB,hr} \cdot l_{FB,hr} \\ & - F_{L,vl} \cdot l_{L,vl} - F_{L,hl} \cdot l_{L,hl} + F_{L,vr} \cdot l_{L,vr} + F_{L,hr} \cdot l_{L,hr} + M_W \end{aligned} \tag{4.31}$$

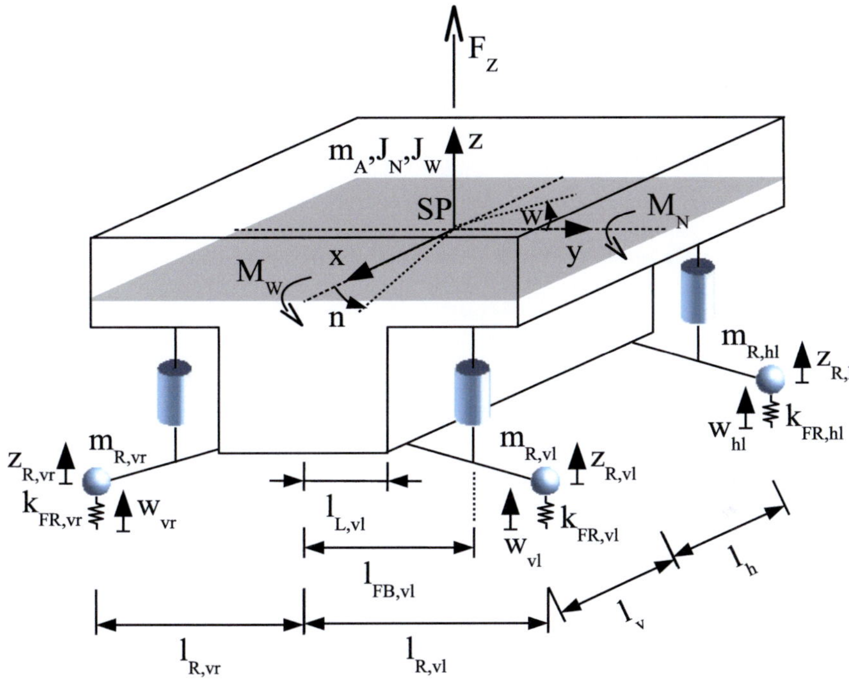

Abb. 4.2.: ABC-Gesamtfahrzeugmodell

Um die drei Bewegungsgleichungen des Aufbaus in Matrixform überführen zu können, werden im ersten Schritt die Lenker- und Federbeinkräfte F_L bzw. F_{FB} zu Vektoren zusammengefaßt:

$$\vec{F}_{FB} = \begin{pmatrix} F_{FB,vr} \\ F_{FB,vl} \\ F_{FB,hr} \\ F_{FB,hl} \end{pmatrix}, \vec{F}_L = \begin{pmatrix} F_{L,vr} \\ F_{L,vl} \\ F_{L,hr} \\ F_{L,hl} \end{pmatrix} \tag{4.32}$$

Im nächsten Schritt wird für die Massen- und Trägheitsterme aus den Bewegungsgleichungen eine 3×3 -Matrix aufgestellt:

$$\Theta_A = \begin{pmatrix} m_A & 0 & 0 \\ 0 & J_Y & 0 \\ 0 & 0 & J_X \end{pmatrix} \tag{4.33}$$

Zuletzt werden die geometrischen Beziehungen zwischen Aufbau, Federbein und Rädern zu 4×3 -Matrizen zusammengefaßt:

$$T_{G,FB} = \begin{pmatrix} 1 & -l_v & -l_{FB,vr} \\ 1 & -l_v & l_{FB,vl} \\ 1 & l_h & -l_{FB,hr} \\ 1 & l_h & l_{FB,h} \end{pmatrix}, T_{G,L} = \begin{pmatrix} 1 & -l_v & -l_{L,vr} \\ 1 & -l_v & l_{L,vl} \\ 1 & l_h & -l_{L,hr} \\ 1 & l_h & l_{L,h} \end{pmatrix} \tag{4.34}$$

Mit Ausdruck (4.32), (4.33) und (4.34) ergibt sich folgende Darstellung für die Aufbaubewegungsgleichung in Matrixform:

$$\Theta_A \cdot \begin{pmatrix} \ddot{z}_A \\ \ddot{n} \\ \ddot{w} \end{pmatrix} = T^T{}_{G,FB} \cdot \vec{F}_{FB} - T^T{}_{G,L} \cdot \vec{F}_L + \begin{pmatrix} F_Z \\ M_N \\ M_W \end{pmatrix} \tag{4.35}$$

4.3.2. Hebelverhältnisse zwischen Rad, Aufbau und Federbein

Die Übersetzungsverhältnisse zwischen Federbeinkraft F_{FB} und Lagerkraft F_L in Gleichung (4.35) werden durch die Längen zwischen Rad, Federbein und Aufbau L_R, L_{FB} bzw. L_L bestimmt:

$$L_R = \begin{pmatrix} l_{R,vr} & 0 & 0 & 0 \\ 0 & l_{R,vl} & 0 & 0 \\ 0 & 0 & l_{R,hr} & 0 \\ 0 & 0 & 0 & l_{R,hl} \end{pmatrix}, \qquad L_{FB} = \begin{pmatrix} l_{FB,vr} & 0 & 0 & 0 \\ 0 & l_{FB,vl} & 0 & 0 \\ 0 & 0 & l_{FB,hr} & 0 \\ 0 & 0 & 0 & l_{FB,hl} \end{pmatrix},$$

$$L_L = \begin{pmatrix} l_{L,vr} & 0 & 0 & 0 \\ 0 & l_{L,vl} & 0 & 0 \\ 0 & 0 & l_{L,hr} & 0 \\ 0 & 0 & 0 & l_{L,hl} \end{pmatrix}.$$

Wird das Momentengleichgewicht um die Radmasse angesetzt, ergibt sich folgende Beziehung zwischen F_{FB} und F_L:

$$\vec{F}_L = (L_R - L_L)^{-1} \cdot (L_R - L_{FB}) \cdot \vec{F}_{FB} \tag{4.36}$$

Wird H als die Matrix der Hebelverhältnisse angenommen,

$$H = (L_R - L_L)^{-1} \cdot (L_{FB} - L_L) \tag{4.37}$$

so läßt sich Gleichung (4.36) vereinfachen[4]:

$$\vec{F}_L = (I_4 - H) \cdot \vec{F}_{FB} \tag{4.38}$$

Jetzt kann die Lagerkraft $\vec{F}_L$ in die Aufbaubewegungsgleichung (4.35) eingesetzt werden. Aus der Zusammenfassung der geometrischen Bindungen und der Hebelmatrix H zum Term T_G^{*T}

$$T_G^{*T} = T_{G,FB}{}^T - T_{G,L}{}^T\,(I_4 - H) \tag{4.39}$$

resultiert die Bewegungsgleichung des Aufbaus in kompakter Form:

$$\Theta_A \cdot \begin{pmatrix} \ddot{z}_A \\ \ddot{n} \\ \ddot{w} \end{pmatrix} = T_G^{*T} \cdot \vec{F}_{FB} + \begin{pmatrix} F_Z \\ M_N \\ M_W \end{pmatrix} \tag{4.40}$$

4.3.3. Federbeine

Die Struktur der Federbeingleichung für das Gesamtfahrzeugmodell ähnelt der des Halbfahrzeugmodells (Gl. (4.3)):

$$\vec{F}_{FB} = \vec{F}_F + \vec{F}_D = K_F \cdot (\vec{z}_{FB} - \vec{u}) + K_D \cdot \left(\dot{\vec{z}}_{FB} - \dot{\vec{u}}\right) \tag{4.41}$$

Dabei sind K_F bzw. K_D die Matrizen für die Federsteifigkeit und die Dämpfung der Federbeine:

$$K_F = \begin{pmatrix} k_{F,vr} & 0 & 0 & 0 \\ 0 & k_{F,vl} & 0 & 0 \\ 0 & 0 & k_{F,hr} & 0 \\ 0 & 0 & 0 & k_{F,hl} \end{pmatrix}, K_D = \begin{pmatrix} k_{D,vr} & 0 & 0 & 0 \\ 0 & k_{D,vl} & 0 & 0 \\ 0 & 0 & k_{D,hr} & 0 \\ 0 & 0 & 0 & k_{D,hl} \end{pmatrix}$$

$\vec{z}_{FB}$ beschreibt in Gleichung (4.41) den Vektor der Federbeinwege aller Räder und $\vec{u}$ den Vektor der Plungerstellwege.

Im Gegensatz zum HFZ-Modell ist die Wegübersetzung zwischen Rad, Aufbau und Federbein beim GFZ-Modell jedoch nicht mehr gleich Eins, sondern hängt von den Hebelarmen ab. Mit der Hebelmatrix H (siehe Gl. (4.37)) lautet der Federbeinweg $\vec{z}_{FB}$ in Abhängigkeit von den Aufbau- und Radwegen:

$$\vec{z}_{FB} = (I_4 - H) \cdot T_{G,L} \cdot \begin{pmatrix} z_A \\ n \\ w \end{pmatrix} + H \cdot \vec{z}_R \tag{4.42}$$

[4]Die Matrix H hat die Dimension 4x4, folglich ist I_4 eine 4x4 Einheitsmatrix.

Werden die bereits definierten Matrizen H und T_G^* berücksichtigt, so folgt nach Zusammenfassen und Umformen von Gleichung (4.41) folgender Ausdruck für die Federbeingleichung:

$$\vec{F}_{FB} = K_F H \vec{z}_R + K_D H \dot{\vec{z}}_R + K_F \vec{u} - K_F T_G^* \cdot \begin{pmatrix} z_A \\ n \\ w \end{pmatrix} - K_D T_G^* \cdot \begin{pmatrix} \dot{z}_A \\ \dot{n} \\ \dot{w} \end{pmatrix} \tag{4.43}$$

Die Federbeingleichung (4.43) wird nun in die Aufbaudifferentialgleichung (4.40) eingesetzt:

$$\begin{aligned} \Theta_A \begin{pmatrix} \ddot{z}_A \\ \ddot{n} \\ \ddot{w} \end{pmatrix} + T_G^{*T} K_D T_G^* \begin{pmatrix} \dot{z}_A \\ \dot{n} \\ \dot{w} \end{pmatrix} + T_G^{*T} K_F T_G^* \begin{pmatrix} z_A \\ n \\ w \end{pmatrix} = \\ = T_G^{*T} K_F H \vec{z}_R + T_G^{*T} K_D H \dot{\vec{z}}_R + T_G^{*T} K_F \vec{u} + \begin{pmatrix} F_Z \\ M_N \\ M_W \end{pmatrix} \end{aligned} \tag{4.44}$$

4.3.4. Räder

Die Bewegungsgleichungen der Räder des GFZ-Modells lassen sich analog zum HFZ-Modell herleiten. Allerdings müssen zur Berechnung der am Rad angreifenden Kräfte seitens des Querlenkers die Hebelverhältnisse der Radaufhängung berücksichtigt werden. Durch das Formulieren der Kräftegleichgewichte an den vier Radmassen lassen sich die Radbewegungsgleichungen in Matrixform aufstellen:

$$M_R \cdot \ddot{\vec{z}}_R = -H \vec{F}_{FB} - K_{FR} \cdot (\vec{z}_R - \vec{w}) \tag{4.45}$$

Dabei ist M_R die Matrix der Radmassen und K_{FR} die Matrix der Reifenfedersteifigkeiten.

$$M_R = \begin{pmatrix} m_{R,vr} & 0 & 0 & 0 \\ 0 & m_{R,vl} & 0 & 0 \\ 0 & 0 & m_{R,hr} & 0 \\ 0 & 0 & 0 & m_{R,hl} \end{pmatrix}, K_{FR} = \begin{pmatrix} k_{FR,vr} & 0 & 0 & 0 \\ 0 & k_{FR,vl} & 0 & 0 \\ 0 & 0 & k_{FR,hr} & 0 \\ 0 & 0 & 0 & k_{FR,hl} \end{pmatrix} \tag{4.46}$$

Durch Einsetzen der Federbeingleichung (4.43) in Gleichung (4.45) und einigen Umformungen folgt die vereinfachte Matrixdarstellung für die Bewegungsgleichung der Räder:

$$\begin{aligned} M_R \ddot{\vec{z}}_R + H K_D H \cdot \dot{\vec{z}}_R + (H K_F H + K_{FR}) \cdot \vec{z}_R = \\ H K_D T_G^* \cdot \begin{pmatrix} \dot{z}_A \\ \dot{n} \\ \dot{w} \end{pmatrix} + H K_F T_G^* \cdot \begin{pmatrix} z_A \\ n \\ w \end{pmatrix} + K_{FR} \cdot \vec{w} - H K_F \cdot \vec{u} \end{aligned} \tag{4.47}$$

4.3.5. Hydraulikzylindermodell

Beim Modell des einfach wirkenden Hydraulikzylinders (Plunger) gelten die gleichen Annahmen wie beim GFZ-Modell. Daher gilt analog zu Gl. (4.28):

$$\vec{u} = \begin{pmatrix} u_{vr} \\ u_{vl} \\ u_{hr} \\ u_{hl} \end{pmatrix} = \begin{pmatrix} k_{PL,vr} & 0 & 0 & 0 \\ 0 & k_{PL,vl} & 0 & 0 \\ 0 & 0 & k_{PL,hr} & 0 \\ 0 & 0 & 0 & k_{PL,hl} \end{pmatrix} \cdot \int \begin{pmatrix} i_{soll,vr} \\ i_{soll,vl} \\ i_{soll,hr} \\ i_{soll,hl} \end{pmatrix} dt = K_{PL} \int \vec{i}_{soll}\, dt \tag{4.48}$$

Mit Gleichung (4.48) sind alle Komponenten und Beziehungen des Gesamtfahrzeugmodells beschrieben.

In Kapitel 4 wurden die Bewegungsgleichungen für ein Halbfahrzeugmodell mit vier Freiheitsgraden und ein Gesamtfahrzeugmodell mit sieben Freiheitsgraden hergeleitet. Die Modelle bestehen jeweils aus dem Fahrzeugaufbau, den ABC-Federbeinen mit hydraulischem Stellzylinder und den Rädern. Um für nachfolgende Berechnungen eine übersichtliche Darstellung zu erhalten, wurden die Bewegungsgleichungen der Modelle in Matrix-Darstellung überführt.

Damit ist die Basis geschaffen für die Entwicklung der Integralen Preview-Strategie im nächsten Kapitel 5.

5. Neue Integrale Preview-Strategie (IPS)

5.1. Abgrenzung

In Abschnitt 1.2.4 wurde eine umfassende Literaturübersicht über die Historie vorausschauender Fahrwerkregelungen der letzten vier Jahrzehnte präsentiert. Wie dort gezeigt wurde, gibt es bis heute keine Veröffentlichung über ein fahrzeugtaugliches und wunschgemäß funktionierendes Preview-Konzept.

Das lag zum einen im Fehlen geeigneter Sensorik und schneller Prozeßrechner begründet, maßgeblich jedoch in der fehlenden Praxistauglichkeit der vorgestellten Preview-Konzepte.

Durch mangelnde Berücksichtigung der Randbedingungen im Fahrzeug wie Stellweglimitierungen, verrauschte Signale oder das Fehlen von Meßgrößen scheitert manches - in der Simulation leistungsfähige - Regelungskonzept bei der Umsetzung.

Im folgenden soll deshalb **erstmals** ein Preview-Konzept vorgestellt werden, das in einem realen Fahrzeug funktioniert und seine Leistungsfähigkeit unter Beweis stellt.

Aus theoretischer Sicht sind drei globale Preview-Strategien denkbar. Welche Eigenschaften jene besonders im Hinblick auf die Realisierung in einem Fahrzeug haben, soll im folgenden erörtert werden.

5.1.1. Strategie mit reiner Preview-Steuerung

Aus theoretischer Sicht scheint ein idealer Steueransatz, wie in Abb. 5.1 dargestellt, am einfachsten realisierbar zu sein. Der ideale Steueransatz geht von einer idealen Information über das kommende Straßenhöhenprofil durch die Preview-Sensoren aus.

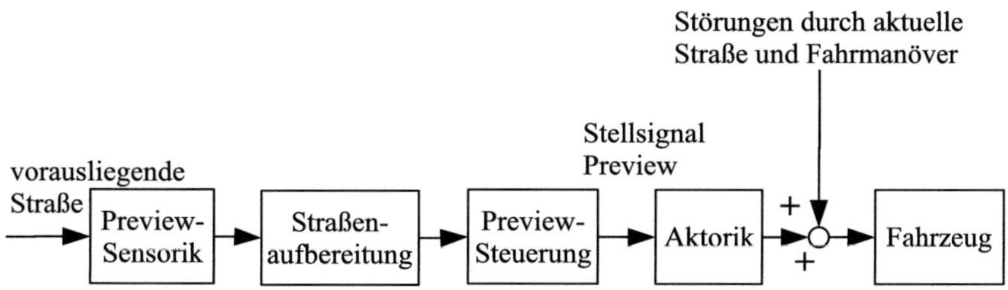

Abb. 5.1.: Strategie mit reiner Preview-Steuerung

Auf Basis dieser Information wird eine ideale Steuertrajektorie berechnet und entsprechende Stellsignale an die Aktorik ausgegeben. Eine Regelungsstruktur mit Rückkopplung ist bei einem solchen reinen Steuerungsansatz nicht vorgesehen.

Zum Ausloten der theoretisch möglichen Potentiale mag dieser Ansatz seinen Charme besitzen. Eine Steuerung ist jedoch per se „dumm“, da sie abhängig ist von einem perfekten Wissen über das Straßensignal und die Parameter des Modells. Im Gegensatz zu einer Regelung erfolgt keine Rückführung des aktuellen Bewegungszustandes des Fahrzeugs.

Bei störungsbehafteten Signalen, wie dem Straßensignal, oder bei Parameterschwankungen des Fahrzeugs, z.B. dem Fahrzeuggewicht oder der Schwerpunktslage, erhält die Steuerung keine Rückmeldung über den aktuellen Systemzustand und steuert quasi blind.

Diese Gründe lassen den Einsatz eines reinen Steuerungskonzepts in einem aktiven Fahrwerk nicht zu. Deshalb finden sich, wie in Abschnitt 1.2.4 gezeigt, zwar viele Veröffentlichungen zu reinen Steuerungskonzepten - über eine erfolgreiche Realisierung im Fahrzeug hat der Autor keine Literaturstelle gefunden.

5.1.2. Strategie mit autonomer Regelung und autonomer Preview-Steuerung

Heute existiert bereits eine große Zahl von Fahrzeugen mit aktiv geregelten Fahrwerken. Fahrwerkregelungen versuchen die vorgegebenen Regelziele[1] so gut wie möglich zu erreichen und sind im Vergleich zu reinen Steuerkonzepten weitgehend robust gegenüber Parameterschwankungen des Fahrzeugs und anderen Störeinflüssen.

Mit der Möglichkeit, per Vorausschau das vorausliegende Straßenhöhenprofil zu messen, bietet sich die „Aufrüstung“ der Regelung mit einer Preview-Vorsteuerung an (siehe Abb. 5.2).

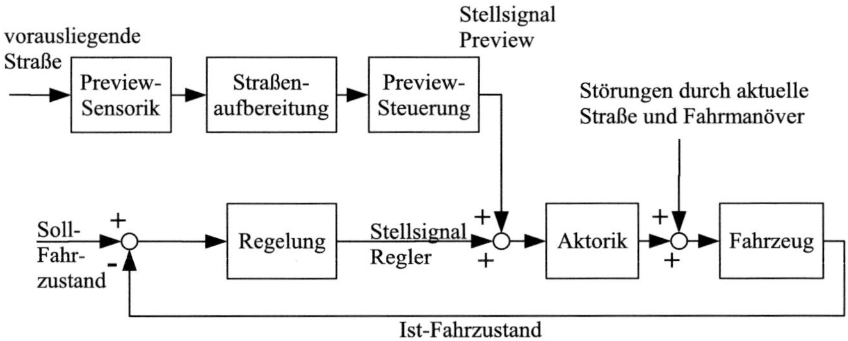

Abb. 5.2.: Strategie mit autonomer Regelung und Preview-Steuerung

[1] siehe Abschnitt 1.2.1

Sowohl die Fahrwerkregelung als auch die Terme der Preview-Vorsteuerung senden Stellsignale an die Aktorik. Damit beeinflussen Preview-Vorsteuerung und Regelung gleichzeitig den Bewegungszustand des Fahrzeugs.

Jedoch findet bei einem solchen Konzept zwischen Preview-Vorsteuerung und Regelung kein Informationsaustausch statt. Damit entsteht folgender Konflikt: Die Regelung interpretiert die Auswirkungen der Vorsteuersignale als Störung und leitet Gegenmaßnahmen ein.

Den Konflikt durch die Reduzierung der Stellsignale entschärfen zu wollen, führt zu einer moderaten Regelung. Dabei wird jedoch das mögliche Leistungspotential von Preview-Vorsteuerung und Regelung im Verbund keinesfalls ausgeschöpft werden. Mit einer moderaten Preview-Strategie stellt sich daher direkt die Frage nach der Verhältnismäßigkeit zwischen Aufwand und Nutzen für Preview.

Deshalb ist ein Preview-Konzept mit autonomer Regelung und autonomer Steuerung nicht für einen Einsatz im Fahrzeug geeignet.

5.1.3. Integrale Preview-Strategie (IPS) mit kooperierender Regelung und Preview-Steuerung

Eine zufriedenstellende Realisierung von Preview kann also nur durch eine Kooperation einer Preview-Steuerung mit einer leistungsfähigen Fahrwerkregelung erfolgen.

Bei der neuen Integralen Preview-Strategie (IPS) erfolgt der Regelungs- und Steuerungseinsatz deshalb koordiniert. Dabei ist essentiell, daß zwischen Regelung und Preview-Vorsteuerung Informationen über die Aktivitäten des jeweils anderen Partners ausgetauscht werden (siehe Abb. 5.3).

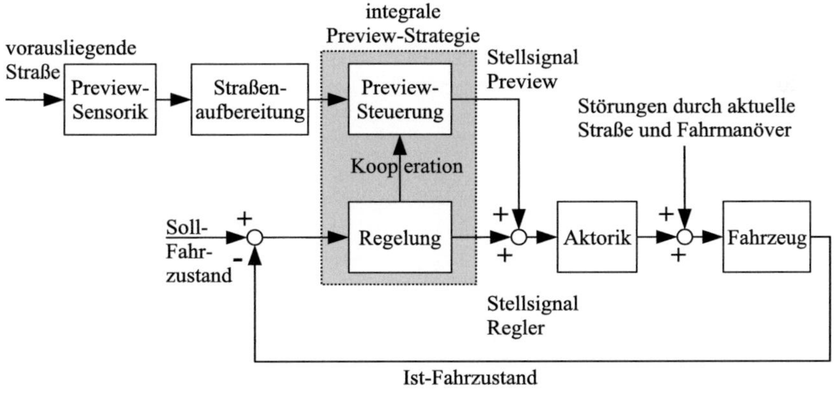

Abb. 5.3.: Integrale Preview-Strategie (IPS) mit kooperierender Regelung und Preview-Steuerung

Damit wird verhindert, daß Regelung und Steuerung gegeneinander arbeiten können. Dies zeichnet die Integrale Preview-Strategie (IPS) gegenüber dem Konzept mit autonomer Regelung und autonomer Preview-Steuerung aus. Eventuelle Stellfehler der Preview-Vorsteuerung, die beispielsweise durch verrauschte Straßenmeßsignale verursacht werden, werden von der Regelung korrigiert.

Somit weist der Ansatz der Integralen Preview-Strategie (IPS) die, für eine erfolgreiche Umsetzung im Fahrzeug erforderlichen, strukturellen Eigenschaften, wie Kooperationsfähigkeit und Robustheit, auf [SSB07].

Deshalb wird im folgenden die Entwicklung einer derartigen Integralen Preview-Strategie für ein Halb- und ein Gesamtfahrzeug beschrieben.

5.2. Integrale Preview-Strategie (IPS) für das Halbfahrzeug

5.2.1. Vorgehensweise und Methodik

Wie aus der Darstellung der Integralen Preview-Strategie in Abbildung 5.3 ersichtlich wird, findet zwischen Regelung und Preview-Vorsteuerung ein Informationsaustausch statt. Die Preview-Vorsteuerung muß für ein kooperatives Verhalten das Wissen über die zukünftigen Aktivitäten des Reglers besitzen.

Da der Regler zum Meßzeitpunkt des Straßensignals durch die Preview-Sensorik noch nicht aktiv werden kann, sondern erst später beim Überfahren des Straßenabschnitts, muß das Reglerverhalten prädiziert werden. Dies ist nur möglich, wenn die Preview-Vorsteuerung die Kenntnis über die Struktur der Regelung besitzt. Ist das der Fall, kann aus dem gemessenen Preview-Straßenhöhenprofil und der Kenntnis der Reglerstruktur das zukünftige Reglerverhalten und das Verhalten des geschlossenen Regelkreises vorherbestimmt werden.

Im nächsten Schritt wird deshalb zuerst eine geeignete Reglerstruktur entwickelt, die die Basis für die weitere Entwicklung der Integralen Preview-Strategie (IPS) bildet. Im darauffolgenden Schritt wird eine angepaßte Preview-Vorsteuerung synthetisiert.

Für die vorgeschlagene Vorgehensweise ist es essentiell, daß die Reglerstruktur in einer vollständigen, handhabbaren analytischen Form vorliegt. Die Entwicklung des Mehrgrößenreglers erfolgt deshalb in Matrix-Polynomdarstellung. Wie später deutlich werden wird, ermöglicht das die Synthese eines, in den Aufbaumodi Huben, Nicken und Wanken vollständig entkoppelten Regelungskonzeptes mit einer gezielten Vorgabe des Wunschverhaltens für den geschlossenen Regelkreis.

Die verwendete Methodik zur Reglerentwicklung stellt eine Weiterentwicklung des von Streiter [Str96] vorgestellten geschlossenen Ansatzes dar und ermöglicht die analytische Berechnung sämtlicher Reglerkoeffizienten durch Vorgabe eines Wunschverhaltens für den geschlossenen Regelkreis.

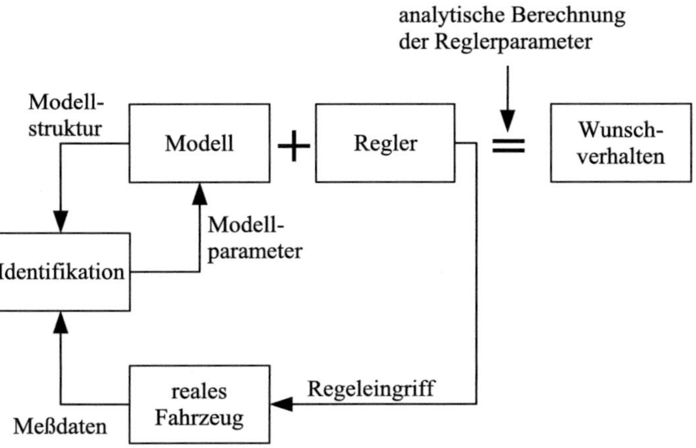

Abb. 5.4.: Regler-Synthese im geschlossenen Designzyklus nach Streiter [Str96]

In Abb. 5.4 ist die Vorgehensweise, wie sie für die Reglerentwicklung angewendet wurde, dargestellt. Als Basis für die Reglerentwicklung wird zuerst die Struktur des Fahrzeugmodells festgelegt. Anschließend werden die Modellparameter anhand von Meßdaten durch Parameteridentifikation bestimmt. Die Reglerparameter werden danach analytisch durch die Vorgabe des Wunschverhaltens des geschlossenen Regelkreises in einem Schritt berechnet.

Eine Grundeigenschaft des geschlossenen Designzyklus nach Streiter ist es, daß der geschlossene Regelkreis durch die Vorgabe eines stabilen Wunschverhaltens per se stabil ist[2]. Die Stabilität ist somit eine systemimmanente Eigenschaft dieser Entwurfsmethodik.

Um die Einflüsse von Parameterschwankungen des Reglers und der Regelstrecke abschätzen zu können, kann zu jedem Entwicklungszeitpunkt eine automatisierte Parametersensitivitätsanalyse (PSA) durchgeführt werden.

Optional können die Reglerkoeffizienten durch eine integrierte Optimierungsumgebung hinsichtlich einer Vielzahl von Zielkriterien, wie beispielsweise das Komfortverhalten oder der Energieverbrauch des Fahrwerks, optimiert werden.

5.2.2. Systemdarstellung für die Synthese der Integralen Preview-Strategie

Zur Reglersynthese für das Halbfahrzeug werden die in Kapitel 4 entwickelten Bewegungsgleichungen für Aufbau (4.14), Räder (4.19) und Aktor (4.28) verwendet. Der Übersichtlichkeit halber sind die Gleichungen hier noch einmal dargestellt:

[2]Unter der Annahme, daß sich Modellstruktur und Parameter im realen Fahrzeug nicht wesentlich ändern.

Bewegungsgleichung des Aufbaus:

$$\begin{aligned}\Theta_A \begin{pmatrix} \ddot{z}_A \\ \ddot{n} \end{pmatrix} + T_{GA} K_D T_{GA}^T \begin{pmatrix} \dot{z}_A \\ \dot{n} \end{pmatrix} + T_{GA} K_F T_{GA}^T \begin{pmatrix} z_A \\ n \end{pmatrix} \\ = T_{GA} K_D \dot{\vec{z}}_R + T_{GA} K_F \vec{z}_R + T_{GA} K_F \vec{u} + \begin{pmatrix} F_Z \\ M_N \end{pmatrix}\end{aligned} \tag{5.1}$$

Bewegungsgleichung der Räder:

$$\begin{aligned}M_R \ddot{\vec{z}}_R + K_D \dot{\vec{z}}_R + (K_F + K_{FR}) \vec{z}_R \\ = K_D T_{GA}^T \begin{pmatrix} \dot{z}_A \\ \dot{n} \end{pmatrix} + K_F T_{GA}^T \begin{pmatrix} z_A \\ n \end{pmatrix} + K_{FR} \vec{w} - K_F \vec{u}\end{aligned} \tag{5.2}$$

Modellgleichung des Plungers:

$$\vec{u} = K_{PL} \cdot \int \vec{i}\, dt \tag{5.3}$$

In den Aufbau- und Radbewegungsgleichungen (5.1) und (5.2) tritt die absolute Radkoordinate z_R als Freiheitsgrad auf. z_R ist jedoch durch die Regelung nicht steuerbar, da das Rad ja zwangsweise[3] der Straße w folgt. Für die weiteren Betrachtungen soll deshalb der Reifenfederweg[4] z_{rel_RW} als Relativweg zwischen Rad- und Straßenkoordinate z_R bzw. w eingeführt werden:

$$\vec{z}_{rel\_RW} = \vec{z}_R - \vec{w} \tag{5.4}$$

Wird der Reifenfederweg in die Bewegungsgleichungen (5.1) und (5.2) eingesetzt, ergibt sich die Systemdarstellung, die die Basis für alle weiteren Berechnungen darstellt. Zusätzlich wird eine Laplace[5]-Transformation durchgeführt:

Bewegungsgleichung des Aufbaus:

$$\begin{aligned}&\left(\Theta_A s^2 + T_{GA} K_D T_{GA}^T s + T_{GA} K_F T_{GA}^T\right) \cdot \begin{pmatrix} z_A \\ n \end{pmatrix} = \\ &(T_{GA} K_D s + T_{GA} K_F) \cdot \vec{z}_{rel\_RW} \\ &+ (T_{GA} K_D s + T_{GA} K_F) \cdot \vec{w} + T_{GA} K_F \cdot \vec{u} + \begin{pmatrix} F_Z \\ M_N \end{pmatrix}\end{aligned} \tag{5.5}$$

[3]solange das Fahrzeug nicht abhebt oder die Straße verläßt.

[4]Die relative Einfederung zwischen Latsch und Radachse wird als Reifenfederweg bezeichnet.

[5]Die Laplace-Transformation (benannt nach Pierre-Simon Laplace) ist eine Integraltransformation, die eine, im reellen Zeitbereich gegebene, kausale Funktion in eine Funktion im komplexen Spektralbereich (Frequenzbereich) überführt (siehe [BGZ96]).

Bewegungsgleichung der Räder:

$$
\begin{aligned}
&\big(M_R s^2 + K_D s + (K_F + K_{FR})\big) \cdot \vec{z}_{rel\_RW} = \\
&\big(K_D T_{GA}^T s + K_F T_{GA}^T\big) \cdot \begin{pmatrix} z_A \\ n \end{pmatrix} - K_F \cdot \vec{u} - \big(M_R s^2 + K_D s + K_F\big) \cdot \vec{w}
\end{aligned}
\tag{5.6}
$$

Physikalische Grenzen

Welche Verbesserung kann durch die Regelung eines aktiven Fahrwerks erreicht werden und wo liegen die physikalischen Grenzen des Systems? Bei der Definition der Regelziele in Abschnitt 1.2.1 wurde deutlich, daß zu einer bestmöglichen Erfüllung aller Kriterien sowohl eine dynamische Beeinflussung der Rad- als auch der Aufbaubewegung erforderlich ist.

Im folgenden soll deshalb die Frage der Steuerbarkeit von Rad- und Aufbaudynamik geklärt werden, d.h. ob eine gleichzeitige entkoppelte Beeinflussung sowohl der Rad- als auch der Aufbaubewegung bei einem Aktor (Plunger) pro Rad möglich ist.

Für den bestmöglichen Fahrkomfort muß eine vollständige Beruhigung des Aufbaus gefordert werden, so daß Fahrbahnstörungen keine Auswirkung auf die Aufbaubewegung haben. Es muß also gefordert werden:

$$
\begin{aligned}
\dot{z}_A = \ddot{z}_A &\equiv 0 \\
\dot{n} = \ddot{n} &\equiv 0
\end{aligned}
\tag{5.7}
$$

Für die bestmögliche Fahrsicherheit hingegen sind geringe Radlastschwankungen wünschenswert. Das bedeutet, daß der Reifenfederweg konstant gehalten werden muß:

$$
\vec{z}_{rel\_RW} \equiv const. \tag{5.8}
$$

Jetzt werden die Forderungen (5.7) und (5.8) in Gleichung (5.5) und (5.6) eingesetzt. Unter der Annahme, daß der stationäre Reifenfederweg $\vec{z}_{rel\_RW}$ gleich Null ist und keine externen Kräfte und Momente auf das Fahrzeug einwirken, ergibt sich folgende Darstellung für Aufbau- und Radbewegungsgleichung:

$$
\begin{pmatrix} 0 \\ 0 \end{pmatrix} = \begin{pmatrix} 0 \\ 0 \end{pmatrix} + (T_{GA} K_D s + T_{GA} K_F) \cdot \vec{w} + T_{GA} K_F \cdot \vec{u} \tag{5.9}
$$

$$
\begin{pmatrix} 0 \\ 0 \end{pmatrix} = \begin{pmatrix} 0 \\ 0 \end{pmatrix} - K_F \cdot \vec{u} - \big(M_R s^2 + K_D s + K_F\big) \cdot \vec{w} \tag{5.10}
$$

Aus den Gleichungen (5.9) und (5.10) kann eine (theoretisch) optimale Steuerstrategie für die Aufbaugleichung

$$\vec{u}_A = -\left(K_F{}^{-1}K_D s + I\right) \cdot \vec{w} \tag{5.11}$$

und für die Radgleichung abgeleitet werden:

$$\vec{u}_R = -\left(K_F{}^{-1}M_R s^2 + K_F{}^{-1}K_D s + I\right) \cdot \vec{w} \tag{5.12}$$

Sollen die Anforderungen bzgl. der Aufbaumasse als auch bzgl. der Radmassen erfüllt werden, ist das nur zu bewerkstelligen, wenn die Matrix der Radmassen M_R in Gl. (5.12) gleich Null wird. Erst dann gleichen sich die idealen Steuerstrategien von Aufbau (5.11) und Rad (5.12).

Da dies in der Realität nicht der Fall sein kann, ist es auch bei beliebig hohem Energieaufwand nicht möglich, gleichzeitig mit einem Aktor sowohl idealen Fahrkomfort (geringe Aufbaubeschleunigung) und hohe Fahrsicherheit (geringe Radlastschwankungen) zu erreichen. Das System ist also im regelungstechnischen Sinne nicht vollständig steuerbar, da die Eingangsgröße „Plungerstellweg“ u auf zwei parallele Teilsysteme „Aufbaumasse“ und „Radmasse“ wirkt (siehe [Lun02], Band 2, Seite 65 f.). Eine Regelung oder Steuerung kann also immer nur einen Kompromiß darstellen!

Modellreduktion

Grundvoraussetzung für die Anwendung des geschlossenen Designzyklus ist die Möglichkeit einer analytischen Lösung des Gleichungssystems des geschlossenen Regelkreises (wie in [Str96] beschrieben).

Eine analytische Berechnung der Reglerkoeffizienten ist jedoch erst möglich, wenn eine Modellreduktion durchgeführt wird. Dabei soll die Raddynamik bis auf stationäre Anteile eliminiert werden. Eine solche Vorgehensweise hat zum Ziel, daß sich die Modellordnung reduziert und eine Reglerstruktur möglich wird, die sich auf die Aufbaubewegung konzentriert und keine Berücksichtigung der Raddynamik erfordert. Auf die Beeinflussung der Raddynamik soll aus energetischen Gründen verzichtet werden.

Folglich werden aus der Radbewegungsgleichung (5.6) sämtliche dynamische Anteile herausgestrichen. Daraus folgt die Darstellung für die reduzierte Radbewegungsgleichung:

$$\begin{aligned} (K_F + K_{FR}) \cdot \vec{z}_{rel\_RW} &= K_F T_{GA}^T \cdot \begin{pmatrix} z_A \\ n \end{pmatrix} - K_F \cdot \vec{u} - K_F \cdot \vec{w} \\ \Rightarrow \vec{z}_{rel\_RW,station.} &= (K_F + K_{FR})^{-1} K_F \cdot \left(T_{GA}^T K_F \cdot \begin{pmatrix} z_A \\ n \end{pmatrix} - \vec{u} - \vec{w} \right) \end{aligned} \tag{5.13}$$

Jetzt kann der Ausdruck für den stationären Latschweg $\vec{z}_{rel\_RW,station.}$ aus Gl. (5.13) in die Aufbaubewegungsgleichung (5.5) eingesetzt und so eliminiert werden.

Daraus ergibt sich die Bewegungsgleichung für das reduzierte Halbfahrzeugmodell bestehend aus Aufbaumasse und Radmassen:

$$\begin{aligned}
&\left(\Theta_A s^2 + T_{GA} K_D T_{GA}^T s + T_{GA} K_F T_{GA}^T\right) \cdot \begin{pmatrix} z_A \\ n \end{pmatrix} = \\
&(T_{GA} K_D s + T_{GA} K_F) \cdot \underbrace{\left\{ (K_F + K_{FR})^{-1} K_F \cdot \left(T_{GA}^T K_F \cdot \begin{pmatrix} z_A \\ n \end{pmatrix} - \vec{u} - \vec{w} \right) \right\}}_{\vec{z}_{rel_RW,station.}} \\
&+ (T_{GA} K_D s + T_{GA} K_F) \cdot \vec{w} + T_{GA} K_F \cdot \vec{u} + \begin{pmatrix} F_Z \\ M_N \end{pmatrix}
\end{aligned} \tag{5.14}$$

Das Ausmultiplizieren und Zusammenfassen der Terme aus Gleichung (5.14) führt zu folgender Form für die Bewegungsgleichung:

$$\begin{aligned}
&\left(\Theta_A s^2 + T_{GA} K_D T_{GA}^T s + T_{GA} K_F \cdot \left(I - (K_F - K_{FR})^{-1}\right) \cdot T_{GA}^T\right) \cdot \begin{pmatrix} z_A \\ n \end{pmatrix} = \\
=& T_{GA} K_F \cdot \left(I - (K_F - K_{FR})_{-1}\right) \cdot \vec{u} \\
&+ T_{GA} \cdot \left(K_D s + K_F \cdot \left(I - (K_F - K_{FR})^{-1} K_F\right)\right) \cdot \vec{w} + \begin{pmatrix} F_Z \\ M_N \end{pmatrix}
\end{aligned} \tag{5.15}$$

Durch Umformung kann der Term $K_F \cdot \left(I - (K_F + K_{FR})^{-1} K_F\right)$ aus Gleichung (5.15) vereinfacht werden. Dies ist möglich, da die Matrizen Diagonalform besitzen und damit die Kommutativität gewährleistet ist. Die Umformung ergibt:

$$K_F \cdot \left(I - (K_F + K_{FR})^{-1} K_F\right) = K_F K_{FR} \cdot (K_F + K_{FR})^{-1} \tag{5.16}$$

Wird der Term (5.16) in Gl. (5.15) eingesetzt, resultiert folgende Darstellung für die reduzierte Modellgleichung:

$$\begin{aligned}
&\left(\Theta_A s^2 + T_{GA} K_D T_{GA}^T s + T_{GA} \cdot (K_F + K_{FR})^{-1} K_F K_{FR} T_{GA}^T\right) \cdot \begin{pmatrix} z_A \\ n \end{pmatrix} = \\
=& T_{GA} \cdot (K_F + K_{FR})^{-1} K_F K_{FR} \cdot \vec{u} \\
&+ T_{GA} \cdot \left(K_D s + (K_F + K_{FR})^{-1} K_F K_{FR}\right) \cdot \vec{w} + \begin{pmatrix} F_Z \\ M_N \end{pmatrix}
\end{aligned} \tag{5.17}$$

Bis jetzt wurde der Plunger nur durch den Plungerweg u berücksichtigt. Wie in Gleichung (5.3) gezeigt, kann das Plungerverhalten als Funktion des Ventilstroms dargestellt werden. Durch Einsetzen des Plungermodells (5.3) in die Modellgleichung (5.17) und einmaliges Differenzieren ergibt sich somit die reduzierte Modellgleichung für Aufbau und Räder mit integriertem Plungermodell:

$$\begin{aligned}
&\left(\Theta_A s^3 + T_{GA} K_D T_{GA}^T s^2 + T_{GA} \cdot (K_F + K_{FR})^{-1} K_F K_{FR} T_{GA}^T s\right) \cdot \begin{pmatrix} z_A \\ n \end{pmatrix} = \\
&= T_{GA} \cdot (K_F + K_{FR})^{-1} K_F K_{FR} K_{PL} \cdot \vec{i} \\
&\quad + T_{GA} \cdot \left(K_D s^2 + (K_F + K_{FR})^{-1} K_F K_{FR} s\right) \cdot \vec{w} + s \cdot \begin{pmatrix} F_Z \\ M_N \end{pmatrix}
\end{aligned} \tag{5.18}$$

Die Ventilströme der Plungerzylinder $\vec{i}$ in Gleichung (5.18) setzen sich zusammen aus den Anteilen des Reglers $\vec{i}_{reg}$, den Anteilen zur Kompensation von Längs- und Querbeschleunigungsstörungen $\vec{i}_{komp}$ und den Anteilen der Preview-Vorsteuerung $\vec{i}_{pre}$:

$$\vec{i} = \vec{i}_{reg} + \vec{i}_{komp} + \vec{i}_{pre} \tag{5.19}$$

Allgemein ausgedrückt, besitzt Gleichung (5.18) folgende Struktur:

$$\left(A_3 \cdot s^3 + A_2 \cdot s^2 + A_1 \cdot s\right) \cdot \begin{pmatrix} z_A \\ n \end{pmatrix} = B_0 \cdot \vec{i} + \left(C_2 \cdot s^2 + C_1 \cdot s\right) \cdot \vec{w} + s \cdot \begin{pmatrix} F_Z \\ M_N \end{pmatrix} \tag{5.20}$$

Die in Gleichung (5.18) gewonnene Form der Darstellung bildet die Basis für alle weiteren Untersuchungen zur Reglersynthese und zur Berechnung der Preview-Strategie.

5.2.3. Reglersynthese

Unter Berücksichtigung der in Abschnitt 1.2.1 beschriebenen Ziele wird nun eine Reglerstruktur für das im Halbfahrzeugmodell beschriebene aktive Fahrwerk festgelegt.

Wie zuvor geschildert, ist zur Erhöhung der Fahrsicherheit ein hochfrequenter Eingriff zur Beeinflussung der Raddynamik erforderlich. Da dies mit einem stark erhöhten Energieverbrauch verbunden ist, verzichtet der Regler bewußt auf einen Eingriff in jenem Frequenzbereich und wird hauptsächlich auf die Verbesserung des Fahrkomforts hin entworfen. Damit verbundene Regeleingriffe finden in einem niedrigeren Frequenzbereich, vornehmlich dem Aufbaufrequenzbereich statt. Durch eine in den Regler integrierte Filterwirkung wird eine Selektion durchgeführt, so daß Eingriffe im Radfrequenzbereich unterdrückt werden.

Um Störungen bei den gemessenen Eingangssignalen (Aufbauwege und -beschleunigungen) zu begegnen, wird im Reglerentwurf zusätzlich eine Vorfilterung der Signale integriert.

Die Dynamik des Plungers ist in den Ansatz integriert, so daß direkt die Ventilströme als Stellgrößen ausgegeben werden können und auf eine unterlagerte Plungerwegregelung verzichtet werden kann.

Aus den zuvor getroffenen Annahmen wird folgende Reglerstruktur für das Halbfahrzeug abgeleitet:

$$\begin{aligned}\vec{i}_{reg} = &\left(T_{GA}\left(K_F + K_{FR}\right)^{-1} K_F K_{FR} K_{PL}\right)^{-1} \cdot \\ &\left(T_{K4}s^4 + T_{K3}s^3 + T_{K2}s^2 + T_{K1}s + I\right)^{-1} \cdot \\ &\left(\left(K_{BS2}s^2 + K_{BS}s\right) \cdot s^2 \cdot \begin{pmatrix} z_A \\ n \end{pmatrix} + K_I \cdot \begin{pmatrix} z_A \\ n \end{pmatrix}_{rel\_AW}\right)\end{aligned} \tag{5.21}$$

Der Regleransatz setzt sich zusammen aus drei Termen. Zum einen besteht der Regler aus einem Kompensationsterm

$$\left(T_{GA}\left(K_F + K_{FR}\right)^{-1} K_F K_{FR} K_{PL}\right)^{-1},$$

durch den der Ausdruck B_0 aus Gleichung (5.20) auf Eins normiert wird. Dadurch werden die Einflüsse passiver[6] Systemeigenschaften, wie die Steifigkeit von Rad- und Reifenfeder K_F bzw. K_{FR} oder der Plungerverstärkungsfaktor K_{PL}, aus Gleichung (5.18) auf das Stellsignal der Regelung $\vec{i}_{reg}$ beseitigt. Zum anderen setzt sich der Regler aus dem Nenner-Matrixpolynom

$$\left(T_{K4}s^4 + T_{K3}s^3 + T_{K2}s^2 + T_{K1}s + I\right)$$

zusammen, dessen Dynamik durch vier Koeffizientenmatrizen T_{K1} bis T_{K4} bestimmt wird. Im Falle des Halbfahrzeugmodells sind sämtliche Matrizen quadratisch und zweidimensional. Und letztendlich besteht der Regler aus dem Zählerterm

$$\left(K_{BS2}s^2 + K_{BS}s\right) \cdot s^2 \cdot \begin{pmatrix} z_A \\ n \end{pmatrix} + K_I \cdot \begin{pmatrix} z_A \\ n \end{pmatrix}_{rel\_AW},$$

der durch die Koeffizienten-Matrizen K_{BS2},K_{BS1} und K_I festgelegt wird.

Die Eingangsgrößen des Reglers sind die Aufbaubeschleunigungen in Hub- und Nickrichtung $\ddot{z}_A$ bzw. $\ddot{n}$ sowie der Relativweg zwischen Aufbau und Straßenanregung:

$$\begin{pmatrix} z_A \\ n \end{pmatrix}_{rel\_AW} = \left(T_{GA}^T \cdot \begin{pmatrix} z_A \\ n \end{pmatrix} - \vec{w}\right). \tag{5.22}$$

Bemerkenswert an der gewählten Reglerstruktur in Gl. (5.21) ist die Tatsache, daß die Eingangssignale, nämlich Aufbaubeschleunigungen und Relativwege, direkt durch Beschleuni-

[6] Der Begriff „passives System“ steht gleichbedeutend für das ungeregelte Fahrzeug.

gungssensoren bzw. Wegsensoren gemessen werden können. Es bedarf also keines Beobachters zur Schätzung nicht meßbarer Größen.

Würde beispielsweise die Relativgeschwindigkeit zwischen Aufbau und Rad als Regelgröße verwendet werden, so wäre eine explizite Online-Integration der rauschbehafteten Meßsignale des Relativweges zwischen Aufbau und Rad oder die Online-Differentiation der Aufbaubeschleunigung notwendig. Ein solches Vorgehen würde das erwünschte Relativgeschwindigkeitssignal durch Drift, Aufrauhung oder Phasenverzug bei Filterung verfälschen.

Bei der gewählten Reglerstruktur (5.21) werden Ableitungen von Größen jedoch intern innerhalb der Reglerübertragungsfunktion berechnet. Dadurch werden die zuvor geschilderten Probleme umgangen.

Wird die Formulierung für den Relativweg (5.22) in die Gleichung des Reglers (5.21) eingesetzt, ergibt sich folgende Formulierung für den Regler:

$$\begin{aligned}\vec{i}_{reg} =& \left(T_{GA}\left(K_F+K_{FR}\right)^{-1}K_F K_{FR} K_{PL}\right)^{-1}\cdot\\ &\left(T_{K4}s^4+T_{K3}s^3+T_{K2}s^2+T_{K1}s+I\right)^{-1}\cdot\\ &\left(\left(K_{BS2}s^2+K_{BS}s\right)\cdot s^2\cdot\begin{pmatrix}z_A\\ n\end{pmatrix}+K_I\cdot\left(T_{GA}^T\cdot\begin{pmatrix}z_A\\ n\end{pmatrix}-\vec{w}\right)\right)\\ =&\left(T_{GA}\left(K_F+K_{FR}\right)^{-1}K_F K_{FR} K_{PL}\right)^{-1}\cdot\\ &\left(T_{K4}s^4+T_{K3}s^3+T_{K2}s^2+T_{K1}s+I\right)^{-1}\cdot\\ &\left(\left(K_{BS2}s^4+K_{BS}s^3+K_I T_{GA}^T\right)\cdot\begin{pmatrix}z_A\\ n\end{pmatrix}-K_I\cdot\vec{w}\right)\end{aligned} \tag{5.23}$$

Durch Einsetzen des Reglers (5.23) in die Modellgleichung des Halbfahrzeugs (5.18) ergibt sich die Darstellung für den geschlossenen Regelkreis:

$$\begin{aligned}&\left(\Theta_A s^3+T_{GA}K_D T_{GA}^T s^2+T_{GA}\left(K_F+K_{FR}\right)^{-1}K_F K_{FR} T_{GA}^T s\right)\cdot\begin{pmatrix}z_A\\ n\end{pmatrix}=\\ &=T_{GA}\left(K_F+K_{FR}\right)^{-1}K_F K_{FR} K_{PL}\cdot\\ &\quad\Bigg\{\left(T_{GA}\left(K_F+K_{FR}\right)^{-1}K_F K_{FR} K_{PL}\right)^{-1}\cdot\\ &\quad\left(T_{K4}s^4+T_{K3}s^3+T_{K2}s^2+T_{K1}s+I\right)^{-1}\cdot\\ &\quad\left(\left(K_{BS2}s^4+K_{BS}s^3+K_I T_{GA}^T\right)\cdot\begin{pmatrix}z_A\\ n\end{pmatrix}-K_I\cdot\vec{w}\right)+\vec{i}_{komp}+\vec{i}_{pre}\Bigg\}\\ &\quad+T_{GA}\left(K_D s^2+\left(K_F+K_{FR}\right)^{-1}K_F K_{FR} s\right)\cdot\vec{w}+s\cdot\begin{pmatrix}F_Z\\ M_N\end{pmatrix}\end{aligned} \tag{5.24}$$

Der Übersichtlichkeit halber werden die Terme des Nennerpolynoms durch den Ausdruck N_{reg} substituiert:

$$N_{reg} = \left(T_{K4}s^4 + T_{K3}s^3 + T_{K2}s^2 + T_{K1}s + I\right) \tag{5.25}$$

Einsetzen von Gleichung (5.25) in Gleichung (5.24) und Multiplikation mit dem Nennerpolynom des Reglers N_{reg} ergibt die Gleichung für den geschlossenen Regelkreis in vereinfachter Darstellung:

$$\begin{aligned}
&\Big\{N_{reg} \cdot \left(\Theta_A s^3 + T_{GA}K_D T_{GA}^T s^2 + T_{GA}\left(K_F + K_{FR}\right)^{-1} K_F K_{FR} T_{GA}^T s\right) \\
&-K_{BS2}s^4 - K_{BS1}s^3 - K_I T_{GA}^T\Big\} \cdot \begin{pmatrix} z_A \\ n \end{pmatrix} = \\
&= \Big\{N_{reg}T_{GA}\left(K_D s^2 + \left(K_F + K_{FR}\right)^{-1} K_F K_{FR} s\right) - K_I\Big\} \cdot \vec{w} \\
&+ N_{reg}T_{GA}\left(K_F + K_{FR}\right)^{-1} K_F K_{FR} K_{PL}\left(\vec{i}_{komp} + \vec{i}_{pre}\right) \\
&+ N_{reg}s \begin{pmatrix} F_Z \\ M_N \end{pmatrix}
\end{aligned} \tag{5.26}$$

Wie aus Gleichung (5.26) ersichtlich wird, wird das Nennerverhalten des geschlossenen Regelkreises sowohl durch die Dynamik des passiven Halbfahrzeugmodells als auch durch das Zähler- und Nennerpolynom des Reglers bestimmt.

Kompensationsterm für externe Kräfte und Momente

Der zuvor beschriebene Regleransatz aus Gl. (5.21) ist dahingehend entworfen, die störenden Einflüsse durch vertikale Fahrbahnanregungen $\vec{w}$ zu minimieren und gleichzeitig noch ein ausreichendes Folgeverhalten hinsichtlich des Straßenverlaufs zu gewährleisten.

Wirken aber externe Kräfte und Momente F_Z und M_N, hervorgerufen durch längsdynamische Manöver[7], auf den Aufbau ein, so führt dies zum Beispiel beim Bremsen zu einem Nicken des Aufbaus.

Ein Nicken des Aufbaus wird zwar durch die Regelung ausgeregelt, aber erst, nachdem die Störung bereits auf das Fahrzeug eingewirkt hat und eine nennenswerte Soll-Ist-Abweichung aufgetreten ist. Um diesem Effekt zu begegnen, wird deshalb ein Vorsteuerterm i_{komp} zur Kompensation der Auswirkungen der Längsbeschleunigung eingeführt, der eine weitgehende Horizontierung des Fahrzeugaufbaus bewirkt.

[7]Beim Gesamtfahrzeugmodell müssen zusätzlich auch querdynamische Manöver berücksichtigt werden.

Für eine Kompensation der Störungen F_Z und M_N und eine gleichzeitige Horizontierung des Fahrzeugaufbaus muß gelten:

$$0 \equiv N_{reg} \cdot T_{GA} \left(K_F + K_{FR}\right)^{-1} K_F K_{FR} K_{PL} \cdot \vec{i}_{komp} + N_{reg} \cdot s \cdot \begin{pmatrix} F_Z \\ M_N \end{pmatrix} \tag{5.27}$$

Daraus folgt die Formulierung für den Kompensationsterm der externen Kräfte und Momente:

$$\vec{i}_{komp} = -\left(T_{GA} \left(K_F + K_{FR}\right)^{-1} K_F K_{FR} K_{PL}\right)^{-1} \cdot s \cdot \begin{pmatrix} F_Z \\ M_N \end{pmatrix} \tag{5.28}$$

Zu Gleichung (5.28) ist anzumerken, daß z.B. das in (5.28) auftretende externe Moment M_N Resultat einer auf das Fahrzeug einwirkenden Längsbeschleunigung ist. Die Bestimmung von M_N erfolgt aus dem Längsbeschleunigungssignal und dem Hebelarm zwischen Schwerpunktslage und Wankpol des Fahrzeugs. Da die Beschleunigungssignale in der Realität verrauscht sind und sich die Länge des Hebelarms abhängig von der Beladung des Fahrzeugs ändert, ist die Berechnung von M_N in der Praxis nicht trivial.

Wird der Kompensationsterm (5.28) für die externen Kräfte und Momente in die Gleichung des geschlossenen Regelkreises (5.26) eingesetzt, ergibt sich der folgende Ausdruck:

$$\begin{aligned} &\Big\{N_{reg} \cdot \left(\Theta_A s^3 + T_{GA} K_D T_{GA}^T s^2 + T_{GA} \left(K_F + K_{FR}\right)^{-1} \cdot K_F K_{FR} T_{GA}^T s\right) \\ &-K_{BS2} s^4 - K_{BS1} s^3 - K_I T_{GA}^T\Big\} \cdot \begin{pmatrix} z_A \\ n \end{pmatrix} = \\ =&\Big\{N_{reg} \cdot T_{GA} \cdot \left(K_D s^2 + \left(K_F + K_{FR}\right)^{-1} K_F K_{FR} s\right) - K_I\Big\} \cdot \vec{w} \\ &+ N_{reg} \cdot T_{GA} \left(K_F + K_{FR}\right)^{-1} K_F K_{FR} K_{PL} \cdot \vec{i}_{pre} \end{aligned} \tag{5.29}$$

Ausdruck (5.29) beinhaltet die Bewegungsgleichungen des geschlossenen Regelkreises für das Halbfahrzeugmodell mit dem in Gl. (5.23) hergeleiteten Fahrwerksregler und dem Kompensationsterm für externe Kräfte und Momente (5.28). Ein Ansatz für eine Preview-Vorsteuerung ist noch nicht integriert.

Vereinfacht dargestellt besitzt Gleichung (5.29) folgende Struktur:

$$\begin{aligned} &\Big\{N_{reg} \cdot \left(A_2 s^3 + A_1 s^2 + A_0 s\right) - K_{BS2} s^4 - K_{BS1} s^3 - K_I T_{GA}^T\Big\} \cdot \begin{pmatrix} z_A \\ n \end{pmatrix} = \\ &\Big\{N_{reg} \cdot \left(C_2 s^2 + C_1 s\right) - C_0\Big\} \cdot \vec{w} + N_{reg} \cdot D_0 \cdot \vec{i}_{pre} \end{aligned} \tag{5.30}$$

Der Ausdruck N_{reg} in Gleichung (5.30) dient als Platzhalter für den Nenner des Reglers (siehe Gl. (5.25)) und steht damit für ein Matrix-Polynom vierter Ordnung. Das Nennerpolynom des geschlossenen Regelkreises in Gleichung (5.30) setzt sich also zusammen aus dem Nennerpolynom des Reglers N_{reg}, dem Modellpolynom der Bewegungsgleichungen des Halbfahrzeugs $\left(A_2s^3+A_1s^2+A_0s\right)$ und den Zählertermen des Reglers $\left(-K_{BS2}s^4-K_{BS1}s^3-K_IT_{GA}^T\right)$.

Werden die Nennerterme aus Gleichung (5.30) bzw. (5.29) ausmultipliziert ergibt sich für den Nenner des geschlossenen Regelkreises ein Polynom siebter Ordnung mit folgenden Koeffizienten:

$$
\begin{aligned}
&\Big\{\underbrace{\left(T_{K4}s^4+T_{K3}s^3+T_{K2}s^2+T_{K1}s+I\right)}_{N_{reg}}\cdot\left(A_2s^3+A_1s^2+A_0s\right)\\
&-K_{BS2}s^4-K_{BS1}s^3-K_I\cdot T_{GA}^T\Big\}\cdot\begin{pmatrix}z_A\\ n\end{pmatrix}=\\
&\begin{pmatrix}
T_{K4}\cdot A_2\\
T_{K4}\cdot A_1+T_{K3}\cdot A_2\\
T_{K4}\cdot A_0+T_{K3}\cdot A_1+T_{K2}\cdot A_2\\
T_{K3}\cdot A_0+T_{K2}\cdot A_1+T_{K1}\cdot A_2-K_{BS2}\\
T_{K2}\cdot A_0+T_{K1}\cdot A_1+A_2-K_{BS1}\\
T_{K1}\cdot A_0+A_1\\
A_0\\
-K_I\cdot T_{GA}^T
\end{pmatrix}\cdot\begin{pmatrix}s^7\\ s^6\\ s^5\\ s^4\\ s^3\\ s^2\\ s\\ I_2\end{pmatrix}\cdot\begin{pmatrix}z_A\\ n\end{pmatrix}
\end{aligned}
\tag{5.31}
$$

Vorgabe des Wunschverhaltens und Berechnung der Reglerparameter

Die analytische Berechnung der Reglerparameter geschieht durch die Vorgabe eines Wunschverhaltens für das Nennerpolynom des geschlossenen Regelkreises in Gleichung (5.31).

Dazu wird im ersten Schritt Gleichung (5.30) mit dem Nennerterm nullter Ordnung $-K_I\cdot T_{GA}^T$ normiert:

$$
\begin{aligned}
&\begin{pmatrix}
-\left(K_I\cdot T_{GA}^T\right)^{-1}\cdot T_{K4}\cdot A_2\\
-\left(K_I\cdot T_{GA}^T\right)^{-1}\cdot\left(T_{K4}\cdot A_1+T_{K3}\cdot A_2\right)\\
-\left(K_I\cdot T_{GA}^T\right)^{-1}\cdot\left(T_{K4}\cdot A_0+T_{K3}\cdot A_1+T_{K2}\cdot A_2\right)\\
-\left(K_I\cdot T_{GA}^T\right)^{-1}\cdot\left(T_{K3}\cdot A_0+T_{K2}\cdot A_1+T_{K1}\cdot A_2-K_{BS2}\right)\\
-\left(K_I\cdot T_{GA}^T\right)^{-1}\cdot\left(T_{K2}\cdot A_0+T_{K1}\cdot A_1+A_2-K_{BS1}\right)\\
-\left(K_I\cdot T_{GA}^T\right)^{-1}\cdot\left(T_{K1}\cdot A_0+A_1\right)\\
-\left(K_I\cdot T_{GA}^T\right)^{-1}\cdot A_0\\
I_2
\end{pmatrix}\cdot\begin{pmatrix}s^7\\ s^6\\ s^5\\ s^4\\ s^3\\ s^2\\ s\\ I_2\end{pmatrix}\cdot\begin{pmatrix}z_A\\ n\end{pmatrix}=\\
&=-\left(K_I\cdot T_{GA}^T\right)^{-1}\cdot\Big\{N_{reg}\cdot\left(C_2s^2+C_1s\right)-C_0\Big\}\cdot\vec{w}\\
&-\left(K_I\cdot T_{GA}^T\right)^{-1}\cdot N_{reg}\cdot D_0\cdot\vec{i}_{pre}
\end{aligned}
\tag{5.32}
$$

Wird nun im nächsten Schritt ein Wunschverhalten für den Nenner des geschlossenen Regelkreises in Form eines Matrixpolynoms siebter Ordnung vorgegeben,

$$\mu_7 s^7 + \mu_6 s^6 + \mu_5 s^5 + \mu_4 s^4 + \mu_3 s^3 + \mu_2 s^2 + \mu_1 s + I \tag{5.33}$$

so können die Reglerparameter durch Koeffizientenvergleich zwischen dem Wunschverhalten und den Koeffizientenmatrizen des geschlossenen Regelkreises μ_1 bis μ_7 berechnet werden.

Dabei gelten folgende sieben Bedingungen:

$$\begin{aligned}
\mu_7 \cdot s^7 &= -\left(K_I \cdot T_{GA}^T\right)^{-1} \cdot T_{K4} \cdot A_2 \cdot s^7 \\
\mu_6 \cdot s^6 &= -\left(K_I \cdot T_{GA}^T\right)^{-1} \cdot \left(T_{K4} \cdot A_1 + T_{K3} \cdot A_2\right) \cdot s^7 \\
\mu_6 \cdot s^5 &= -\left(K_I \cdot T_{GA}^T\right)^{-1} \cdot \left(T_{K4} \cdot A_0 + T_{K3} \cdot A_1 + T_{K2} \cdot A_2\right) \cdot s^5 \\
\mu_6 \cdot s^4 &= -\left(K_I \cdot T_{GA}^T\right)^{-1} \cdot \left(T_{K3} \cdot A_0 + T_{K2} \cdot A_1 + T_{K1} \cdot A_2 - K_{BS2}\right) \cdot s^4 \\
\mu_6 \cdot s^3 &= -\left(K_I \cdot T_{GA}^T\right)^{-1} \cdot \left(T_{K2} \cdot A_0 + T_{K1} \cdot A_1 + A_2 - K_{BS1}\right) \cdot s^3 \\
\mu_6 \cdot s^2 &= -\left(K_I \cdot T_{GA}^T\right)^{-1} \cdot \left(T_{K1} \cdot A_0 + A_1\right) \cdot s^2 \\
\mu_6 \cdot s &= -\left(K_I \cdot T_{GA}^T\right)^{-1} \cdot A_0 \cdot s \\
I_2 &= I_2
\end{aligned} \tag{5.34}$$

Aus der Anzahl der unbekannten Parameter $T_{K4}, T_{K3}, T_{K2}, T_{K1}, K_{BS2}, K_{BS1}$ und K_I in den Gleichungen (5.34) und der Ordnung des Nennerpolynoms resultiert ein eindeutig bestimmtes lineares Gleichungssystem siebter Ordnung, das mit gängigen numerischen Algorithmen gelöst werden kann. Damit sind die Parameter des Reglers bekannt.

Bemerkenswert an diesem Verfahren ist die Tatsache, daß die Stabilität des Regelkreises systemimmanent ist. Durch die Vorgabe eines stabilen Wunschverhaltens ist die Stabilität des geschlossenen Regelkreises per se gewährleistet.

Ergebnisse der Halbfahrzeugsimulation

Die folgenden Ergebnisse stellen die Leistungsfähigkeit des aktiven Fahrwerks mit analytischem Reglerkonzept (Gl. (5.29)) im Vergleich zum passiven Fahrwerk (Gl. (5.18) mit $\vec{i} = 0$) dar.

Die Entwicklung des analytischen Reglerkonzeptes (ohne Vorausschau) in Abschnitt 5.2.3 stellt die Basis für die Entwicklung der Integralen Preview-Strategie (IPS) dar, ist jedoch nicht Hauptziel der vorliegenden Arbeit. Entscheidend für die weiteren Untersuchungen ist daher, welche Verbesserungen durch die Integrale Preview-Strategie im Vergleich zu der in Abschnitt 5.2.3 hergeleiteten leistungsfähigen Fahrwerkregelung erreicht werden kann.

Das in den Simulationsuntersuchungen verwendete Halbfahrzeugmodell ist, wie in Kapitel 4 dargestellt, bewußt einfach gehalten und dient lediglich als Konzeptmodell für die Reglersyn-

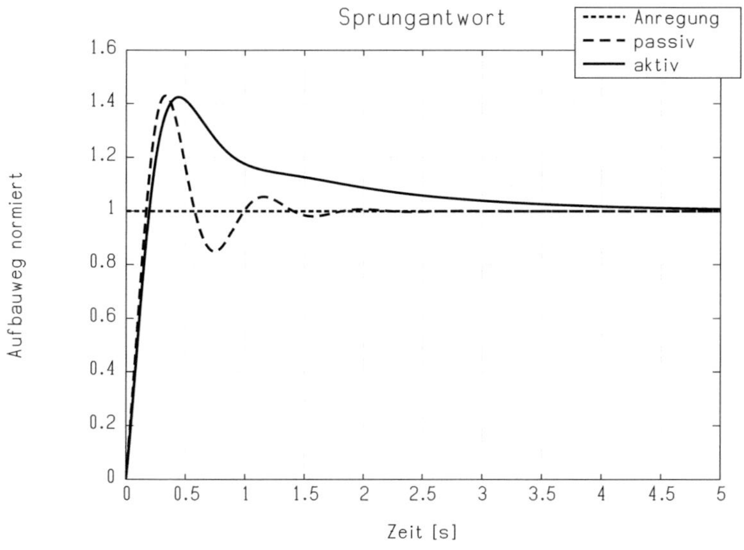

Abb. 5.5.: Sprungantwort: Vertikaler Aufbauweg des passiven Fahrzeugs und des aktiven Fahrzeugs mit analytischem Reglerkonzept

these. Daher liefern die folgenden Auswertungen nur tendenzielle Aussagen, in welcher Größenordnung der Unterschied zwischen passivem und aktivem Fahrwerk liegt; sie liefern jedoch nicht die genauen Auslegungsparameter für das Fahrwerk des Gesamtfahrzeugs.

Abbildung 5.5 zeigt die Sprungantwort des Fahrzeugaufbaus in vertikaler Richtung. Im Gegensatz zum passiven Fahrzeug weist das aktive Fahrzeug ein gut gedämpftes, asymptotisches Verhalten auf. Ein Nachschwingen des Fahrzeugaufbaus wird effektiv unterdrückt.

Dieses Verhalten ist bewußt so gewählt, da ein asymptotisches Verhalten von Fahrer und Fahrgästen als natürlich empfunden wird. Ein stark über- oder unterdämpftes Verhalten wird demgegenüber von den Passagieren und vom Fahrer als unnatürlich empfunden, da das Gefühl für die Kopplung von Straße und Aufbau verloren geht[8]. Deshalb muß das Regelungskonzept in der Lage sein, dem Straßenverlauf zu folgen, ohne die Federwegbegrenzungen zu verletzen[9]. Diese Eigenschaft läßt sich am besten durch eine Rampenauffahrt des Fahrzeugs überprüfen, wie sie z.B. bei einer Tiefgaragenausfahrt auftritt.

[8]Hier tritt genau das Paradoxon bei der Entwicklung von Fahrwerken zutage: Die Straßenanregung ist sowohl Stör- als auch Nutzsignal! Zum einen muß das Fahrwerk als unangenehm empfundene Schwingungsformen eliminieren; zum anderen muß der Fahrzeugaufbau dem Straßenverlauf folgen, da der Federweg begrenzt ist. Ziel ist es also, einen fein ausgewogenen Kompromiß zwischen beiden Anforderungen zu finden.

[9]Jenes Kriterium wird in theoretischen Untersuchungen zur Fahrwerkreglersynthese oft vernachlässigt.

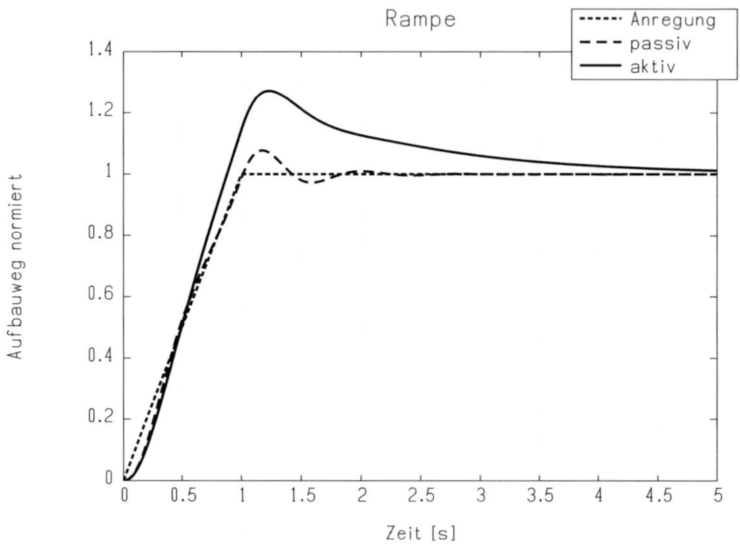

Abb. 5.6.: Rampenauffahrt: Vertikaler Aufbauweg des passiven Fahrzeugs und des aktiven Fahrzeugs mit analytischem Reglerkonzept

Abbildung 5.6 zeigt, daß das analytische Reglerkonzept in der Lage ist, einem Rampenverlauf zu folgen, ohne die Federwegbegrenzungen zu verletzen. Zur bestmöglichen Verbesserung des Fahrkomforts wird bewußt auf eine extreme Anbindung des Aufbaus an den Straßenverlauf verzichtet: Ein größeres Überschwingen im Vergleich zum passiven Fahrwerk wird zugelassen. Das geregelte Fahrzeug zeigt eine wirksame Unterdrückung von Nachschwingvorgängen und weist ein harmonisches, aperiodisches Ausschwingverhalten auf.

Um die Leistungsfähigkeit des geregelten Fahrwerks im Vergleich zum passiven Fahrwerk bei stochastischen Anregungen beurteilen zu können, wurde ein Simulationslauf über eine Schlechtwegstrecke durchgeführt. Bei der Schlechtwegstrecke handelt es sich um eine real existierende, schlechte Landstraße, die mit einem hochgenauen Meßsystem aufgenommen und digitalisiert wurde. Die Strecke besitzt ausgeprägte Anregungen sowohl im Rad- als auch im Aufbaueigenfrequenzbereich. Es werden alle Aufbaufreiheitsgrade (hier Huben und Nicken) angeregt.

Als Maß für den Fahrkomfort wird die vertikale Aufbaubeschleunigung herangezogen. Abbildung 5.7 zeigt das Amplitudenspektrum der vertikalen Aufbaubeschleunigung für das passive und das aktive Fahrwerk. Das aktive Fahrwerk reduziert die vertikale Beschleunigung des Aufbaus im Aufbaueigenfrequenzbereich um 40-50% im Vergleich zum passiven Fahrwerk.

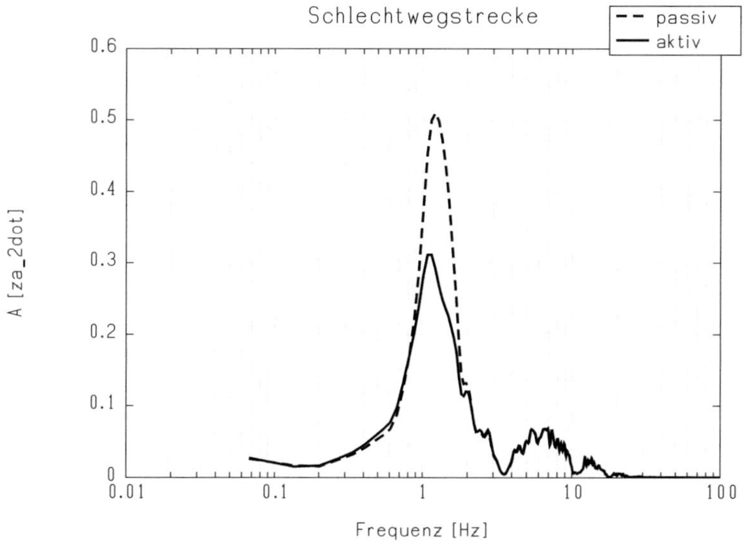

Abb. 5.7.: Amplitudenspektrum Schlechtwegstrecke: Vertikale Aufbaubeschleunigung des passiven Fahrzeugs und des aktiven Fahrzeugs mit analytischem Reglerkonzept

Dies bedeutet in der Praxis eine wesentliche Beruhigung des Aufbaus und somit eine deutliche Verbesserung des Fahrkomforts.

Zur Beurteilung der Auswirkungen des Regelkonzepts auf die Fahrsicherheit wird die Radlastschwankung herangezogen. Sie bedeutet eine Variation der Reifennormalkraft und damit eine Änderung der übertragbaren Längs- und Seitenkräfte auf die Fahrbahn. Durch die Nichtlinearität des Reifenverhaltens (degressive Seitenkraft-/Schlupfkennlinie) sinkt das Kraftübertragungspotential mit zunehmender Radlastschwankung.

Die Radlastschwankung soll über die Änderung des Reifeneinfederwegs beurteilt werden. Als Anregung wurde die gleiche Schlechtwegstrecke wie in Abb. 5.7 gewählt. Aus Abbildung 5.8 geht hervor, daß beim geregelten Fahrzeug die Änderung des Reifeneinfederwegs im Aufbaueigenfrequenzbereich gegenüber dem passiven Fahrzeug stark reduziert ist. Dies liegt darin begründet, daß durch das aktive Fahrwerk die Aufbaubewegungen beruhigt werden und somit weniger Schwingungen in die Räder eingeleitet werden.

Im Bereich zwischen 2 und 4 Hz weist das aktive Fahrwerk eine leichte Erhöhung der Reifenfederwegänderung gegenüber dem passiven Fahrwerk auf, die jedoch gering ist. Im für die Kraftübertragung zwischen Reifen und Fahrbahn wichtigen Frequenzbereich über 10 Hz zeigt sich keine Änderung im Vergleich zum passiven Fahrwerk.

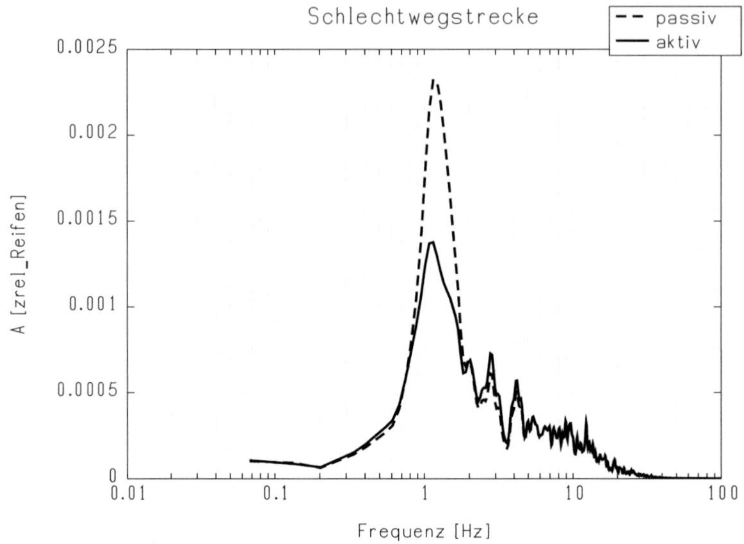

Abb. 5.8.: Amplitudenspektrum Schlechtwegstrecke: Vertikaler Reifeneinfederweg des passiven Fahrzeugs und des aktiven Fahrzeugs mit analytischem Reglerkonzept

Mit dem aktiven Fahrwerk mit analytischem Reglerkonzept läßt sich bereits eine hohe Komfortverbesserung gegenüber dem passiven Fahrwerk erreichen. Das zuvor gezeigte Leistungsniveau des aktiven Fahrwerks stellt deshalb die Referenz dar für die Entwicklung der Integralen Preview-Strategie.

5.2.4. Synthese der Preview-Vorsteuerung

Welche Struktur muß die Vorsteuerung der Integralen Preview-Strategie besitzen, damit sie eine Vorausschau realisiert und gleichzeitig mit der Fahrwerkregelung kooperiert?

Ausgangspunkt für die Entwicklung der Preview-Vorsteuerung ist die Gleichung des geschlossenen Regelkreises (5.29):

$$\begin{aligned}
&\Big\{N_{reg}\cdot\left(\Theta_A s^3+T_{GA}K_D T_{GA}^T s^2+T_{GA}\left(K_F+K_{FR}\right)^{-1}\cdot K_F K_{FR} T_{GA}^T s\right)\\
&\quad -K_{BS2}s^4-K_{BS1}s^3-K_I T_{GA}^T\Big\}\cdot\begin{pmatrix} z_A\\ n\end{pmatrix}=\\
&=\Big\{N_{reg}\cdot T_{GA}\cdot\left(K_D s^2+\left(K_F+K_{FR}\right)^{-1}K_F K_{FR} s\right)-K_I\Big\}\cdot\vec{w}\\
&\quad +N_{reg}\cdot T_{GA}\left(K_F+K_{FR}\right)^{-1}K_F K_{FR} K_{PL}\cdot\vec{i}_{pre}
\end{aligned}\tag{5.35}$$

Für eine übersichtlichere Darstellung werden die Terme für das Zähler- und Nennerpolynom des geschlossenen Regelkreises durch Platzhalter substituiert:

$$\begin{aligned} N_{GRK} =& \Big\{ N_{reg} \cdot \left(\Theta_A s^3 + T_{GA} K_D T_{GA}^T s^2 + T_{GA} \left(K_F + K_{FR}\right)^{-1} \cdot K_F K_{FR} T_{GA}^T s\right) \\ & - K_{BS2} s^4 - K_{BS1} s^3 - K_I T_{GA}^T \Big\} \\ Z_{GRK} =& \Big\{ N_{reg} \cdot T_{GA} \cdot \left(K_D s^2 + \left(K_F + K_{FR}\right)^{-1} K_F K_{FR} s\right) - K_I \Big\} \end{aligned} \tag{5.36}$$

Das Einsetzen von Gl. (5.36) in Gl. (5.35) ergibt:

$$N_{GRK} \cdot \begin{pmatrix} z_A \\ n \end{pmatrix} = Z_{GRK} \cdot \vec{w} + N_{reg} T_{GA} \left(K_F + K_{FR}\right)^{-1} K_F K_{FR} K_{PL} \cdot \vec{i}_{pre} \tag{5.37}$$

$\vec{i}_{pre}$ steht in Gleichung (5.37) als Platzhalter für den Vektor der Preview-Stellsignale.

Aus systemtheoretischer Sicht muß für die Preview-Vorsteuerung eine Struktur gefunden werden, die die Auswirkungen von Straßenstörungen $\vec{w}$ in Gleichung (5.37) auf den Nenner des geschlossenen Regelkreises N_{GRK} so gering wie möglich hält.

Da im dafür relevanten Zählerterm $Z_{GRK} \cdot \vec{w}$ von Gl. (5.37) sowohl der Zähler des geschlossenen Regelkreises Z_{GRK} als auch der Vektor der Straßenanregung $\vec{w}$ ungleich Null[10] sind, kann die Auswirkung der Straßenanregung nur durch folgende Bedingung eliminiert werden:

$$Z_{GRK} \cdot \vec{w} + N_{reg} \cdot T_{GA} \left(K_F + K_{FR}\right)^{-1} K_F K_{FR} K_{PL} \cdot \vec{i}_{pre} \equiv 0 \tag{5.38}$$

Wird Gl. (5.38) nach $\vec{i}_{pre}$ aufgelöst, ergibt sich folgende Struktur für die Preview-Vorsteuerung:

$$\vec{i}_{pre} = -\left(N_{reg} \cdot T_{GA} \left(K_F + K_{FR}\right)^{-1} K_F K_{FR} K_{PL}\right)^{-1} \cdot Z_{GRK} \cdot \vec{w} \tag{5.39}$$

Durch Einsetzen des Zählers des geschlossenen Regelkreises (5.36) in Gleichung (5.39) resultiert die ausführliche Darstellung der Struktur der neuen Preview-Vorsteuerung:

$$\begin{aligned} \vec{i}_{pre} = & -\left(N_{reg} \cdot T_{GA} \left(K_F + K_{FR}\right)^{-1} K_F K_{FR} K_{PL}\right)^{-1} \cdot \\ & \Big\{ N_{reg} \cdot T_{GA} \cdot \left(K_D s^2 + \left(K_F + K_{FR}\right)^{-1} K_F K_{FR} s\right) - K_I \Big\} \cdot \vec{w} \end{aligned} \tag{5.40}$$

[10]Die Koeffizienten der Strecke und des Reglers sind ungleich Null und die Straße besitzt immer eine gewisse Unebenheitsanregung.

Werden die Terme in Gl. (5.40) ausmultipliziert und gleiche Terme zusammengefaßt kann die Struktur der kooperativen Preview-Vorsteuerung in kompakter Form dargestellt werden:

$$\begin{aligned}\vec{i}_{pre} =& \left(T_{GA}\left(K_F+K_{FR}\right)^{-1}K_F K_{FR} K_{PL}\right)^{-1}\cdot \\ & \Big\{\left(T_{K4}s^4+T_{K3}s^3+T_{K2}s^2+T_{K1}s+I\right)^{-1}\cdot K_I \\ & -T_{GA}\left(K_D s^2+\left(K_F+K_{FR}\right)^{-1}K_F K_{FR} s\right)\Big\}\cdot\vec{w}\end{aligned} \tag{5.41}$$

Vereinfacht dargestellt, besitzt der neue Ansatz für die Preview-Vorsteuerung (5.41) folgende Struktur:

$$\vec{i}_{pre} = A_0 \cdot \Big\{\left(T_{K4}s^4+T_{K3}s^3+T_{K2}s^2+T_{K1}s+I\right)^{-1}\cdot K_I - \left(B_2 s^2+B_1 s\right)\Big\}\cdot\vec{w} \tag{5.42}$$

Als Eingangsgrößen für die neue Preview-Vorsteuerung (5.42) dienen das Straßenhöhensignal $\vec{w}$ und dessen erste und zweite Ableitung $\dot{\vec{w}}$ bzw. $\ddot{\vec{w}}$. Sowohl das Straßenhöhensignal als auch dessen Ableitungen werden von dem in Kapitel 3 entwickelten neuen Algorithmus zur Generierung des Straßenhöhenprofils zur Verfügung gestellt.

Mit der vorliegenden Struktur (5.41) wird erstmals ein Ansatz für eine Preview-Vorsteuerung vorgestellt, der explizit die Dynamik des geschlossenen Regelkreises mit berücksichtigt. Durch einen solchen integralen Ansatz sind Konflikte zwischen Preview-Vorsteuerung und Regelung per se ausgeschlossen (wie in Abb. 5.3 vorgestellt).

Dadurch ermöglicht es die Integrale Preview-Strategie (IPS) erstmals, die Vorzüge von Regelung und Steuerung für ein aktives Fahrwerk mit Preview miteinander zu kombinieren.

Der gewählte Ansatz besitzt eine große Robustheit gegenüber Störungen. Erfolgt durch ein verrauschtes Straßensignal eine ungenaue Stellvorgabe durch die Preview-Vorsteuerung, so wird das durch die gleichfalls aktive analytische Fahrwerkregelung ausgeregelt.

Ein weiterer Vorteil der neuen Integralen Preview-Strategie ist die Tatsache, daß der Regler auch unabhängig von der Aktivität der Preview-Vorsteuerung lauffähig ist. Ist die Güte des durch die Preview-Sensoren gemessenen Straßensignals zu schlecht oder fällt gar ein Sensor aus, so steht als Rückfallebene immer noch ein leistungsfähiges aktives Fahrwerk ohne Preview zur Verfügung. Dies ist bei einem reinen Steueransatz nicht möglich!

Steuerungen sind grundsätzlich sensibel hinsichtlich der Parametrierung. Die Struktur und Parametrierung einer Steuerung hängt daher maßgeblich von einem genauen Modellwissen ab. So ist eine zielgerichtete Einstellung der Parameter der Steuerung per Hand schwierig.

Eine solche Problematik tritt bei der neuen Integralen Preview-Strategie erst gar nicht auf, da sowohl die Reglerparameter als auch die Parameter der Preview-Vorsteuerung (siehe Gleichung (5.41)) analytisch in einem Rechenschritt berechnet werden.

Ergebnisse der Halbfahrzeugsimulation

Um die Leistungsfähigkeit der neuen Integralen Preview-Strategie zu demonstrieren, wird der in Abschnitt 5.2.4 entwickelte Ansatz in das geregelte Halbfahrzeugmodell integriert.

In der Simulation werden das passive Fahrzeug, das aktive Fahrzeug mit analytischem Reglerkonzept und das Fahrzeug mit der neuen Integralen Preview-Strategie (IPS) gegenübergestellt.

Als Fahrbahnanregung werden sowohl deterministische Hindernisse als auch stochastische Meßstrecken untersucht. Zur Beurteilung des erreichten Fahrkomforts wird die vertikale Aufbaubeschleunigung $\ddot{z}_A$ herangezogen. Als Maß für die Fahrsicherheit wird der Reifenfederweg $z_{rel,Reifen}$ verwendet.

Die Abbildungen 5.9 und 5.10 zeigen eine Fahrt über einen Einfachhöcker. Der Einfachhöcker ist ein deterministisches Fahrbahnhindernis und regt besonders die Aufbaufreiheitsgrade Huben und Nicken im Aufbaueigenfrequenzbereich an.

In Abb. 5.9 ist das Amplitudenspektrum der vertikalen Aufbaubeschleunigungen über der Frequenz aufgetragen. Weist bereits das aktive Fahrwerk gegenüber dem passiven Fahrwerk eine um bis zu 40% reduzierte Aufbaubeschleunigung auf, so reduziert sich die Aufbaubeschleunigung des aktiven Fahrwerks mit Preview gegenüber dem aktiven Fahrwerk um den Faktor vier! Die Aufbaubeschleunigungen des aktiven Fahrwerks mit Integraler Preview-Strategie betragen im Aufbaueigenfrequenzbereich nur 13% der Werte des passiven Fahrzeugs.

Auch im für das menschliche Komfortempfinden besonders wichtigen Frequenzbereich zwischen 4 und 8 Hz zeigen sich Verbesserungen in einer ähnlichen Größenordnung.

Damit stößt das aktive Fahrwerk mit der neuen Integralen Preview-Strategie in bisher unerreichbare Komfortbereiche vor.

In ähnlichem Maße zeigt sich beim Überfahren des Einfachhöckers in der Halbfahrzeugsimulation auch eine Verbesserung der dynamischen Reifeneinfederung, die als Kennziffer für die Fahrsicherheit angesehen werden kann (siehe Abb. 5.10).

Besonders im für die Reifenmechanik und die Raddynamik wichtigen Frequenzbereich oberhalb von 10 Hz werden die Reifenfederweg-Schwankungen deutlich reduziert.

Als weitere Fahrbahnanregungen wurden stochastische Strecken in Form einer schlechten Landstraße untersucht (siehe Abb. 5.11 und Abb. 5.12). Die gewählte Schlechtwegstrecke besitzt sowohl eine hohe Fahrbahnwelligkeit als auch viele Fahrbahnfehler. Damit werden sowohl der Fahrzeugaufbau als auch die Räder gleichermaßen angeregt.

Abbildung 5.11 zeigt das Amplitudenspektrum der Aufbauvertikalbeschleunigung aufgetragen über der Frequenz. Hier fällt die Verbesserung der Fahrkomforts im Vergleich zum Hindernis „Einfachhöcker“ noch deutlicher aus. Die Aufbaubeschleunigung im Aufbaueigenfrequenzbereich reduziert sich durch die neue Integrale Preview-Strategie im Vergleich zum aktiven Fahrwerk um den Faktor 10.

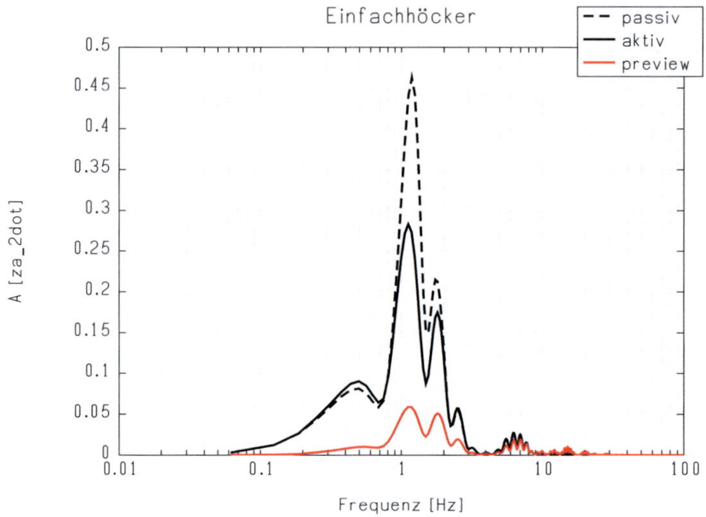

Abb. 5.9.: Einfachhöcker: Amplitudenspektrum der vertikalen Aufbaubeschleunigung des passiven, des aktiven und des Fahrzeugs mit Integraler Preview-Strategie

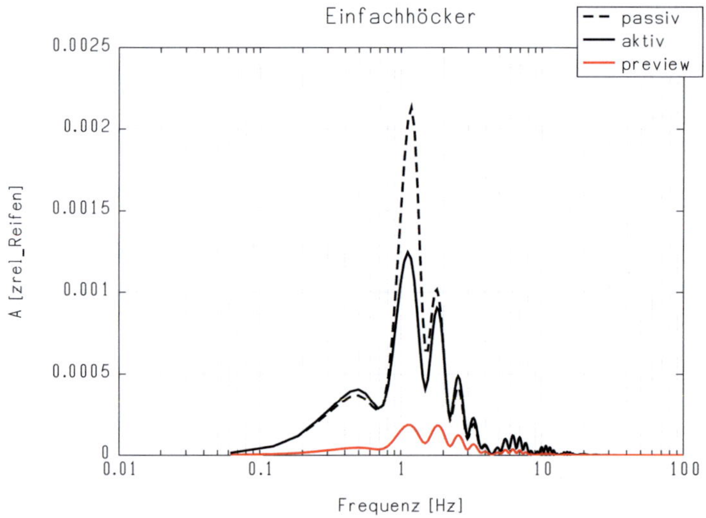

Abb. 5.10.: Einfachhöcker: Amplitudenspektrum des vertikalen Reifeneinfederwegs des passiven, des aktiven und des Fahrzeugs mit Integraler Preview-Strategie

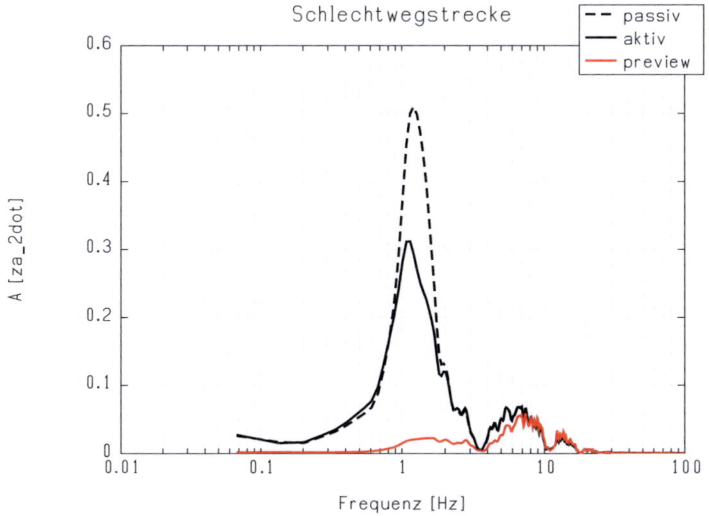

Abb. 5.11.: Schlechtwegstrecke: Amplitudenspektrum der vertikalen Aufbaubeschleunigung des passiven, des aktiven und des Fahrzeugs mit Integraler Preview-Strategie

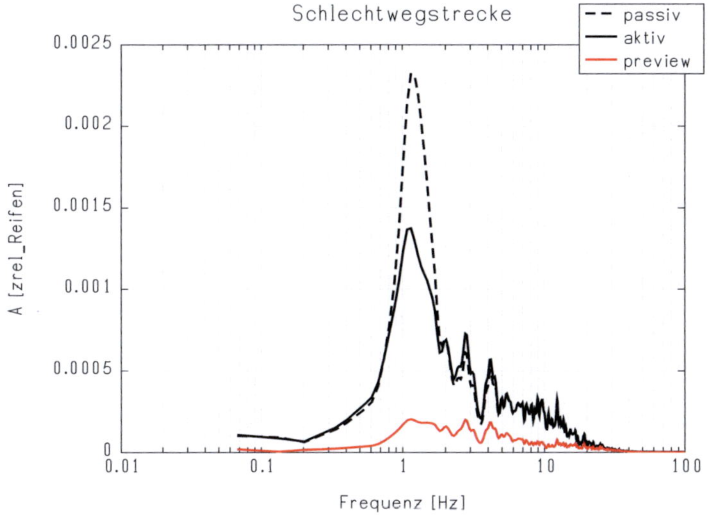

Abb. 5.12.: Schlechtwegstrecke: Amplitudenspektrum des vertikalen Reifeneinfederwegs des passiven, des aktiven und des Fahrzeugs mit Integraler Preview-Strategie

Auch im Frequenzbereich zwischen 3 und 8 Hz ist eine klare Verbesserung feststellbar, auch wenn sie nicht so groß ausfällt wie im Aufbaufrequenzbereich zwischen 0,5 und 3 Hz.

Ein ähnliches Bild zeigt sich für die dynamischen Reifenfederwegschwankungen. Hier weist die Integrale Preview-Strategie über den gesamten Frequenzbereich stark reduzierte Werte gegenüber dem aktiven und dem passiven Fahrwerk auf. Das läßt eine Verbesserung des Kraftschlußpotentials zwischen Reifen und Fahrbahn erwarten.

Die Ergebnisse der stochastischen Fahrbahnanregung „Schlechtwegstrecke" 5.11 und 5.12 untermauern die Leistungsfähigkeit der neu entwickelten Integralen Preview-Strategie.

Fazit: Die Simulationsergebnisse des Halbfahrzeugmodells zeigen, daß sich mit der neuen Integralen Preview-Strategie das Spannungsverhältnis zwischen Fahrkomfort und Fahrsicherheit auflösen läßt. Gegenüber dem aktiven Fahrwerk ohne Preview ist nochmals eine deutliche Komfortsteigerung zu erzielen. Diese vielversprechenden Ergebnisse ermutigen zur Anwendung der Integralen Preview-Strategie auf das Gesamtfahrzeugmodell.

5.3. Erweiterung der Integralen Preview-Strategie auf das Gesamtfahrzeug

In Abschnitt 5.2 wurde eine neue Integrale Preview-Strategie für das Halbfahrzeugmodell entwickelt. Das Halbfahrzeugmodell wurde bewußt ausgewählt, weil es einfach aufgebaut ist und trotzdem die wesentlichen, zur Synthese der Preview-Strategie erforderlichen, Effekte abbildet. Die Berechnung der Matrixgleichungen gestaltet sich einfach, da sämtliche Matrizen quadratisch sind.

Daher gilt es im folgenden zu klären, inwiefern die Integrale Preview-Strategie auf das Gesamtfahrzeugmodell erweitert werden kann. Beim Gesamtfahrzeugmodell, wie es in Abschnitt 4.3 vorgestellt wurde, handelt es sich um ein überbestimmtes System. Vier Radfreiheitsgrade beeinflussen die drei Freiheitsgrade des Aufbaus. Daraus resultieren aus mathematischer Sicht nicht-quadratische Matrizen, deren Kommutativität nicht gewährleistet ist. Deshalb muß überprüft werden, ob die mathematischen Operationen zur Herleitung der IPS beim Halbfahrzeugmodell auch auf das Gesamtfahrzeugmodell übertragbar sind.

Das folgende Vorgehen für das Gesamtfahrzeugmodell (GFZ) entspricht den beim Halbfahrzeugmodell (HFZ) angewendeten Schritten (siehe Abschnitt 5.2).

5.3.1. Systemdarstellung für die Synthese der Integralen Preview-Strategie

Die Basis für die Synthese der Integralen Preview-Strategie für das Gesamtfahrzeug stellen die in Abschnitt 4.3 entwickelten Bewegungsgleichungen des Aufbaus (4.44), der Räder (4.47) und der Aktoren (4.48) dar. Der Übersichtlichkeit halber sind die Gleichungen hier nochmals dargestellt:

Bewegungsgleichung des Aufbaus:

$$\begin{aligned}\Theta_A \cdot \begin{pmatrix} \ddot{z}_A \\ \ddot{n} \\ \ddot{w} \end{pmatrix} + T_G^{*T} K_D T_G^* \cdot \begin{pmatrix} \dot{z}_A \\ \dot{n} \\ \dot{w} \end{pmatrix} + T_G^{*T} K_F T_G^* \cdot \begin{pmatrix} z_A \\ n \\ w \end{pmatrix} = \\ = T_G^{*T} K_F H \cdot \vec{z}_R + T_G^{*T} K_D H \cdot \dot{\vec{z}}_R \\ + T_G^{*T} K_F \cdot \vec{u} + \begin{pmatrix} F_Z \\ M_N \\ M_W \end{pmatrix}\end{aligned} \tag{5.43}$$

Bewegungsgleichung der Räder:

$$\begin{aligned}M_R \cdot \ddot{\vec{z}}_R + HK_D H \cdot \dot{\vec{z}}_R + (HK_F H + K_{FR}) \cdot \vec{z}_R = \\ HK_D T_G^* \cdot \begin{pmatrix} \dot{z}_A \\ \dot{n} \\ \dot{w} \end{pmatrix} + HK_F T_G^* \cdot \begin{pmatrix} z_A \\ n \\ w \end{pmatrix} + K_{FR} \cdot \vec{w} - HK_F \cdot \vec{u}\end{aligned} \tag{5.44}$$

Modellgleichung des Plungers:

$$\vec{u} = K_{PL} \int \vec{i}_{soll} \, dt \tag{5.45}$$

Wie beim Halbfahrzeugmodell wird der Reifenfederweg als Relativweg zwischen Rad- und Straßenkoordinate z_R bzw. w eingeführt:

$$\vec{z}_{rel\_RW} = \vec{z}_R - \vec{w} \tag{5.46}$$

Mit Gl. (5.46) ergibt sich folgende Darstellung für die Bewegungsgleichungen von Aufbau und Rädern (5.43) bzw. (5.44) im Laplace-Bereich:

Bewegungsgleichung des Aufbaus:

$$\begin{aligned}\left(\Theta_A s^2 + T_G^{*T} K_D T_G^* s + T_G^{*T} K_F T_G^*\right) \cdot \begin{pmatrix} z_A \\ n \\ w \end{pmatrix} = \\ T_G^{*T} (K_F + K_D s) H \cdot \vec{z}_{rel\_RW} + T_G^{*T} (K_F + K_D s) H \cdot \vec{w} \\ + T_G^{*T} K_F \cdot \vec{u} + \begin{pmatrix} F_Z \\ M_N \\ M_W \end{pmatrix}\end{aligned} \tag{5.47}$$

Bewegungsgleichung der Räder:

$$\begin{aligned}
&\left\{M_R s^2 + HK_D Hs + (HK_F H + K_{FR})\right\} \cdot \vec{z}_{rel_RW} = \\
&-\left\{M_R s^2 + HK_D Hs + HK_F H\right\} \cdot \vec{w} \\
&+ H\left(K_D s + K_F\right) \cdot T_G^* \cdot \begin{pmatrix} z_A \\ n \\ w \end{pmatrix} - HK_F \cdot \vec{u}
\end{aligned} \tag{5.48}$$

Modellreduktion

Analog zum HFZ-Modell wird eine Modellreduktion durch das Herausstreichen der Dynamikanteile aus der Radbewegungsgleichung (5.48) durchgeführt:

$$\begin{aligned}
&\left\{\underbrace{M_R s^2 + HK_D Hs}_{\equiv 0} + (HK_F H + K_{FR})\right\} \cdot \vec{z}_{rel_RW} = \\
&-\left\{\underbrace{M_R s^2 + HK_D Hs}_{\equiv 0} + HK_F H\right\} \cdot \vec{w} \\
&+ H\left(\underbrace{K_D s}_{\equiv 0} + K_F\right) \cdot T_G^* \cdot \begin{pmatrix} z_A \\ n \\ w \end{pmatrix} - HK_F \cdot \vec{u}
\end{aligned} \tag{5.49}$$

Durch Multiplikation mit der Inversen der Matrix H ergibt sich:

$$\left(K_F H + H^{-1} K_{FR}\right) \cdot \vec{z}_{rel\_RW} = -K_F H \cdot \vec{w} + K_F \cdot T_G^* \cdot \begin{pmatrix} z_A \\ n \\ w \end{pmatrix} - K_F \cdot \vec{u} \tag{5.50}$$

Ausklammern der Matrix K_F auf beiden Seiten und Umsortieren der Terme:

$$K_F \cdot \left(H + K_F^{-1} H^{-1} K_{FR}\right) \cdot \vec{z}_{rel\_RW} = K_F \cdot \left(T_G^* \cdot \begin{pmatrix} z_A \\ n \\ w \end{pmatrix} - H \cdot \vec{w} - \vec{u} \right) \tag{5.51}$$

Multiplikation mit der inversen Matrix K_F^{-1} und anschließend dem inversen Term $(H + \ldots)^{-1}$:

$$\vec{z}_{rel\_RW} = \left(H + K_F^{-1} H^{-1} K_{FR}\right)^{-1} \cdot \left(T_G^* \cdot \begin{pmatrix} z_A \\ n \\ w \end{pmatrix} - H \cdot \vec{w} - \vec{u} \right) \tag{5.52}$$

Zur Vereinfachung der weiteren Berechnungen wird folgende Annäherung eingeführt:

$$\begin{aligned}&\left(H+K_F^{-1}H^{-1}K_{FR}\right)^{-1}\approx\left(K_F^{-1}H^{-1}K_{FR}\right)^{-1}={K_{FR}}^{-1}HK_F,\\&\text{da gilt: } H\ll K_F^{-1}H^{-1}K_{FR}\end{aligned}\tag{5.53}$$

Schließlich folgt aus Gl. (5.52) und (5.53) für den stationären Reifeneinfederweg:

$$\vec{z}_{rel\_RW,station.}={K_{FR}}^{-1}HK_F\cdot\left(T_G^*\cdot\begin{pmatrix}z_A\\n\\w\end{pmatrix}-H\cdot\vec{w}-\vec{u}\right)\tag{5.54}$$

Wird Gleichung (5.54) in die Bewegungsgleichung des Aufbaus (5.47) eingesetzt und gleichzeitig der Term für die Reifeneinfedergeschwindigkeit gestrichen, folgt die Modellgleichung für das reduzierte Gesamtfahrzeug:

$$\begin{aligned}&\left\{\Theta_As^2+{T_G^*}^TK_DT_G^*s+{T_G^*}^TK_F\left(I-H{K_{FR}}^{-1}HK_F\right)T_G^*\right\}\cdot\begin{pmatrix}z_A\\n\\w\end{pmatrix}=\\&\qquad{T_G^*}^T\left\{K_Ds+K_F\left(I-H{K_{FR}}^{-1}HA_1\right)\right\}H\cdot\vec{w}\\&\qquad+{T_G^*}^TK_F\left(I-H{K_{FR}}^{-1}HK_F\right)\cdot\vec{u}+\begin{pmatrix}F_Z\\M_N\\M_W\end{pmatrix}\end{aligned}\tag{5.55}$$

Gleichung (5.55) kann durch folgende Substitutionen vereinfacht werden:

$$\begin{aligned}K_F^{\#}&=K_F\left(I-H{K_{FR}}^{-1}HK_F\right)\\K_F^*&={T_G^*}^TK_F^{\#}T_G^*\\K_D^*&={T_G^*}^TK_DT_G^*\end{aligned}\tag{5.56}$$

Mit den Substitutionen aus Gl. (5.56) nimmt die reduzierte Bewegungsgleichung für das Gesamtfahrzeugmodell (5.55) folgende übersichtliche Form an:

$$\left(\Theta_As^2+K_D^*s+K_F^*\right)\cdot\begin{pmatrix}z_A\\n\\w\end{pmatrix}={T_G^*}^TK_F^{\#}\cdot\vec{u}+{T_G^*}^T\left(K_Ds+K_F^{\#}\right)H\cdot\vec{w}+\begin{pmatrix}F_Z\\M_N\\M_W\end{pmatrix}\tag{5.57}$$

Abschließend wird das Hydraulikzylindermodell (4.48) in Gl. (5.57) eingesetzt. Die folgende Darstellung soll als Basis für die weiteren Berechnungen dienen:

$$\begin{gathered}\left(\Theta_A s^3 + K_D^* s^2 + K_F^* s\right) \cdot \begin{pmatrix} z_A \\ n \\ w \end{pmatrix} = \\ T_G^{*T} K_F^{\#} K_{PL} \cdot \vec{i}_{soll} + T_G^{*T}\left(K_D s^2 + K_F^{\#} s\right) H \cdot \vec{w} + s \begin{pmatrix} F_Z \\ M_N \\ M_W \end{pmatrix}\end{gathered} \tag{5.58}$$

5.3.2. Reglersynthese Gesamtfahrzeugmodell

Die Struktur des ABC-Reglers für das Gesamtfahrzeugmodell orientiert sich an der Struktur des Reglers für das Halbfahrzeugmodell (5.21):

$$\begin{gathered}\vec{i}_{reg} = \left(T_G^{*T} K_F^{\#} K_{PL}\right)^{-1} \cdot \left(T_{K4} s^4 + T_{K3} s^3 + T_{K2} s^2 + T_{K1} s + I\right)^{-1} \\ \left\{ \left(K_{BS2} s^2 + K_{BS} s\right) s^2 \begin{pmatrix} z_A \\ n \\ w \end{pmatrix} + K_I \begin{pmatrix} z_A \\ n \\ w \end{pmatrix}_{rel\_AW} \right\}\end{gathered} \tag{5.59}$$

Die Eingangsgrößen des Reglers sind zum einen die Aufbaubeschleunigungen $\ddot{z}_A$, $\ddot{n}$ und $\ddot{w}$ und zum anderen die Relativwege zwischen Aufbau und Straße z_{A,rel_AW}, n_{rel_AW} und w_{rel_AW} im Aufbaukoordinatensystem.

Die drei Aufbaurelativwege bzw. -winkel z_{A,rel_AW}, n_{rel_AW} und w_{rel_AW} werden aus den vier Relativwegen zwischen Aufbau und Straße z_{rel_AW} an jedem Rad berechnet. Diese ergeben sich aus der Differenz zwischen der vertikalen Aufbauposition z_{Av} und der Straßenhöhe w:

$$\vec{z}_{rel\_AW} = \vec{z}_{Av} - \vec{w} \tag{5.60}$$

Mit der Einführung der Matrix der geometrischen Bindungen zwischen Aufbau und Rädern $T_{G,R}$ folgt aus Gleichung (5.60):

$$\vec{z}_{rel\_AW} = T_{G,R} \cdot \begin{pmatrix} z_A \\ n \\ w \end{pmatrix} - \vec{w}; \; T_{G,R} = \begin{pmatrix} 1 & -l_v & -l_{R,vr} \\ 1 & -l_v & l_{R,vl} \\ 1 & l_h & -l_{R,hr} \\ 1 & l_h & l_{R,hl} \end{pmatrix} \tag{5.61}$$

Um die vier radbezogenen Relativwege $\vec{z}_{rel\_AW}$ in Aufbaukoordinaten transformieren zu können, muß die nichtinvertierbare Matrix $T_{G,R}$ linear unabhängig auf eine quadratische Form erweitert werden:

$$T_{GE,R} = \left(T_{G,R} \quad T_{G,R,3.Spalte} \cdot \begin{pmatrix} 1 \\ 1 \\ -1 \\ -1 \end{pmatrix} \right) \tag{5.62}$$

Daher wird als vierte Relativinformation die Verspannung[11] γ eingeführt. Mit Gl. (5.62) folgt daher aus Gl. (5.60):

$$\begin{pmatrix} z_A \\ n \\ w \\ \gamma \end{pmatrix}_{rel\_AW} = T_{GE,R}^{-1} \cdot \vec{z}_{rel\_AW} = T_{GE,R}^{-1} T_{G,R} \cdot \begin{pmatrix} z_A \\ n \\ w \end{pmatrix} - T_{GE,R}^{-1} \cdot \vec{w} \tag{5.63}$$

Werden nur die ersten drei Zeilen der Matrix $T_{GE,R}^{-1}$ verwendet, ergibt sich folgende Beziehung zur Berechnung der Relativwege zwischen Aufbau und Straße im Aufbaukoordinatensystem:

$$\begin{pmatrix} z_A \\ n \\ w \end{pmatrix}_{rel\_AW} = \begin{pmatrix} z_A \\ n \\ w \end{pmatrix} - \left(T_{GE,R}^{-1} \right)_{Z1:3} \cdot \vec{w} = \begin{pmatrix} z_A \\ n \\ w \end{pmatrix} - \left(T_{GE}^{*\,-1} \right)_{Z1:3} H \cdot \vec{w} \tag{5.64}$$

Wird jetzt die Relativweggleichung (5.64) in den Regleransatz (5.59) eingesetzt, so resultiert folgende Darstellung für den Regler:

$$\begin{aligned} \vec{i}_{reg} = & \left(T_G^{*T} K_F^{\#} K_{PL} \right)^{-1} \cdot \left(T_{K4} s^4 + T_{K3} s^3 + T_{K2} s^2 + T_{K1} s + I \right)^{-1} \\ & \cdot \left\{ \left(K_{BS2} s^4 + K_{BS} s^3 + K_I \right) \begin{pmatrix} z_A \\ n \\ w \end{pmatrix} - K_I \left(T_{GE}^{*\,-1} \right)_{Z1:3} H \cdot \vec{w} \right\} \end{aligned} \tag{5.65}$$

Aus Gründen der Anschaulichkeit wird das Nennerpolynom des Reglers in den weiteren Berechnungen abgekürzt:

$$N_{reg} = \left(T_{K4} s^4 + T_{K3} s^3 + T_{K2} s^2 + T_{K1} s + I \right)$$

[11] Die Verspannung beschreibt die Verteilung der Wege oder auch Kräfte des überbestimmten Systems über der Diagonale. Eine große Verspannung auf ebener Straße bedeutet beispielsweise, daß die Fahrzeugmasse hauptsächlich von zwei sich diagonal gegenüberstehenden Rädern getragen wird. Die beiden anderen Räder sind fast vollständig entlastet. Eine Verspannung ist im Fahrbetrieb möglichst zu vermeiden, damit die Radnormalkräfte möglichst gleichmäßig über alle Räder verteilt sind.

Jetzt wird der Regleransatz aus Gl. (5.65) in die Modellgleichung des Gesamtfahrzeugs (5.58) eingesetzt:

$$
\begin{aligned}
&\left(\Theta_A s^3 + K_D^* s^2 + K_F^* s\right) \cdot \begin{pmatrix} z_A \\ n \\ w \end{pmatrix} = T_G^{*T} K_F^\# K_{PL} \left(\vec{i}_{komp} + \vec{i}_{pre}\right) + \\
&T_G^{*T} K_F^\# K_{PL} \left(T_G^{*T} K_F^\# K_{PL}\right)^{-1} \cdot N_{reg}^{-1} \cdot \left\{ \left(K_{BS2} s^4 + K_{BS} s^3 + K_I\right) \begin{pmatrix} z_A \\ n \\ w \end{pmatrix} \right. \\
&\left. - K_I \left(T_{GE}^{*\,-1}\right)_{Z1:3} H \cdot \vec{w} \right\} + T_G^{*T} \left(K_D s^2 + K_F^\# s\right) H \cdot \vec{w} + s \begin{pmatrix} F_Z \\ M_N \\ M_W \end{pmatrix}
\end{aligned}
\tag{5.66}
$$

In Gleichung (5.66) läßt sich der Verstärkungsterm vor dem Regler $T_G^{*T} K_F^\# K_{PL}$ kürzen. Werden anschließend gleiche Terme zusammengefaßt und ausmultipliziert, ergibt sich die Darstellung für den geschlossenen Regelkreis:

$$
\begin{aligned}
&\left\{ N_{reg} \cdot \left(\Theta_A s^3 + K_D^* s^2 + K_F^* s\right) - \left(K_{BS2} s^4 + K_{BS} s^3 + K_I\right) \right\} \begin{pmatrix} z_A \\ n \\ w \end{pmatrix} = \\
&\left\{ N_{reg} \cdot T_G^{*T} \left(K_D s^2 + K_F^\# s\right) - K_I \left(T_{GE}^{*\,-1}\right)_{Z1:3} \right\} H \cdot \vec{w} + \\
&N_{reg} \cdot T_G^{*T} K_F^\# K_{PL} \left(\vec{i}_{komp} + \vec{i}_{pre}\right) + N_{reg} \cdot s \begin{pmatrix} F_Z \\ M_N \\ M_W \end{pmatrix}
\end{aligned}
\tag{5.67}
$$

Kompensationsterm für externe Kräfte und Momente

Gleichfalls wie bei der Reglersynthese des Halbfahrzeugmodells ist zur Kompensation auftretender externer Kräfte und Momente ein Kompensationsterm erforderlich.

Externe Momente in Nick- oder Wankrichtung entstehen beispielsweise beim Bremsen des Fahrzeugs bzw. bei Kurvenfahrt. Für die Kompensation solcher Störeinflüsse muß gelten:

$$
N_{reg} \cdot T_G^{*T} K_F^\# K_{PL} \cdot \vec{i}_{komp} + N_{reg} \cdot s \begin{pmatrix} F_Z \\ M_N \\ M_W \end{pmatrix} \equiv 0 \tag{5.68}
$$

Aus Bedingung (5.68) folgt die Struktur für den Kompensationsterm der externen Kräfte und Momente $\vec{i}_{komp}$:

$$\vec{i}_{komp} = -\left(T_G^{*T} K_F^{\#} K_{PL}\right)^{-1} \cdot s \begin{pmatrix} F_Z \\ M_N \\ M_W \end{pmatrix} \tag{5.69}$$

Mit dem Einsetzen des Kompensationsterms (5.69) in die Gleichung des geschlossenen Regelkreises (5.67) ergibt sich:

$$\begin{aligned} &\left\{N_{reg} \cdot \left(\Theta_A s^3 + K_D^* s^2 + K_F^* s\right) - \left(K_{BS2} s^4 + K_{BS} s^3 + K_I\right)\right\} \begin{pmatrix} z_A \\ n \\ w \end{pmatrix} = \\ &\left\{N_{reg} \cdot T_G^{*T} \left(K_D s^2 + K_F^{\#} s\right) - K_I \left(T_{GE}^{*\,-1}\right)_{Z1:3}\right\} H \cdot \vec{w} + \\ &N_{reg} \cdot T_G^{*T} K_F^{\#} K_{PL} \cdot \vec{i}_{pre} \end{aligned} \tag{5.70}$$

Mit Gleichung (5.70) ist gezeigt, daß sich der für das Halbfahrzeug entwickelte Regleransatz auf das Gesamtfahrzeugmodell erweitern läßt. Dadurch kann die gleiche Entwicklungsmethodik mit der analytischen Berechnung der Reglerparameter wie beim Halbfahrzeug angewendet werden (siehe S. 129 ff. in Abschnitt 5.2.3). Der resultierende ABC-Regler ist im Fahrzeug voll einsetzbar.

5.3.3. Synthese der Preview-Vorsteuerung

Im nächsten Schritt wird die Integrale Preview-Strategie für den Einsatz im Gesamtfahrzeug erweitert. Als Basis für den Preview-Vorsteuerterm des Gesamtfahrzeugs soll der Ansatz für das Halbfahrzeug aus Gleichung (5.41) verwendet werden.

Soll der Einfluß der Straßenunebenheiten auf den Fahrzeugaufbau minimiert werden, so muß folgende Bedingung für den Zählerterm des geschlossenen Regelkreises in Gl. (5.70) gelten:

$$\left\{N_{reg} \cdot T_G^{*T} \left(K_D s^2 + K_F^{\#} s\right) - K_I \left(T_{GE}^{*\,-1}\right)_{Z1:3}\right\} H \cdot \vec{w} + N_{reg} \cdot T_G^{*T} K_F^{\#} K_{PL} \cdot \vec{i}_{pre} \equiv 0 \tag{5.71}$$

Aus Bedingung (5.71) folgt - analog zum Ansatz für das Halbfahrzeugmodell - die Struktur des Preview-Vorsteuerterms für das geregelte Gesamtfahrzeug:

$$\vec{i}_{pre} = \left(T_G^{*T} K_F^{\#} K_{PL}\right)^{-1} \cdot \left\{N_{reg}^{-1} K_I - T_G^{*T} \left(K_D s^2 + K_F^{\#} s\right) T_{GE}^{*}\right\} T_{GE}^{*\,-1} H \cdot \vec{w} \tag{5.72}$$

Mit Gleichung (5.72) liegt erstmals die Formulierung der Integralen Preview-Strategie für ein Gesamtfahrzeug vor.

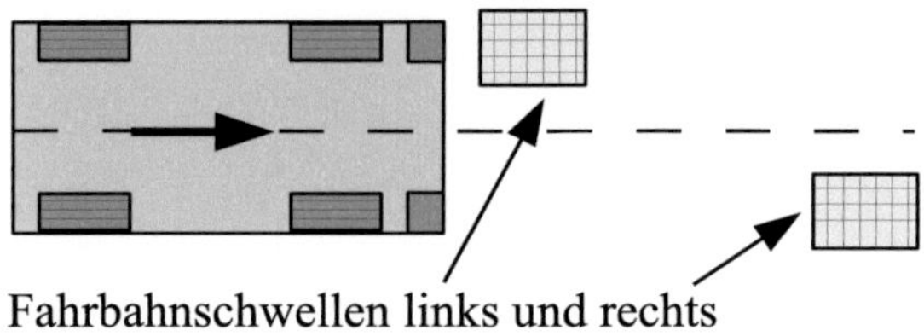

Abb. 5.13.: Versuchsaufbau „Fahrbahnschwelle“

Als Eingangsgrößen für Gleichung (5.72) dienen der Straßenhöhenverlauf $\vec{w}$ und dessen 1. und 2. Ableitung. Die Berechnung dieser Größen erfolgt durch den neuen Algorithmus zur Generierung des Straßenhöhenprofils aus Kapitel 3.

Durch die Tatsache, daß das Nennerpolynom des Reglers N_{reg} in der Preview-Vorsteuerung mit enthalten ist, wird explizit die Dynamik des Reglers mit berücksichtigt. Das garantiert automatisch ein kooperierendes Verhalten von Regler und Preview-Vorsteuerung mit all den in Abschnitt 5.1.3 beschriebenen Vorteilen.

Der Ansatz (5.72) erlaubt die gleichzeitige, analytische Berechnung der Parameter des Preview-Vorsteuerterms zusammen mit dem Regler. So resultieren aus der analytischen Berechnung der Reglermatrizen (wie in Abschnitt 5.2.3 gezeigt) ebenfalls die Werte der Koeffizientenmatrizen der Preview-Vorsteuerung (Gl. (5.72)).

5.3.4. Simulationsergebnisse Gesamtfahrzeug

Um die Leistungsfähigkeit im Gesamtfahrzeug unter Beweis zu stellen, wurden die Matrizengleichungen der Integralen Preview-Strategie in einer numerischen Simulationsumgebung modelliert und mit einem nichtlinearen vertikalen Gesamtfahrzeugmodell gekoppelt.

Das verwendete Gesamtfahrzeugmodell baut auf dem im Abschnitt 4.3 vorgestellten linearen Gesamtfahrzeugmodell auf und wurde um ein nichtlineares Hydraulik-Ventilmodell mit Hystereseeffekten zur Ansteuerung der Plungerzylinder erweitert. Die Parameter des Modells wurden durch Identifikation aus realen Fahrzeugmeßdaten gewonnen.

In der Simulation werden zwei Reglerkonzepte gegenübergestellt:

- **ABC**:
  Konventionelles ABC-Reglerkonzept (ohne Preview)

- **ABC-Preview**:
  Neue Integrale Preview-Strategie (IPS) mit Preview-Sensor

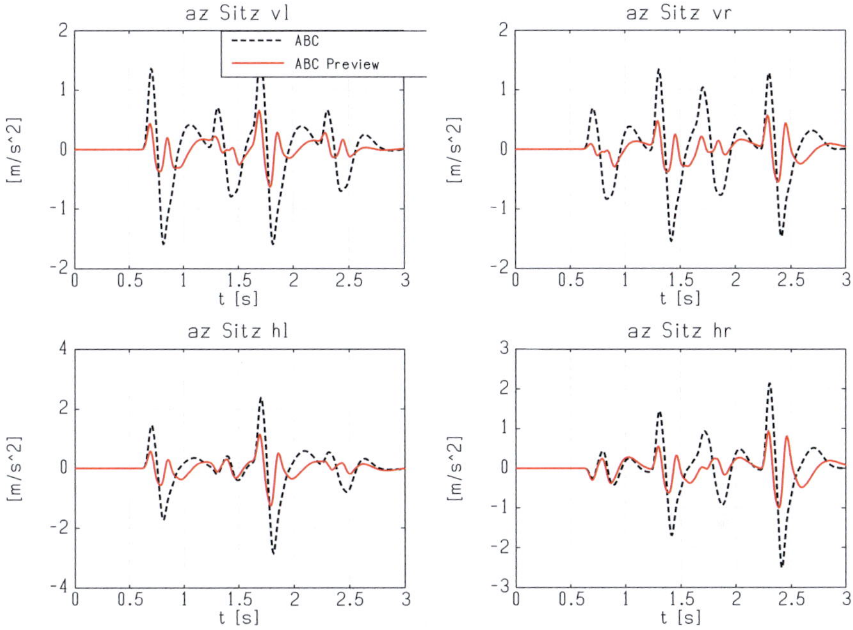

Abb. 5.14.: „Fahrbahnschwelle“: Vertikale Sitzbeschleunigungen $a_{z,Sitz}$

Anregung „Fahrbahnschwelle“

Bei der Anregung „Fahrbahnschwelle“ handelt es sich um eine Fahrbahnunebenheit, wie sie häufig auf Parkplätzen oder in verkehrsberuhigten Zonen zu finden ist. Abb. 3.18 zeigt die Kontur der Schwelle. Die Schwelle ist maximal 5 cm hoch und besitzt eine Länge von 1 m .

Für die Gesamtfahrzeugsimulation werden zwei Schwellen, jeweils vor den rechten und den linken Rädern verwendet. Um auch eine Anregung des Wankfreiheitsgrades zu bewirken, wurden die linke und die rechte Schwelle räumlich versetzt angeordnet, so daß jeweils nur eine einseitige Anregung des Fahrzeugs auftritt (siehe Abb. 5.13). Aufgrund von Systemrandbedingungen wurde die Fahrbahnschwelle bei den Messungen mit einer Geschwindigkeit von ungefähr 20 km/h überfahren.

In Abb. 5.14 sind die vertikalen Sitzbeschleunigungen der vier Sitzplätze vorne links, vorne rechts, hinten links und hinten rechts im Zeitbereich aufgetragen. Wie zu erkennen ist, werden die Sitzbeschleunigungen durch die neue Integrale Preview-Strategie („ABC-Preview“) im Vergleich zu einem ABC-Fahrwerk ohne Preview („ABC“) drastisch reduziert. Beispielsweise sind Maximalwerte der linken Sitzbeschleunigung $a_{z,Sitz,vl}$ beim Überfahren der Schwelle (im Zeitbereich zwischen 0,7 und 1 s) mit Preview um den **Faktor 3,5** geringer als ohne Preview.

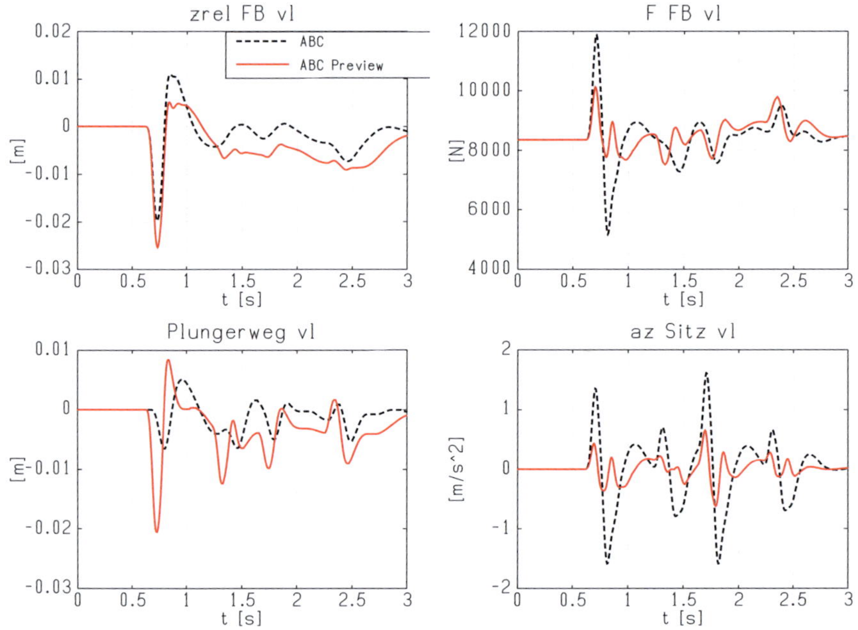

Abb. 5.15.: „Fahrbahnschwelle“: Zustandsgrößen vorne links

Wie erzielt die Integrale Preview-Strategie eine solch starke Reduktion der Vertikalbeschleunigungen?

Zur Veranschaulichung der Ergebnisse sind in Abb. 5.15 einige Kenngrößen des linken Vorderrades beim Überfahren der Fahrbahnschwelle dargestellt. Zum Zeitpunkt 0,7 s überfährt das Fahrzeug die Fahrbahnschwelle mit dem linken Vorderrad. Wie im linken oberen Graph dargestellt, äußert sich dies sowohl beim konventionellen ABC-Fahrwerk als auch beim Fahrwerk mit Preview mit dem Einfedern des Rades und damit einer Reduktion des Federbeinrelativweges $z_{rel,FB,vl}$. Bis auf das geringfügig stärkere Einfedern des Preview-Fahrwerks ist kein großer Unterschied zum konventionellen ABC-Fahrwerk zu erkennen.

Die Unterschiede des konventionellen Fahrwerks und des Fahrwerks mit IPS treten erst bei der Betrachtung der Plungerwege $z_{pl,vl}$ hervor (unten links in Abb. 5.15). Hier zeigt sich deutlich das **proaktive** Verhalten der Integralen Preview-Strategie durch die Nutzung des Preview-Straßensignals.

Im Gegensatz zum ABC-Fahrwerk ohne Preview wird der Plunger früher (schon ab ca. 0,7 s) und stärker entlastet. Dies bewirkt eine Entlastung des Rades genau zu dem Zeitpunkt (ab 0,7 s), an dem die Fahrbahnstörung „Schwelle“ von unten auf das Fahrzeug einwirkt.

Dadurch fällt die störungsinduzierte Kraftüberhöhung der Federbeinkraft $F_{FB,vl}$ zum Zeitpunkt 0,7 s bei der IPS Faktor 2 geringer aus als bei ABC ohne Preview (siehe Graph rechts oben in Abb. 5.15).

Durch die geringere Kraftspitze auf das Federbein zum Zeitpunkt des Überfahrens der Schwelle fallen die Sitzbeschleunigungsüberhöhungen bei der IPS deutlich geringer aus als beim Fahrwerk ohne Preview (siehe Graph der Sitzbeschleunigung unten rechts in Abb. 5.15).

Fazit: Die Ergebnisse der Gesamtfahrzeugsimulation bestätigen die Potentiale der Integralen Preview-Strategie und ermutigen zu einer Umsetzung im Versuchsfahrzeug (siehe Kapitel 6).

6. Realisierung im Versuchsfahrzeug

Nach den erfolgversprechenden Ergebnissen durch die Gesamtfahrzeugsimulation wird die Integrale Preview-Strategie im Versuchsfahrzeug umgesetzt.

Dazu erfolgt die Implementierung des Algorithmus zur Generierung des Straßenhöhenprofils und der Integralen Preview-Strategie auf einem Echtzeitrechnersystem im Versuchsfahrzeug.

Abschließend wird die Leistungsfähigkeit der neuen Integralen Preview-Strategie erstmals im Fahrzeug demonstriert. Als Versuchsfahrzeug kommt ein Pkw vom Typ Mercedes-Benz S-Klasse, ausgestattet mit dem aktiven Fahrwerk Active Body Control (ABC)[1] und einem leistungsfähigen Echtzeitrechnersystem (DSPACE Autobox), zum Einsatz.

6.1. Einbau der Preview-Sensoren ins Versuchsfahrzeug

Das in Kapitel 2 vorgestellte Preview-Sensorkonzept wird nun im Versuchsfahrzeug umgesetzt. Die ausgewählten SICK LIDAR-Sensoren vom Typ LMS291 werden, zusammen mit kompakten neuen Scheinwerfereinheiten, an Stelle der serienmäßigen Scheinwerfereinheiten eingebaut.

Abbildung 6.1 zeigt das Versuchsfahrzeug mit den integrierten LIDAR-Sensoren. Gut zu sehen sind die außenliegenden LIDAR-Sensoren mit den schwarzen Filterabdeckungen und die innenliegenden Ersatzscheinwerfer mit den davorliegenden durchsichtigen Kunststoff-Schutzscheiben.

In der darunterliegenden Abbildung 6.2 ist eine Infrarot-Aufnahme der LIDAR-Sensoren zu sehen. Der Laserstrahl besitzt eine Wellenlänge von 905 nm und ist deshalb für das menschliche Auge unsichtbar.

Wie zu erkennen ist, korrespondieren die einzelnen Meßpunkte des LIDAR-Strahls gut mit den in Abb. 3.4 angegebenen Fleckgrößen. Die Preview-Sensoren erlauben in der gezeigten Einbaulage eine Messung der vorausliegenden Fahrbahn mit einer Reichweite von bis zu 15 Metern. Damit ist eine weit vorausschauende Preview-Strategie möglich.

6.2. Umsetzung der Integralen Preview-Strategie (IPS) im Fahrzeug

Bei dem aktiven Fahrwerk mit IPS handelt es sich um ein mechatronisches System mit dem dafür typischen Zusammenwirken von mechanischen, elektronischen und informationstechni-

[1] wie in Abschnitt 1.2.2 vorgestellt.

Abb. 6.1.: Frontansicht des Versuchsfahrzeugs mit integrierten LIDAR-Sensoren

Abb. 6.2.: Bild des LIDAR-Meßstrahls, aufgenommen von einer Infrarotkamera

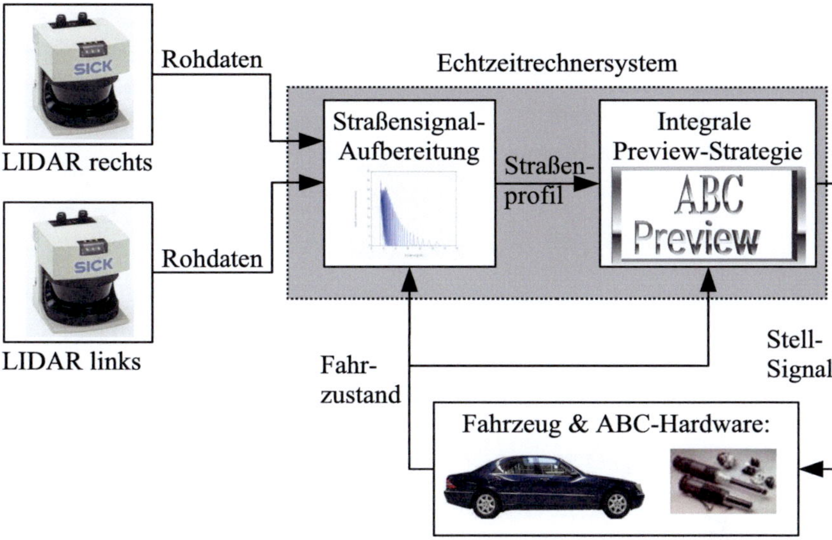

Abb. 6.3.: Systemstruktur: Aktives Fahrwerksystem mit Preview

schen Elementen und Modulen. Abbildung 6.3 zeigt die Systemstruktur des mechatronischen Systems „aktives Fahrwerk mit Preview“:

Das mechatronische Fahrwerksystem besteht zum einen aus der mechanischen bzw. hydraulischen Regelstrecke, nämlich aus dem Fahrzeugaufbau, der über ein aktives ABC Fahrwerk mit dazugehöriger Fahrwerkshydraulik mit den Rädern verbunden ist.

Zum anderen besitzt das mechatronische Fahrwerk eine Vielzahl von Sensoren zur Ermittlung des Fahrzustandes und die beiden Preview-Sensoren zur Abtastung der Fahrbahnoberfläche.

Die Datenverarbeitung und Regelung schließlich geschieht auf einem Prozeßrechnersystem vom Typ „DSPACE Autobox“. Jenes wertet die Meßdaten in Echtzeit aus und errechnet das optimale Stellsignal für die Aktoren des aktiven Fahrwerks.

Auf dem Prozeßrechnersystem erfolgt die Umsetzung der in der vorliegenden Arbeit neu entwickelten Algorithmen im Fahrzeug. Dies ist zum einen der Algorithmus zur Generierung des Straßenhöhenprofils und zum anderen der Algorithmus für die Integrale Preview-Strategie. Das Prozeßrechnersystem besitzt dafür verschiedene Prozessorkarten und Meßkarten zum Empfang und zur Ausgabe von analogen und digitalen Signalen (siehe auch Abb. A.1 bzw. [Sic06]).

Der neue Algorithmus zur Generierung des Straßenprofils rekonstruiert aus den LIDAR-Rohdaten parallel für jeden Preview-Sensor ein Straßenhöhenprofil. Die Berechnungen erfolgen mit leistungsfähigen, echtzeitfähigen Algorithmen. Wie Erfahrungen gezeigt haben, ist die Umsetzung der Algorithmen mit einem nicht zu unterschätzenden technischen Aufwand verbunden.

Das berechnete Straßenhöhenprofil wird in jedem Rechenschritt der Integralen Preview-Strategie zur Verfügung gestellt, die darauf basierend die Stellströme für die Hydraulikventile des aktiven Fahrwerks berechnet. Die Implementierung der zuvor entwickelten neuen Integralen Preview-Strategie erfolgt mit Hilfe eines MATLAB-SIMULINK-Modells, aus dem automatisch echtzeitfähiger Code für das Prozeßrechnersystem generiert wird.

6.3. Meßergebnisse aus dem Fahrzeug

Zur Demonstration der Leistungsfähigkeit der neuen Integralen Preview-Strategie wurden Fahrzeugmessungen auf verschiedenen Meßstrecken durchgeführt. Die Aufzeichnung der Meßsignale erfolgte durchgängig mit im Fahrzeug verbauten Weg-, Beschleunigungs- und Winkelsensoren.

Um die Verbesserung der Fahreigenschaften durch die neue Integrale Preview-Strategie darzustellen, wurde nicht nur eine Absolutbewertung durchgeführt, sondern dem aktiven Fahrwerk mit Integraler Preview-Strategie („ABC-Preview“) eine konventionelle, leistungsfähige ABC-Reglervariante ohne Preview („ABC“) gegenübergestellt.

6.3.1. Anregung „Fahrbahnschwelle“

Mit dem Versuchsfahrzeug wurde eine Meßfahrt über die in Abschnitt 5.3.4 vorgestellte Fahrbahnschwelle durchgeführt (siehe Abb. 3.17). Die Schwelle selbst ist mit der in der Gesamtfahrzeugsimulation verwendeten Anregung identisch.

Ein Unterschied in der Fahrbahnanregung zwischen Simulation und Meßfahrt besteht lediglich in der Rauhigkeit der Fahrbahn vor und nach der Schwelle. In der Simulation werden diese Abschnitte als glatt angenommen. Bei den Messungen im Fahrzeug ist die Fahrbahn nie vollständig eben und besitzt immer kleinste Anregungen.

Abb. 6.4 zeigt die gemessenen vertikalen Sitzbeschleunigungen $a_{z,Sitz}$ für Fahrer, Beifahrer und die Passagiere hinten links und rechts über der Zeit. Mit „ABC“ sind die Meßergebnisse des Fahrzeugs mit konventioneller ABC-Regelung, wie in Abschnitt 5.3.2 hergeleitet, bezeichnet.Die Beschleunigungen des Fahrzeugs mit der neuen Integralen Preview-Strategie hingegen sind unter „ABC-Preview“ aufgetragen.

Wie in Abb. 6.4 zu sehen ist, wird die Sitzbeschleunigung an allen vier Sitzen mit Preview deutlich reduziert. Beispielsweise sind die vertikalen Sitzbeschleunigungen des Fahrersitzes $a_{z,Sitz,vl}$ durchschnittlich um **Faktor 2** reduziert!

Die Messungen bestätigen also die in der Gesamtfahrzeugsimulation vorgestellten Potentiale der Integralen Preview-Strategie. So bewirkt Preview eine deutliche Reduktion der Sitzbeschleunigungen über ein bisher nicht gekanntes Maß hinaus.

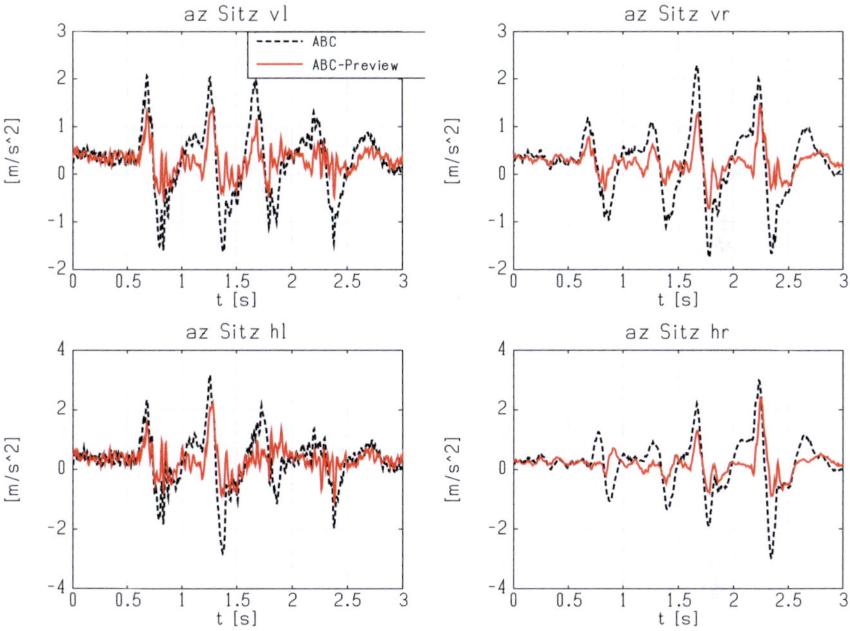

Abb. 6.4.: „Fahrbahnschwelle“: Vertikale Sitzbeschleunigungen $a_{z,Sitz}$

Was sind die Ursachen dafür bzw. welche Unterschiede bestehen im Stellsignal der konventionellen ABC-Regelung und der IPS?

In Abbildung 6.5 sind einige Meßgrößen aus dem Versuchsfahrzeug bei Überfahrt der Fahrbahnschwelle über der Zeit dargestellt. Zum Vergleich finden sich unterhalb der Fahrzeugmessungen (Abb. 6.5) nochmals die Ergebnisse aus der Gesamtfahrzeugsimulation (Abb. 6.6).

Die beiden oberen Graphen von Abb. 6.5 und 6.6 zeigen jeweils die Relativwege und Kräfte $z_{rel,FB,vl}$ bzw. $F_{FB,vl}$ des linken vorderen Federbeins. Darunter sind der Plungerweg des vorderen linken Federbeins $Plungerweg_{vl}$ und die vertikale Sitzbeschleunigung des Fahrersitzes $a_{z,Sitz,vl}$ aufgetragen.

Wie zuvor gezeigt wurde, führt die Integrale Preview-Strategie zu einer drastischen Reduzierung der vertikalen Sitzbeschleunigung (siehe Graph unten rechts in Abb. 6.5) im Vergleich zu einer konventionellen ABC-Regelung.

Die vertikalen Sitzbeschleunigungen resultieren aus einer Beschleunigung des Aufbaus. Der Aufbau wiederum wird durch die Einleitung von Federbeinkräften aus dem ABC-Federbein angeregt. Deshalb ist zur Reduzierung der Aufbaubeschleunigung eine Minimierung der Federbeinkraftschwankungen um die stationäre Federbeinlast anzustreben.

Einen solchen Wunsch realisiert die IPS. Wie der Graph oben rechts in Abb. 6.5 zeigt, werden die Federbeinkraftspitzen $F_{FB,vl}$ durch ABC-Preview bei Überfahrt des linken Vorderrades über die Fahrbahnschwelle im Zeitbereich von ca. 0,6 s bis 0,8 s deutlich reduziert.

Die Reduktion der Federbeinkraftspitzen $F_{FB,vl}$ resultiert aus einem schnellen, **proaktiven** Einziehen des Plungers $Plungerweg_{vl}$ durch die Integrale Preview-Strategie (siehe rote Kurve im linken unteren Graph von Abb. 6.5 bei ca. 0,6 s) schon **vor** Beginn des Fahrbahnhindernisses. Hier wird der Gedanke von Preview direkt sichtbar.

Im Gegensatz dazu zeigt das konventionell geregelte Fahrwerk (siehe schwarz gestrichelte Kurve im linken unteren Graph von Abb. 6.5) zu diesem Zeitpunkt bei ca. 0,6 s noch keine Regelaktivität und reagiert erst ca. 0,1 s später, wenn die Störung bereits auf das Fahrzeug einwirkt.

Bei Betrachtung des Federbeinrelativweges $z_{rel,FB,vl}$ im linken oberen Graph von Abb. 6.5 fällt auf, daß das Fahrzeug mit Preview zum Zeitpunkt von ca. 0,7 s gegenüber dem konventionell geregelten Fahrwerk einen geringfügig höheren Federwegbedarf hat. Das liegt im Einziehen des Plungers begründet, der dadurch die Federbeinkraft reduziert und somit das Federbein quasi „weicher“ macht.

Beim Vergleich von Abbildung 6.5 und 6.6 fällt die große Ähnlichkeit der Kurven von Messung und Simulation auf. Das spricht für eine hohe Modellgüte und damit für eine gute Prognosesicherheit der Simulationsergebnisse.

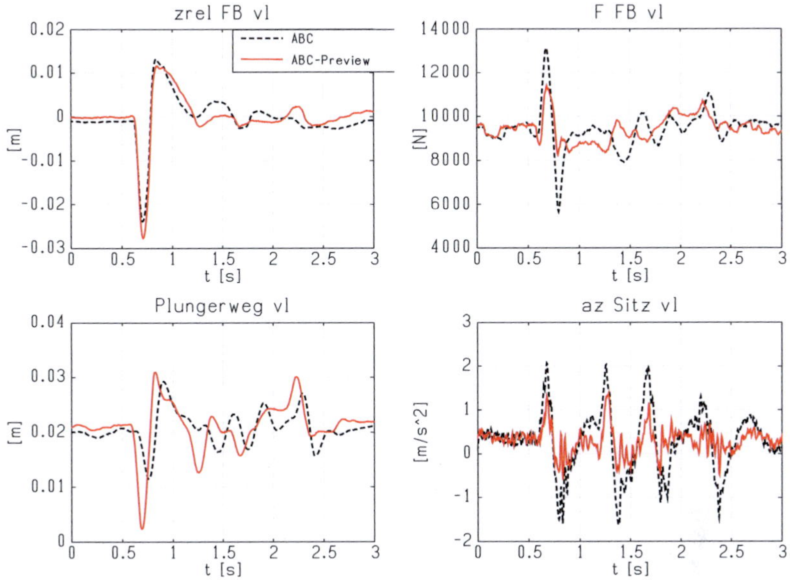

Abb. 6.5.: „Fahrbahnschwelle“: Fahrzeugmessung

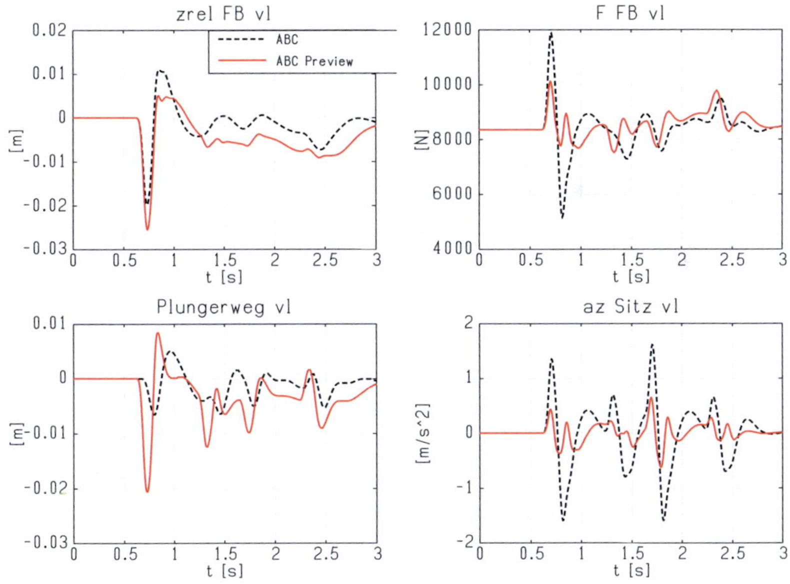

Abb. 6.6.: „Fahrbahnschwelle“: Gesamtfahrzeugsimulation

Nach der ausführlichen Analyse der Meßsignale anhand von Kurven im Zeitbereich wird zur summarischen Betrachtung der Leistungsfähigkeit der Integralen Preview-Strategie ein sog. „Spinnendiagramm" eingeführt. Eine solche Darstellung ermöglicht die Gegenüberstellung der Bewertungskennzahlen von ABC-Preview und der ABC-Regelung ohne Preview bei folgenden Kriterien:

1. **Komfortkennzahl Sitzbeschleunigung vertikal:**
   quadratischer Mittelwert der gewichteten Sitzbeschleunigungen nach Frank
   (siehe Abb. A.2)

2. **Komfortkennzahl Aufbaubeschleunigung vertikal:**
   quadratischer Mittelwert der gewichteten Aufbaubeschleunigung nach Frank
   (siehe Abb. A.3)

3. **Komfortkennzahl Stuckerbeschleunigung vertikal:**
   quadratischer Mittelwert der gewichteten Stuckerbeschleunigung nach Frank
   (siehe Abb. A.3)

4. **Komfortkennzahl Wankbeschleunigung:**
   quadratischer Mittelwert der gewichteten Wankbeschleunigung im Kopfbereich nach Frank (siehe Abb. A.2)

5. **Komfortkennzahl Nickbeschleunigung:**
   quadratischer Mittelwert der gewichteten Nickbeschleunigung im Kopfbereich nach Frank (siehe Abb. A.2)

6. **Absolutmaximum Aufbaubeschleunigung vertikal:**
   maximaler Absolutwert der vertikalen Aufbaubeschleunigung in m/s^2

Die Kriterien 1.-5. stellen Bewertungskennzahlen zur Beurteilung des Schwingungskomforts dar und sind per se für stochastische Fahrbahnanregungen konzipiert (siehe [Fra94],[VDI87], [Cuc91]). Sie sollten bei rein deterministischen Fahrbahnanregungen keine Anwendung finden. Trotzdem wird für die Anregung Fahrbahnschwelle eine Beurteilung nach diesen Komfortkennzahlen durchgeführt, da die Fahrbahn vor und nach der Schwellenüberfahrt stochastischen Charakter hat und damit bei der Meßfahrt von einer insgesamt stochastischen Anregung ausgegangen werden kann. Kriterium 6. bewertet die Stößigkeit der Fahrbahnanregung (siehe [Fra95]).

Abbildung 6.7 zeigt das Spinnendiagramm für die Anregung „Fahrbahnschwelle". Prinzipiell gilt: Je geringer ein Wert auf einer Achse des Spinnendiagramms ist (d.h. je weiter im Inneren der Spinne er liegt), desto besser ist die Bewertung.

Die Integrale Preview-Strategie erzielt bei sämtlichen Komfortkennzahlen (Kriterien 1.-5.) gegenüber der ABC-Regelung ohne Preview eine Verbesserung um 40 bis 160 %.

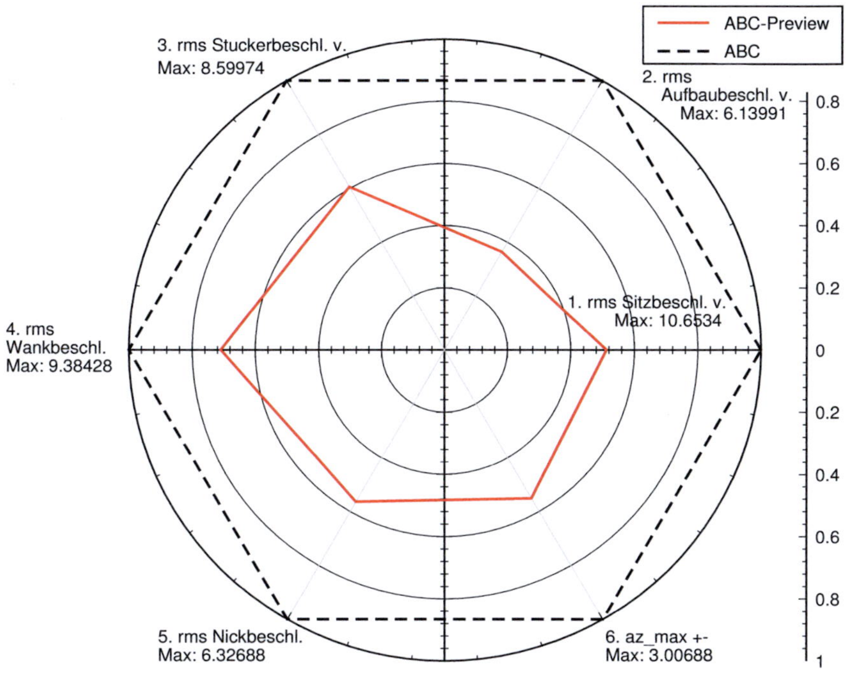

Abb. 6.7.: „Fahrbahnschwelle“: Bewertungsspinne

Das bedeutet, daß der gewichtete Beschleunigungseintrag je nach Kriterium auf 37 - 75 % der Werte einer konventionellen ABC-Regelung reduziert wird.

Bemerkenswert ist dabei die gleichzeitige Verbesserung über den gesamten Aufbau- und Stuckerfrequenzbereich, also bei niederfrequenten **und** höherfrequenten Schwingungsanteilen.

Solche Ergebnisse können mit konventionellen Regelsystemen ohne Preview nicht erreicht werden, da eine Optimierung des Reglers auf ein Kriterium hin gleichzeitig eine Verschlechterung eines anderen Kriteriums bewirkt (Paretooptimalität).

6.3.2. Anregung „Schlechtwegstrecke mit Einzelhindernissen“

Als weitere Anregung für die Fahrzeugmessungen wurde eine Schlechtwegstrecke mit Einzelhindernissen, wie Teerflicken, Fahrbahnkanten oder Kanaldeckel gewählt. Die Strecke wurde mit einer Geschwindigkeit von ungefähr 30 km/h befahren. Abbildung 6.8 zeigt die Bewertungsspinne für dieses Fahrmanöver.

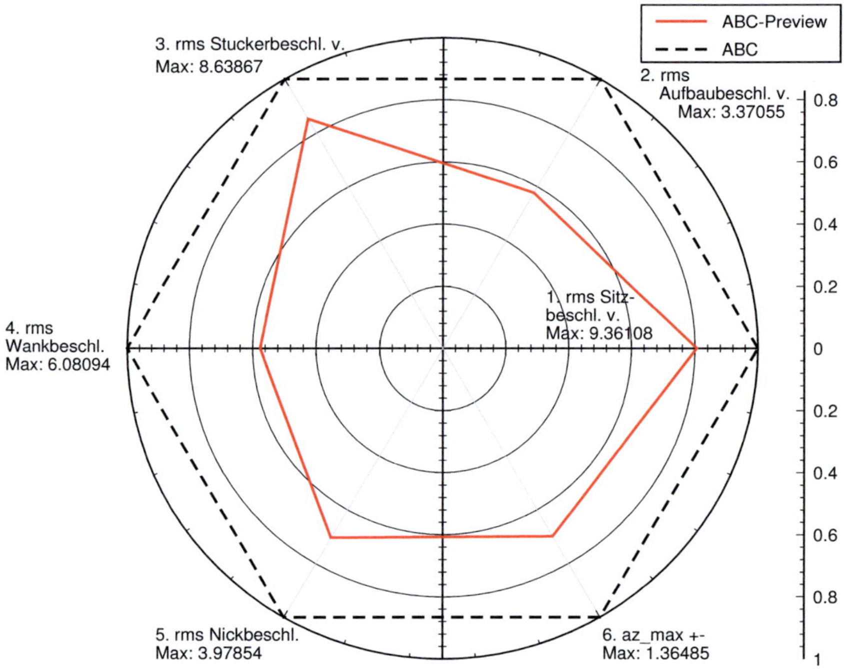

Abb. 6.8.: „Schlechtwegstrecke mit Einzelhindernissen“: Bewertungsspinne

Bei den Komfortbewertungskriterien (1.-5.) zeigt sich ein ähnliches Bild wie bei der Schwellenüberfahrt. Durch ABC-Preview wird eine gleichzeitige Verbesserung in sämtlichen Bereichen erzielt.

Gleichwohl fällt die prozentuale Verbesserung im Gegensatz zur Schwellenüberfahrt nicht ganz so hoch aus. Grund dafür ist die begrenzte Aktorstellgeschwindigkeit des ABC-Fahrwerks, die bei hochfrequenten Anregungen, wie beispielsweise einer Kante, die Eingriffsfrequenz von ABC-Preview limitieren.

Dennoch gelingt durch die Integrale Preview-Strategie die Reduktion der maximal auftretenden Vertikalbeschleunigung $a_{z,max}$ (Kriterium 6.) um gut 25 %.

6.3.3. Stochastische Anregung „Öffentliche Autobahn“

Um die Wirkungsweise der Integralen Preview-Strategie bei höheren Geschwindigkeiten zu untersuchen, wurden Messungen auf Autobahnen durchgeführt. Bei den in Abb. 6.9 dargestellten

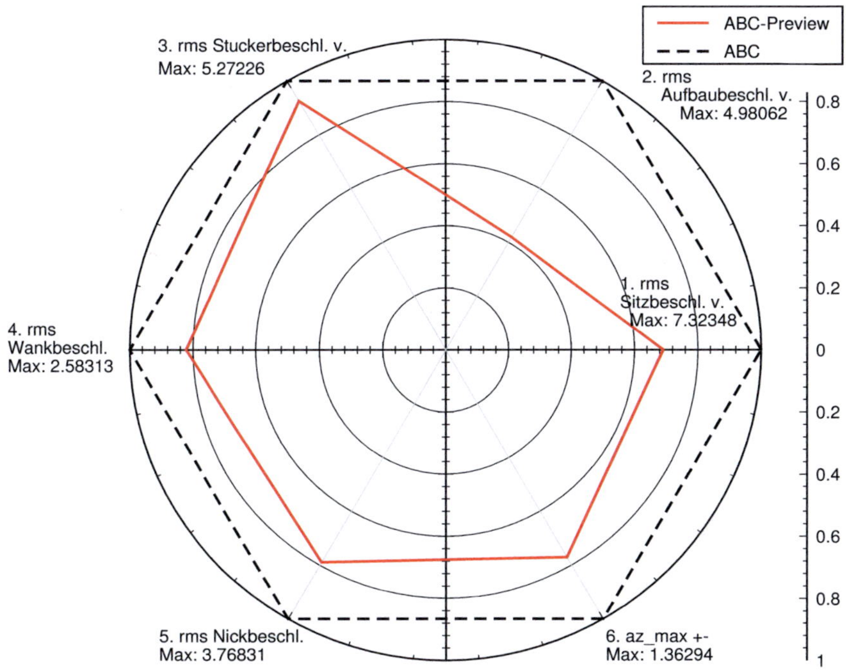

Abb. 6.9.: „Öffentliche Autobahn“: Bewertungsspinne

Meßergebnissen handelt es sich um eine Fahrt auf einer öffentlichen Autobahn mittleren Zustands mit einer Geschwindigkeit von ca. 100 km/h.

Gleichfalls wie bei den zuvor vorgestellten Messungen erzielt Preview eine gleichzeitige Verbesserung sämtlicher Komfortkriterien. Besonders deutlich wird die starke Reduktion der vertikalen Aufbaubeschleunigungen (Kriterium 2.). Das ist kennzeichnend für eine gute Dämpfung des Aufbaus bei höheren Geschwindigkeiten.

Tendenziell ist feststellbar, daß die Komfortverbesserung bei der Autobahnfahrt nicht so groß ausfällt wie bei den Messungen mit langsamerer Geschwindigkeit. Das liegt in der begrenzten Aktordynamik des ABC-Fahrwerks begründet.

Insgesamt betrachtet liegen die Verbesserungen aber in einem für die Passagiere deutlich spürbaren Bereich und beweisen die Wirksamkeit der Integralen Preview-Strategie im realen Fahrzeug auch bei höheren Geschwindigkeiten.

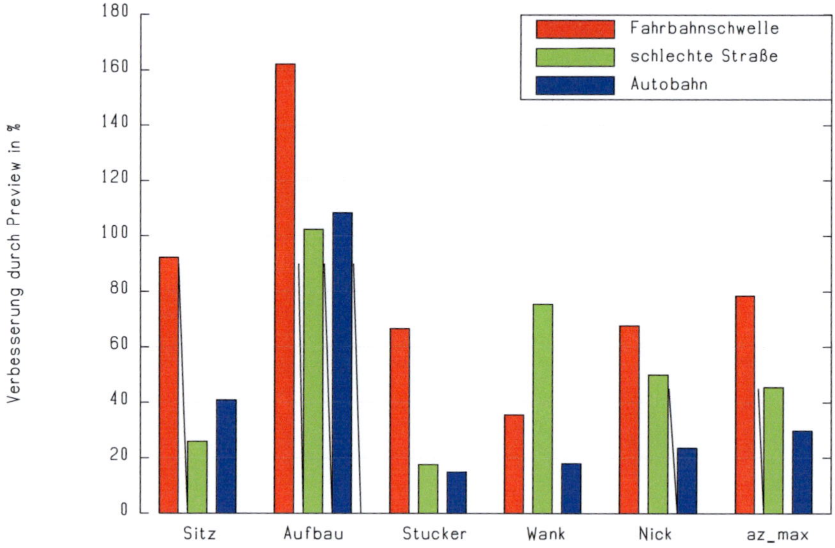

Abb. 6.10.: Prozentuale Verbesserung durch die Integrale Preview-Strategie im Vergleich zur ABC-Regelung ohne Preview

6.3.4. Fazit

Die detaillierten Auswertungen der Fahrzeugmessungen der vorhergegangenen Abschnitte haben eindrucksvoll das Potential der neuen Integralen Preview-Strategie gezeigt. Mit der neuen Preview-Strategie lassen sich erstmals Komfortverbesserungen in einer Größenordnung im Fahrzeug erzielen, wie sie bisher mit konventionellen Regelstrategien nicht denkbar waren.

Im Diagramm 6.10 ist summarisch die erzielte prozentuale Verbesserung durch Preview im Vergleich zur ABC-Regelung ohne Preview auf den Meßstrecken „Fahrbahnschwelle“, „schlechte Straße“ und „Autobahn“ dargestellt. Eine genaue Erläuterung der verwendeten Bewertungskriterien ist auf Seite 160 der Arbeit zu finden.

Es bleibt zu betonen, daß es sich bei den verwendeten Daten nicht um Simulationsergebnisse, sondern um real im Fahrzeug auf öffentlichen Straßen aufgezeichnete Meßdaten handelt.

Die größten Verbesserungen werden mit Preview auf schlechten Straßen im niedrigen Geschwindigkeitsbereich erzielt. Dort sind je nach Kriterium Komfortverbesserungen um bis zu 160 % möglich!

Bei schnellerer Fahrt oder hochfrequenten Anregungen sind die erreichbaren Verbesserungen geringer, da dort die Aktorik systembedingt an ihre Leistungsgrenzen stößt. Trotzdem lassen sich auch bei höherer Geschwindigkeit, je nach Kriterium, noch Verbesserungen von über 50 % gegenüber einer konventionellen ABC-Regelung ohne Preview erzielen.

In Kapitel 6 wurde die Implementierung der neu entwickelten Algorithmen zur Straßensignalgenerierung und der Integralen Preview-Strategie im Fahrzeug beschrieben. Als Voraussetzung dafür wurde zunächst auf den Einbau der Preview-Sensoren im Versuchsfahrzeug und die Systemstruktur des Prozeßrechnersystems eingegangen.

Anhand von Meßfahrten auf öffentlichen Straßen sowohl mit deterministischen Hindernissen als auch mit stochastischen Anregungen wurde anschließend eindrucksvoll die Leistungsfähigkeit des gesamten neuen Preview-Konzepts aus der vorliegenden Arbeit gezeigt.

In Kapitel 7 werden die wesentlichen Ergebnisse der Arbeit zusammengefaßt. Abschließend folgt ein kurzer Ausblick.

7. Zusammenfassung

In der vorliegenden Dissertationsschrift wird erstmals ein ganzheitliches Konzept für ein aktives Fahrwerk mit Preview beschrieben und im Fahrzeug umgesetzt.

Die Kernpunkte der Arbeit umfassen:

1. die Entwicklung eines neuen Sensorkonzepts zur Messung des Straßenhöhenprofils für ein aktives Fahrwerk mit Preview (Kapitel 2),
2. die Ableitung eines neuen Algorithmus zur Rekonstruktion des Straßenhöhenprofils für ein aktives Fahrwerk mit Preview (Kapitel 3),
3. die Herleitung der neuen „Integralen Preview-Strategie", eines neuen Regelungsalgorithmus für ein aktives Fahrwerk mit Preview (Kapitel 5) sowie
4. die erstmalige Umsetzung und experimentelle Erprobung der neuen Integralen Preview-Strategie im Versuchsfahrzeug (Kapitel 6).

Die wichtigsten Ergebnisse der Arbeit sind:

1. Entwicklung eines neuen ganzheitlichen Konzepts für ein aktives Fahrwerk mit Preview, das die Preview-Sensorik, die Bereitstellung des Straßensignals und die Regelungsalgorithmen beinhaltet und die Teilsysteme zu einem im Fahrzeug funktionsfähigen Gesamtsystem zusammenfügt.
2. Spezifikation der Güteanforderungen an das Straßensignal eines aktiven Fahrwerks mit Preview.
3. Auswahl des für Preview favorisierten Sensortyps aus existierenden Umfeldsensoren und Festlegung der Einbauposition.
4. Herleitung der geometrischen Beziehungen bei der Messung mit einem Laserscanner und Bestimmung sensibler Parameter mittels einer Parametersensitivitätsanalyse.
5. Entwicklung eines neuen Algorithmus zur statistischen Rekursions-Rekonstruktion des Straßenhöhenprofils, der es erlaubt, die Information aufeinanderfolgender Scans gesamtheitlich zu nutzen und der dadurch ein Straßensignal hervorragender Güte zur Verfügung stellt.

6. Herleitung eines neuen Algorithmus zur absoluten Referenzierung des Straßenhöhenprofils durch Reifenkontakt-Regression, der eine dynamische Offset- und Steigungskorrektur des Straßensignals durchführt und zudem die gefilterte 1. und 2. Ableitung des Straßenhöhenprofils berechnet.

7. Ableitung eines leistungsfähigen Regelungsalgorithmus für ein aktives Fahrwerk, dessen Parameter analytisch anhand der Vorgabe eines Wunschverhaltens berechnet werden.

8. Ableitung einer neuen Struktur für eine Preview-Vorsteuerung, die die Dynamik des Fahrwerkreglers explizit berücksichtigt und somit mit der Regelung des aktiven Fahrwerks kooperiert.

9. Integration des neuen Preview-Sensorkonzepts ins Versuchsfahrzeug und Durchführung von Straßenmessungen zur Bestimmung der stationären Sensorgenauigkeit.

10. Umsetzung der Integralen Preview-Strategie auf einem Prozeßrechnersystem im Versuchsfahrzeug, so daß Messungen auf öffentlichen Straßen durchgeführt werden können.

11. Evaluierung der Leistungsfähigkeit des neuen gesamtheitlichen Previewkonzepts anhand von Meßfahrten auf öffentlichen Straßen und Quantifizierung der Komfortverbesserung im realen Fahrzeug.

12. Nachweis der Potentiale der neu entwickelten Integralen Preview-Strategie in der Simulation anhand von Halbfahrzeug- und Gesamtfahrzeugmodellen.

Die erstmalige Umsetzung der Potentiale eines aktiven Fahrwerks mit Preview im Fahrzeug stellt einen wichtigen Schritt zur Komfortverbesserung aktiver Fahrwerke dar. Im Fahrzeug wurde gezeigt, daß sich mit der Integralen Preview-Strategie deutliche Komfortverbesserungen gegenüber einem konventionellen ABC-Fahrwerk ohne Preview erzielen lassen. Das neue ganzheitliche Preview-Konzept ist uneingeschränkt auf öffentlichen Straßen einsetzbar.

Der in dieser Arbeit entwickelte neue Algorithmus zur Rekonstruktion des Straßenhöhenprofils erlaubt schon heute eine genaue Bestimmung der absoluten Aufbauposition des Fahrzeugs sowie der absoluten Fahrgeschwindigkeit.

Damit können die Signale von heute serienmäßig in Fahrzeugen eingebauten Niveau- und Drehzahlsensoren gestützt werden oder diese Sensoren sogar wegfallen. Dadurch bieten die Preview-Sensoren einen Nutzen für viele andere Systeme im Fahrzeug, wie beispielsweise ESP, ABS, Leuchtweitenregulierung oder Assistenzsysteme.

In Zukunft ist durch die fortschreitende Entwicklung auf dem Gebiet der Umfeldsensorik eine weitere Steigerung der Leistungsfähigkeit von aktiven Fahrwerken mit Preview zu erwarten. Dabei bietet die Datenfusion mehrerer Sensorsysteme zusätzliche Potentiale.

Durch die Kombination eines ABC-Fahrwerks mit einem schnell verstellbaren Dämpfungssystem ist eine weitere Komfortverbesserung besonders im Radfrequenzbereich zu erwarten.

Weiterhin ist zu eruieren, welche neuen Verhaltensweisen eines aktiven Fahrwerks die Verwendung beidseitig wirkender Hydraulikzylinder ermöglicht, wie beispielsweise das aktive Einziehen eines Rades vor einer Bordsteinkante.

Mit zunehmender Verbreitung neuer regelungstechnischer Verfahren mit Online-Optimierung (z.B. Model Predictive Control MPC) ist zu prüfen, inwiefern sich diese Ansätze auf ein Fahrwerk mit Vorausschau anwenden lassen und welche Komfortsteigerung damit erzielt werden kann.

8. Literaturverzeichnis

[AHC91] ABDEL-HADY, M.B.A. ; CROLLA, D.A.: Active Suspension Control Algorithms for a Four-Wheel Vehicle Model. In: *International Journal of Vehicle Design* 13 (1991), Nr. 2, S. 144–158

[AMV97] VAN DER AA, M. ; MUIJDERMAN, J. ; VELDPAUS, F.E.: Constrained Optimal Control of Semi-Active Suspension Systems with Preview. In: *Vehicle Systems Dynamics* 28 (1997), S. 307–323

[Bal81] BALZER, L.A.: Optimal Control with Partial Preview of Disturbances and Rate Penalties and its Application to Vehicle Suspension. In: *International Journal of Control* 33 (1981), Nr. 2, S. 323–345

[Bau99] BAUER, H.: *Kraftfahrtechnisches Taschenbuch*. 23. Auflage. Robert Bosch GmbH : Vieweg & Sohn, 1999, S. 617

[Bed91] BEDUHN, H.: Fuzzy Logic für geregelte Fahrzeugfederungssysteme. In: WALLENTOWITZ, H. (Hrsg.): *Fortschritte der Fahrzeugtechnik*. 1991 (10), S. 110–124

[Ben68] BENDER, E. K.: Optimal Linear Preview Control with Application to Vehicle Suspension. In: *Trans. of the ASME* ASME, 1968 (Journal of Basic Engineering 2), S. 213–221

[BGZ96] BRONSTEIN, I.N. ; GROSCHE, G. ; ZEIDLER, E.: *Teubner-Taschenbuch der Mathematik*. Stuttgart : Teubner, 1996

[Bre01] BRETTHAUER, G.: *Adaptive Regelungssysteme*. Institut für Angewandte Informatik/Automatisierungstechnik (AIA), Universität Karlsruhe (TH), Vorlesungsskriptum, 2001

[CAH92] CROLLA, D.A. ; ABDEL-HADY, M.B.A.: Active Suspension Control; Performance Comparisons Using Control Laws Applied to a Full Vehicle Model. In: *Vehicle System Dynamics* 20 (1992), S. 107–120

[CB99] CAMACHO, E.F. ; BORDONS, C.: *Model Predictive Control*. Heidelberg : Springer, 1999

[Cec07] CECH, Markus: *Fahrspurschätzung aus monokularen Bildfolgen für innerstädtische Fahrerassistenzanwendungen.* Institut für Mess- und Regelungstechnik, Universität Karlsruhe (TH), Dissertation, 2007

[CRS05] CHO, B.-K. ; RYU, G. ; SONG, S. J.: Control Strategy of an Active Suspension for a Half Car Model with Preview Information. In: *International Journal of Automotive Technology* 6 (2005), Nr. 3, S. 243–249

[Cuc91] CUCUZ, S.: Wahrnehmung von Kraftfahrzeugschwingungen. In: *8. IfF-Tagung, Institut für Fahrzeugtechnik,* 1991

[Dan07] DANG, Thao: *Kontinuierliche Selbstkalibrierung von Stereokameras.* Institut für Mess- und Regelungstechnik, Universität Karlsruhe (TH), Dissertation, 2007

[Don01] DONAHUE, M.D.: *Implementation of an Active Suspension, Preview Controller for Improved Ride Comfort.* Department of Mechanical Engineering, The University of California at Berkeley, Diplomarbeit, April 2001

[EDC96] EL-DEMERDASH, S.M. ; CROLLA, D.A.: Hydro-Pneumatic Slow-Active Suspension with Preview Control. In: *Vehicle Systems Dynamics* 25 (1996), S. 369–386

[Eig07] EIGENBROD, H.: 3D-Sensoren auf PMD-Basis zur Objekterkennung und -verfolgung / Fraunhofer Institut Produktionstechnik und Automatisierung. 2007. – 10 Jahre Fraunhofer-Allianz Vision

[EMNW05] ENGELN-MÜLLGES, G. ; NIEDERDRENK, K. ; WODICKA, R.: *Numerik-Algorithmen.* 9., vollständig überarbeitete und erweiterte Auflage. Heidelberg : Springer, 2005

[FG87] FOAG, W. ; GRÜBEL, G.: Multi-Criteria Control Design for Preview Vehicle-Suspension Systems. In: *10th IFAC World Congress* Bd. 3 International Federation of Automatic Control, 1987, S. 189–195

[FK95] FUJIOKA, T. ; KIMURA, T.: Theoretical Research for Improving Performance of Active Suspension by Use of Preview Control. In: *JSAE Technical Paper* JSAE, 1995 (JSAE Spring Conference, Proc. 901 901037), S. 161–164

[FKL86] FRÜHAUF, F. ; KASPER, R. ; LÜCKEL, J.: Design of an Active Suspension for a Passenger Vehicle Model using Input Processes with Time Delays. In: *Vehicle System Dynamics* 15 (1986), S. 126–138

[Föl94] FÖLLINGER, O.: *Regelungstechnik.* 8., überarbeitete Auflage. Heidelberg : Hüthig, 1994

[Foa88] FOAG, W.: A Practical Control Concept for Passenger Car Active Suspensions with Preview. In: *Proceedings of IMechE Int. Conf. on Advanced Suspensions*, 1988, S. 43–50

[Foa89] FOAG, W.: *Regelungstechnische Konzeption einer aktiven PKW-Federung mit „preview"*. Institut für Dynamik der Flugsysteme, Deutsche Forschungsanstalt für Luft- und Raumfahrt, Dissertation, 1989

[Frü85] FRÜHAUF, F.: *Entwurf einer aktiven Fahrzeugfederung für zeitverschobene Anregungsprozesse*, Universität – Gesamthochschule Paderborn, Dissertation, 1985

[Fra94] FRANK, P.: Bewertungsverfahren Schwingempfinden / Daimler Benz AG. Forschungsinstitut F1M, 1994 (94-004). – Technischer Bericht

[Fra95] FRANK, P.: Bewertung stoßhaltiger und rotatorischer Schwingungen / Daimler Benz AG. Forschungsinstitut F1M, 1995 (95-0019). – Technischer Bericht

[Hac92] HAC, A.: Optimal Linear Preview Control of Active Vehicle Suspension. In: *Vehicle System Dynamics* 21 (1992), S. 167–195

[Han28] HANFLAND, C.: *Der neuzeitliche Maschinenbau - Ein Handbuch zum Studium und zum Nachschlagen*. Bd. 2. Leipzig : R. Max Lippold, 1928, S. 342

[Hel06] Hells KGaA Hueck & Co.: *Technical Information - Driver Assistance Systems*. 2006

[HFHK93] HUISMAN, R.G.M. ; FELDPAUS, F.E. ; VAN HECK, J. ; KOK, J.J.: Preview Estimation and Control for (Semi-)Active Suspension. In: *Vehicle System Dynamics* 22 (1993), S. 335–346

[HFVK93] HUISMAN, R.G.M. ; FELDPAUS, F.E. ; VOETS, H.J.M. ; KOK, J.J.: An Optimal Continuous Time Control Strategy for Active Suspensions with Preview. In: *Vehicle System Dynamics* 22 (1993), S. 43–55

[Hor07] HORBACH, Jan: *Verfahren zur optische 3D-Vermessung spiegelnder Oberflächen*. Institut für Mess- und Regelungstechnik, Universität Karlsruhe (TH), Dissertation, 2007

[Hui94] HUISMAN, R.G.M.: *A Controller and Observer for Active Suspensions with Preview*, Technische Universität Eindhoven, Dissertation, 1994

[HY93] HAC, A. ; YOUN, I.: Optimal Design of Active and Semi-Active Suspensions Including Time Delays and Preview. In: *International Journal of Vibration and Acoustics* 115 (1993), S. 498–507 [ifm09] ifm electronic GmbH: *Datenblatt PMD-Kamera efector pmd.* 2009

[IND09] *Produktbeschreibung indurad Dual Range Radar.* www.indurad.de, 2009

[ITW09] *ITWissen - Das große Online-Lexikon für Informationstechnologie.* www.itwissen.info, 2009

[KB61] KALMAN, R.E. ; BUCY, R.S.: New Results on Linear Filtering and Prediction Theory. In: *Trans. ASME* Bd. 83, 1961, S. 95–100

[KCC99] KITCHING, K.J. ; CEBON, D. ; COLE, D.J.: An Experimental Investigation of Preview Control. In: *Vehicle Systems Dynamics* 32 (1999), S. 459–478

[Kno04] KNOLL, P. M.: Predictive Safety Systems. In: *MST News VDI/VDE-IT* (2004), Nr. 6, S. 12–14

[Kno08] KNOLL, T.: Long Range Radar der 3. Generation / Robert Bosch GmbH. 2008 (PI 6284 CC Kl/hb). – Presse-Information

[KS04] KRUEGER, S. ; SOLZBACHER, F.: Safety and Security for Vehicles. In: *MST News VDI/VDE-IT* (2004), Nr. 6, S. 5–10

[LA95] LANGLOIS, R. ; ANDERSON, R.J.: Preview Control Algorithms for the Active Suspension of an Off-Road Vehicle. In: *Vehicle System Dynamics* 24 (1995), S. 65–97

[LAH92] LANGLOIS, R.G. ; ANDERSON, R.J. ; HANNA, D.M.: Implementing Preview Control on an Off-Road Vehicle with Active Suspension. In: *Proc. of 12th IAVSD Symposium on the Dynamics of Vehicles*, 1992

[Lin06] LINDER, A.: *Modellbasierte Prädiktivregelung in der Antriebstechnik.* Berlin : Logos, 2006

[Lun02] LUNZE, J.: *Regelungstechnik.* Bd. 1 und 2. 2. neu bearbeitete Auflage. Heidelberg : Springer, 2002

[LW06] LICHTE, B. ; WASSMUTH, J.: Model-Based digital filter design for improvement of Lidar sensors. In: *Proceedings of the IEEE* (2006)

[LWS88] LOUAM, N. ; WILSON, D.A. ; SHARP, R.S.: Optimal Control of a Vehicle Suspension Incorporating the Time Delay between Front and Rear Wheel Inputs. In: *Vehicle System Dynamics* 17 (1988), S. 317–336

[LWS92] LOUAM, N. ; WILSON, D.A. ; SHARP, R.S.: Optimization and Performance Enhancement of Active Suspensions for Automobiles under Preview of the Road. In: *Vehicle System Dynamics* 21 (1992), S. 39–63

[LYH98] LI, Q. ; YOSHIMURA, T. ; HINO, J.: Active Suspension with Preview of Large-Sized Buses using Fuzzy Reasoning. In: *International Journal of Vehicle Design* 195 (1998), Nr. 2, S. 187–198

[MAZH04] MARZBANRAD, J. ; AHMADI, G. ; ZOHOOR, Ha. ; HOJJAT, Y.: Stochastic Optimal Preview Control of a Vehicle Suspension. In: *Journal of Sound and Vibration* (2004), Nr. 275, S. 973–990

[MKTK92] MORITA, T. ; KISHIMOTO, N. ; TANAKA, T. ; KISHI, M.: Ride Comfort Improvement Using Preview Sensor. In: *Proc. of International Symposium on Advanced Vehicle Control*, Japan Society of Automotive Engineers, 1992 (SP-923 923019), S. 111–116

[MN93] MORAN, A. ; NAGAI, M.: Optimal Preview Control of Rear Suspension Using Nonlinear Neural Networks. In: *Vehicle System Dynamics* 22 (1993), S. 312–334

[Mor00] MORITZ, Rainer: Pre-crash Sensing Functional Evolution based on Short Range Radar Sensor Platform. In: *SAE Paper 00IBECD-11* (2000)

[NDSnH92] NAGIRI, S. ; DOI, S. ; SHOH-NO, S. ; HIRAIWA, N.: Improvement of Ride Comfort by Preview Vehicle-Suspension System. In: *SAE International Congress and Exposition*, Society of Automotive Engineers, 1992 (SP-917 920277), S. 81–87

[Neu96] NEUBECK, Jens: *Analytische Herleitung einer Regelstrategie für ein internes Preview bei Fahrzeugen mit ABC.* Fachbereich 17 - Mathematik/Informatik, Universität-Gesamthochschule Paderborn, Diplomarbeit, 1996

[Neu03] NEUNZIG, D.: Abstandsregelsysteme - Auf dem Weg von Komfort zur Sicherheit. In: *IIR Fachkonferenz Fahrerassistenzsysteme*. Stuttgart, 2003

[PMD09a] PMDTechnologies GmbH: *Datenblatt PMD-Kamera camcube 2.0*. 2009

[PMD09b] PMDTechnologies GmbH: *Datenblatt PMD-Kamera vision S3*. 2009

[PS96] PILBEAM, C. ; SHARP, R.S.: Performance Potential and Power Consumption of Slow-Active Suspension Systems with Preview. In: *Vehicle Systems Dynamics* 25 (1996), S. 169–183

[PSS03] PYPER, M. ; SCHIFFER, W. ; SCHNEIDER, W.: *Active Body Control - Von der Blattfederung zum aktiven System für mehr Fahrsicherheit und Fahrkomfort.* Landsberg : Verlag Moderne Industrie, 2003

[RH06] RINGBECK, T. ; HAGEBEUKER, B.: Mehrdimensionale Objekterfassung mittels PMD-Sensorik. In: *Sensormagazin* (2006), Nr. 02/2006

[RP98] ROH, H.-S. ; PARK, Y.: Preview Control of Active Vehicle Suspensions Based on a State and Input Estimator. In: *SAE International Congress and Exposition.* Detroit : Society of Automotive Engineers, 1998 (SP-1338 981121), S. 81–87

[Sa07] SCHÖPP, H. ; ET AL., A. S.: 3D-PMD Kamerasysteme zur Erfassung des Fahrzeugumfelds und zur Überwachung des Fahrzeug-Innenraums. In: *VDI Tagung Elektronik im Kraftfahrzeug* (2007)

[SC96] SOLIMAN, A.M.A. ; CROLLA, D.A.: Preview Control for a Semi-Active Suspension System. In: *International Journal of Vehicle Design* 14 (1996), Nr. 4, S. 384–397

[Sha05] SHARKAWY, A.B.: Fuzzy and Adaptive Fuzzy Control for the Automobiles' Active Suspension System. In: *Vehicle Systems Dynamics* 43 (2005), Nr. 11, S. 795–806

[She66] SHERIDAN, T.B.: Three Models of Preview Control. In: *IEEE Transactions on Human Factors in Electronics* Bd. 7 IEEE, 1966, S. 91–102

[SIC05] SICK AG: *Ultraschallsensoren - Technische Beschreibung.* 2005

[Sic06] SICKOR, Volker: *Generierung des Straßensignals für die Regelung eines aktiven Fahrwerks mit Vorausschau.* Fachbereich Mechatronik und Elektrotechnik, FHTH Esslingen, Diplomarbeit, 2006

[SIK09] *Produktbeschreibung Laserscanner.* www.sick.de, 2009

[Sit08] Sitron Sensor GmbH: *Datenblatt Ultraschallsensoren.* 2008

[SN96] SENTHIL, S. ; NARAYANAN, S.: Optimal Preview Control of Two-DOF Vehicle Model Using Stochastic Optimal Control Theory. In: *Vehicle Systems Dynamics* 25 (1996), S. 413–430

[SNT08] SNT Sensortechnik AG: *Datenblatt Ultraschall-Abstands- und Näherungssensoren.* 2008

[SP94] SHARP, R.S. ; PILBEAM, C.: On the Ride Comfort Benefits available from Road Preview with Slow-active Car Suspensions. In: *Proc. of the 13th IAVSD Symposium*, 1994, S. 437–448

[SSB07] SCHINDLER, Andreas ; STREITER, Ralph ; BRETTHAUER, Georg: Integraler Ansatz für eine Fahrwerkregelung mit Preview. In: *TÜV ChassisTech07*, 2007

[Str96] STREITER, Ralph: *Entwicklung und Realisierung eines analytischen Regelkonzepts für eine aktive Federung*. ISS-Fahrzeugtechnik, Technische Universität Berlin, Dissertation, 1996

[TD03] THOMPSON, A.G. ; DAVIS, B.R.: RMS Values of Force, Stroke and Tyre Deflection in a Half-Car Model with Preview Controlled Active Suspension. In: *Vehicle Systems Dynamics* 39 (2003), Nr. 3, S. 245–253

[TDP80] THOMPSON, A.G. ; DAVIS, B.R. ; PEARCE, C.E.M.: An Optimal Linear Active Suspension with Finite Road Preview. In: *SAE-Paper 800520* (1980)

[Tom73] TOMIZUKA, M.: *The Optimal Finite Preview Problem and Application to Man-Machine Systems*. Dept. of Mechanical Engineering, Massachusetts Institute of Technology, Dissertation, 1973

[Tom75] TOMIZUKA, M.: Optimal Continuous Finite Preview Problems. In: *IEEE Trans. on Automatic Control* AC-20 (1975), Nr. 3, S. 362–365

[Tom76] TOMIZUKA, M.: Optimum Linear Preview Control With Application to Vehicle Suspension – Revisited. In: *Journal of Dynamic Systems, Measurement, and Control* (1976), S. 309–315

[TP98] THOMPSON, A.G. ; PEARCE, C.E.M.: Physically Realisable Feedback Controls for a Fully Active Previe Suspension Applied to a Half-Car Model. In: *Vehicle Systems Dynamics* 30 (1998), S. 17–35

[TP01a] THOMPSON, A.G. ; PEARCE, C.E.M.: Direct Computation of the Performance Index for an Optimally Controlled Active Suspension with Preview Applied to a Half-Car Model. In: *Vehicle Systems Dynamics* 35 (2001), Nr. 2, S. 121–137

[TP01b] THOMPSON, A.G. ; PEARCE, C.E.M.: Performance Index for a Preview Active Suspension Applied to a Quarter-Car Model. In: *Vehicle Systems Dynamics* 35 (2001), Nr. 1, S. 55–66

[TP03] THOMPSON, A.G. ; PEARCE, C.E.M.: RMS Values for Force, Stroke and Deflection in a Quarter-Car Model Active Suspension with Preview. In: *Vehicle Systems Dynamics* 39 (2003), Nr. 1, S. 57–75

[TW75] TOMIZUKA, M. ; WHITNEY, D.E.: Optimal Discrete Finite Preview Problems (Why and how is future information important?). In: *Journal of Dynamic Systems, Measurement and Control* 97 (1975), Nr. 4, S. 319–325

[Vaj00] VAJTA, M.: Some Remarks on Padé-Approximations. In: *3rd TEMPUS-INTCOM Symposium*. Veszprém, Hungary, 2000

[VDI87] VDI. *VDI 2057: Einwirkung mechanischer Schwingungen auf den Menschen*. VDI-Verlag GmbH, Düsseldorf. 1987

[VEL09] *Produktbeschreibung Velodyne LIDAR HDL-64E S3*. www.velodyne.com/lidar, 2009

[Wei09] WEISSEL, Florian: *Stochastisch modell-prädiktive Regelung nichtlinearer Systeme*. ISAS Intelligent Sensor-Actuator-Systems Laboratory, Universität Karlsruhe (TH), Dissertation, 2009

[Wil86] WILLIAMS, R. A.: Active Suspensions Classical of Optimal. In: *Proceedings of 9th IAVSD Symposium* Bd. 15, 1986, S. 607–620

[Win93] WINKLER, M.: Aktive Federung mit Vorausschau / Daimler Benz AG. Forschungsinstitut F1M, 1993 (93-0044). – Technischer Bericht

[YT94] YEH, E.C. ; TSAO, Y.J.: A Fuzzy Preview Control Scheme of Active Suspension for Rough Road. In: *International Journal of Vehicle Design* 15 (1994), S. 166–180

[ZMB+04] ZYWITZA, F. ; MASSEN, J. ; BRUNN, M. ; LANG, C. ; GOERNIG, T.: „3D-SIAM“: 3D Sensor Technology for Forward Looking Safety Systems in Automobile. In: *MST News VDI/VDE-IT* (2004), Nr. 6, S. 14–16

A. Anhang

A.1. Technik

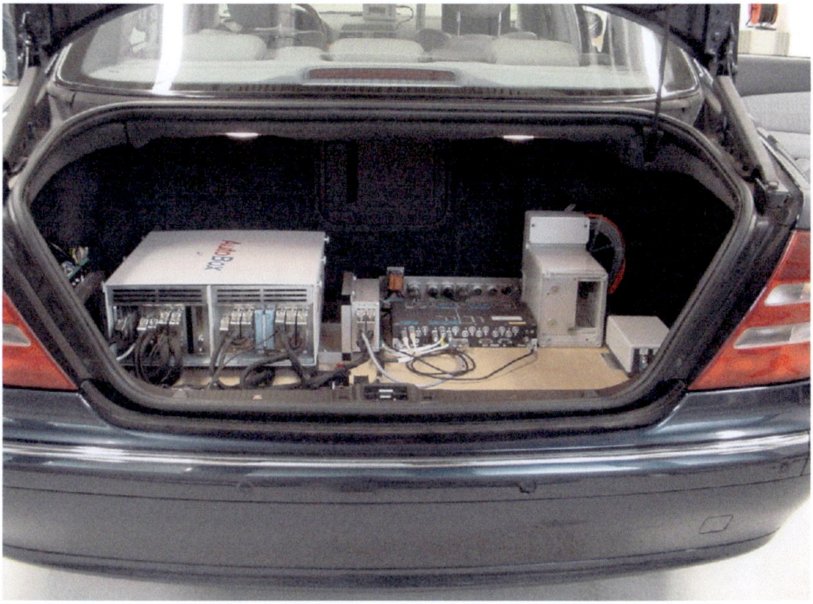

Abb. A.1.: Kofferraum des Versuchsfahrzeugs mit Echtzeitrechnersystem

	Hella IDIS	**Denso**	**IBEO Alaska**	**SICK LMS291**
Abmessungen (L x B x H) [mm]:	105 x 105 x 77	66 x 117 x 56	127 x 100 x 157	156 x 155 x 210
Gewicht [kg]:	0.41	0.33 (ohne Zubehör)	1.4	4.5
Wellenlänge:	Infrarot	Infrarot	Infrarot	Infrarot
Anzahl der Scanebenen:	1	6	4	1
Horizontaler Scanwinkel [°]:	12/16	36	240	90
Horizontale Winkelauflösung [°]:	1	0.1	0.25/0.5/1	0.5
Vertikale Strahlaufweitung [°]:	3	8	3.2	1.5
Horizontale Strahlaufweitung [°]:	1	n.b.	n.b.	0.23
Genauigkeit:	1 %	0.5 m	± 0.05 m	± 0.03 m
Auflösung [m]:	0.1	0.01	0.01	0.001
Scanfrequenz [Hz]:	50/38	10	10/25/40	75

Tab. A.1.: Technische Daten der LIDAR-Sensoren

A.2. Bewertungsfunktionen

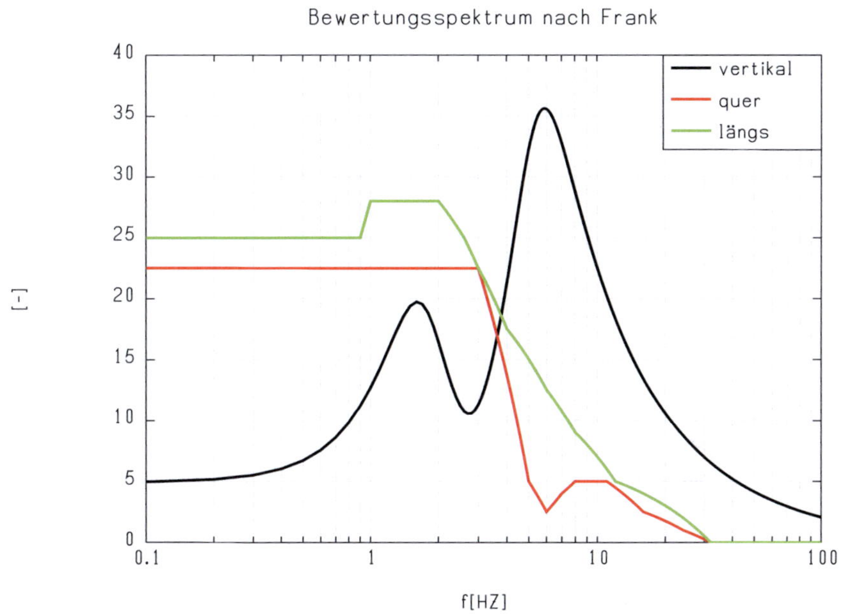

Abb. A.2.: Komfortbewertungsspektrum nach Frank (Quelle: intern [Fra94])

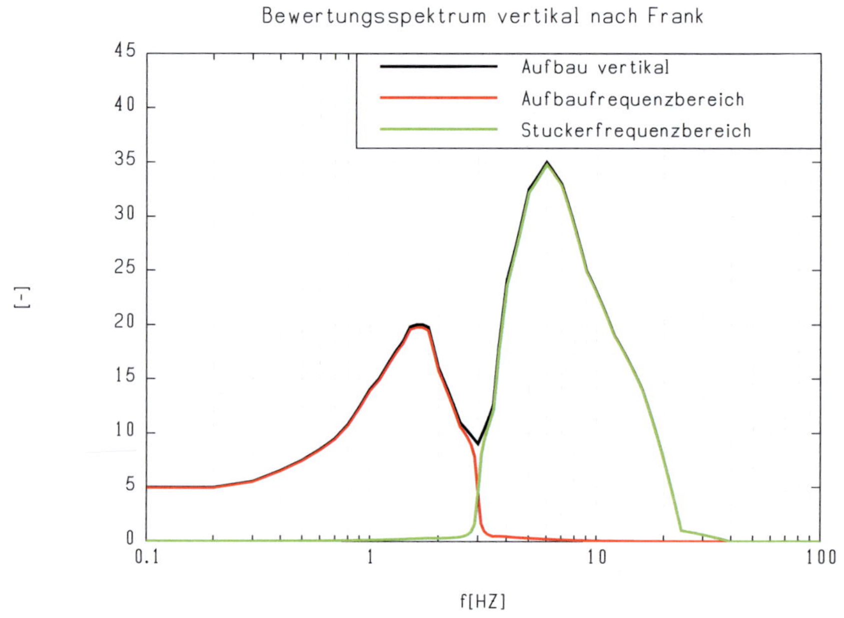

Abb. A.3.: Aufteilung des vertikalen Komfortbewertungsspektrums nach Frank in Aufbau- und Stuckerfrequenzbereich (Quelle: intern [Fra94])

Abbildungsverzeichnis

Tabellenverzeichnis

Bereits veröffentlicht wurden in der Schriftenreihe des Instituts für Angewandte Informatik / Automatisierungstechnik bei KIT Scientific Publishing:

Nr. 1: BECK, S.: Ein Konzept zur automatischen Lösung von Entscheidungsproblemen bei Unsicherheit mittels der Theorie der unscharfen Mengen und der Evidenztheorie, 2005

Nr. 2: MARTIN, J.: Ein Beitrag zur Integration von Sensoren in eine anthropomorphe künstliche Hand mit flexiblen Fluidaktoren, 2004

Nr. 3: TRAICHEL, A.: Neue Verfahren zur Modellierung nichtlinearer thermodynamischer Prozesse in einem Druckbehälter mit siedendem Wasser-Dampf Gemisch bei negativen Drucktransienten, 2005

Nr. 4: LOOSE, T.: Konzept für eine modellgestützte Diagnostik mittels Data Mining am Beispiel der Bewegungsanalyse, 2004

Nr. 5: MATTHES, J.: Eine neue Methode zur Quellenlokalisierung auf der Basis räumlich verteilter, punktweiser Konzentrationsmessungen, 2004

Nr. 6: MIKUT, R.; REISCHL, M.: Proceedings – 14. Workshop Fuzzy-Systeme und Computational Intelligence: Dortmund, 10. - 12. November 2004, 2004

Nr. 7: ZIPSER, S.: Beitrag zur modellbasierten Regelung von Verbrennungsprozessen, 2004

Nr. 8: STADLER, A.: Ein Beitrag zur Ableitung regelbasierter Modelle aus Zeitreihen, 2005

Nr. 9: MIKUT, R.; REISCHL, M.: Proceedings – 15. Workshop Computational Intelligence: Dortmund, 16. - 18. November 2005, 2005

Nr. 10: BÄR, M.: µFEMOS – Mikro-Fertigungstechniken für hybride mikrooptische Sensoren, 2005

Nr. 11: SCHAUDEL, F.: Entropie- und Störungssensitivität als neues Kriterium zum Vergleich verschiedener Entscheidungskalküle, 2006

Nr. 12: SCHABLOWSKI-TRAUTMANN, M.: Konzept zur Analyse der Lokomotion auf dem Laufband bei inkompletter Querschnittlähmung mit Verfahren der nichtlinearen Dynamik, 2006

Nr. 13: REISCHL, M.: Ein Verfahren zum automatischen Entwurf von Mensch-Maschine-Schnittstellen am Beispiel myoelektrischer Handprothesen, 2006

Nr. 14: KOKER, T.: Konzeption und Realisierung einer neuen Prozesskette zur Integration von Kohlenstoff-Nanoröhren über Handhabung in technische Anwendungen, 2007

Nr. 15: MIKUT, R.; REISCHL, M.: Proceedings – 16. Workshop Computational Intelligence: Dortmund, 29. November - 1. Dezember 2006

Nr. 16: LI, S.: Entwicklung eines Verfahrens zur Automatisierung der CAD/CAM-Kette in der Einzelfertigung am Beispiel von Mauerwerksteinen, 2007

Nr. 17: BERGEMANN, M.: Neues mechatronisches System für die Wiederherstellung der Akkommodationsfähigkeit des menschlichen Auges, 2007

Nr. 18: HEINTZ, R.: Neues Verfahren zur invarianten Objekterkennung und -lokalisierung auf der Basis lokaler Merkmale, 2007

Nr. 19: RUCHTER, M.: A New Concept for Mobile Environmental Education, 2007

Nr. 20: MIKUT, R.; REISCHL, M.: Proceedings – 17. Workshop Computational Intelligence: Dortmund, 5. - 7. Dezember 2007

Nr. 21: LEHMANN, A.: Neues Konzept zur Planung, Ausführung und Überwachung von Roboteraufgaben mit hierarchischen Petri-Netzen, 2008

Nr. 22: MIKUT, R.: Data Mining in der Medizin und Medizintechnik, 2008

Nr. 23: KLINK, S.: Neues System zur Erfassung des Akkommodationsbedarfs im menschlichen Auge, 2008

Nr. 24: MIKUT, R.; REISCHL, M.: Proceedings – 18. Workshop Computational Intelligence: Dortmund, 3. - 5. Dezember 2008

Nr. 25: WANG, L.: Virtual environments for grid computing, 2009

Nr. 26: BURMEISTER, O.: Entwicklung von Klassifikatoren zur Analyse und Interpretation zeitvarianter Signale und deren Anwendung auf Biosignale, 2009

Nr. 27: DICKERHOF, M.: Ein neues Konzept für das bedarfsgerechte Informations- und Wissensmanagement in Unternehmenskooperationen der Multimaterial-Mikrosystemtechnik, 2009

Nr. 28: MACK, G.: Eine neue Methodik zur modellbasierten Bestimmung dynamischer Betriebslasten im mechatronischen Fahrwerkentwicklungsprozess, 2009

Nr. 29: HOFFMANN, F.; HÜLLERMEIER, E.: Proceedings – 19. Workshop Computational Intelligence: Dortmund, 2. - 4. Dezember 2009

Nr. 30: GRAUER, M.: Neue Methodik zur Planung globaler Produktionsverbünde unter Berücksichtigung der Einflussgrößen Produktdesign, Prozessgestaltung und Standortentscheidung, 2009

Die Schriften sind als PDF frei verfügbar, eine Nachbestellung der Printversion ist möglich. Nähere Informationen unter www.uvka.de.